高等职业教育机电类专业"十二五"规划教材

# 电工电子技术

主 编 周冬莉

副主编 韩洪杰 吴 峰

参 编 于长波 陈宝怡 孙春义 尹静涛 李顺云

主 审 罗方亮

中国铁道出版社
CHINA RAILWAY PUBLISHING HOUSE

# 内 容 简 介

本书根据教育部高职高专培养目标的要求编写,全书共 14 个模块,内容包括电路的基本概念与分析方法、正弦交流电路、三相交流电路、线性过渡过程的时域分析、供配电及安全用电、半导体器件、基本放大电路、集成运算放大电路与负反馈、直流稳压电源、逻辑门电路与组合逻辑电路、触发器和时序逻辑电路、变压器与交流电动机、低压电器与电气控制系统、数/模与模/数转换器。

本书适合作为高等职业技术学院机电、电子、信息类等相关专业的教材,也可作为相关专业的成人教育及相关技术人员培训的教材和参考用书。

## 图书在版编目(CIP)数据

电工电子技术/周冬莉主编. —北京:中国铁道
出版社,2011.8
高等职业教育机电类专业"十二五"规划教材
ISBN 978-7-113-13009-1

Ⅰ. ①电… Ⅱ. ①周… Ⅲ. ①电工技术—高等职业
教育—教材 ②电子技术—高等职业教育—教材 Ⅳ. ①TM
②TN

中国版本图书馆 CIP 数据核字(2011)第 140136 号

| | | | |
|---|---|---|---|
| 书 名: | 电工电子技术 | | |
| 作 者: | 周冬莉 主编 | | |
| 策划编辑: | 秦绪好 | | |
| 责任编辑: | 何红艳 | 读者热线: | 400-668-0820 |
| 编辑助理: | 卢 昕 | | |
| 封面设计: | 付 巍 | 封面制作: | 白 雪 |
| 责任印制: | 李 佳 | | |

出版发行: 中国铁道出版社(北京市宣武区右安门西街 8 号 邮政编码:100054)
印 刷: 三河市航远印刷有限公司
版 次: 2011 年 8 月第 1 版 2011 年 8 月第 1 次印刷
开 本: 787mm×1092mm 1/16 印张: 16.25 字数: 384 千
书 号: ISBN 978-7-113-13009-1
定 价: 27.00 元

# 前　言

　　"电工电子技术"是高职院校电类专业重要的专业基础课，是机电类各专业培养高技能人才必须具备的基础知识。通过该课程的学习，学生可以掌握关于电路的基本理论和分析方法、初步了解电工基本技术（包括三相交流电、变压器、电动机及其控制技术）、模拟电子技术、数字电子技术。

　　本书系统地介绍了电工电子技术的基本内容，内容丰富实用，同时兼顾基础知识的叙述，且注重实用性和灵活性。把培养学生的职业能力作为首要目标，内容系统连贯，深入浅出；案例通俗易懂，典型生动，插入了电子元件实物图片，直观形象；根据学生的实际和认知规律，由浅入深，循序渐进。采用国家标准电气符号，确保教材内容的准确性、严密性和科学性。

　　本书每模块分为4个部分，即学习目标、主体内容、本章小结和习题。

　　学习目标中根据课程标准的要求，采用"掌握"、"了解"和"理解"等不同层面的教学要求从教学目标上对学生提出更加符合职业教育特色的要求。

　　主体内容主要是知识点的传授、延伸和应用扩展。内容编排以工程实际所需的电工电子技术的基础知识和基本技能为主线，以"必需、够用"为原则，尽量做到强化结论及应用，简化证明和推导。电工部分主要是通过分析方法结论的掌握使学生具备利用不同分析方法分析解决问题的能力，电子技术部分强化芯片认知的实际应用，简化芯片的内部组成和原理。

　　每章后面的小结部分都对学生复习本章内容提出相对具体的要求，与章前的学习目标要求相对应。

　　在习题选用上，本书精选了与知识点对应的习题，首选与后续课程和实际应用相结合紧密的习题，使学生通过习题既巩固了知识，又进一步了解电工电子知识在生产和生活中的应用。另外，体现分层教学，兼顾职业技能鉴定。

本书全部内容约 120 学时。各专业可以根据专业要求和教学具体情况选学不同的内容。参考学时分配建议见下表：

| 序　号 | 内　容 | 建议学时数（含实验、实训） |
| --- | --- | --- |
| 1 | 电路的基本概念与分析方法 | 14 |
| 2 | 正弦交流电路 | 10 |
| 3 | 三相交流电路 | 6 |
| 4 | 线性过渡过程的时域分析 | 6 |
| 5 | 供配电及安全用电 | 2 |
| 6 | 半导体器件 | 6 |
| 7 | 基本放大电路 | 10 |
| 8 | 集成运算放大电路与负反馈 | 10 |
| 9 | 直流稳压电源 | 6 |
| 10 | 逻辑门电路与组合逻辑电路 | 10 |
| 11 | 触发器和时序逻辑电路 | 10 |
| 12 | 变压器与交流电动机 | 10 |
| 13 | 低压电器与电气控制系统 | 10 |
| 14 | 数/模与模/数转换器 | 4 |
| 15 | 其他 | 6 |
| | 合计 | 120 |

本书由周冬莉、韩洪杰、吴峰、于长波、陈宝怡、孙春义、尹静涛和李顺云共同编写。其中，模块一、模块二、模块三、模块五、模块十二、模块十三由周冬莉和孙春义执笔，模块四、模块六、模块七由于长波和陈宝怡执笔，模块八由于长波和周冬莉执笔，模块九由韩洪杰和周冬莉执笔，模块十、模块十一由韩洪杰和陈宝怡执笔，模块十四由尹静涛、李顺云、吴峰执笔。本书由罗方亮教授担任主审，编者感谢主审人对本书的仔细审阅及提出的宝贵意见。在编写过程中还得到了卢相中、周志仁、刘爱军、方焕明、王秀民等同行的大力支持与关心，在此一并深致谢意。

由于编者水平有限，书中难免存在缺点和不足之处，恳请广大读者批评指正。

联系信箱：hanhongjie0000@126.com；zhoudongli@163.com

编　者

2011.6

# 目　录

# 模块一　电路的基本概念与分析方法

## 1.1　电路基本知识

### 1.1.1　电路的组成和功能

**1. 电路的组成**

电流所经过的路径称为电路。电路一般由电源、负载和中间环节组成。

（1）电源

电源可将其他形式的能量转换成电能，是向电路提供能量的装置。如发电机、电池等。

目前我国常用的交流电压等级：220 V、380 V、6 kV、10 kV、35 kV、110 kV、220 kV、330 kV、500 kV。常见的直流电源有干电池、蓄电池、直流发电机。直流电源还可以通过交流电源获得。

（2）负载

在电路中负载是接收电能的装置，它可将电能转换成其他形式的能量。如图 1-1 所示，电动机将电能转换为机械能、电灯将电能转换为光能。电动机又分为直流电动机和交流电动机。

（3）中间环节

中间环节指将电源和负载连成通路的输电导线、控制电路通断的开关设备和保护电路的设备等，如图 1-2 所示。

**2. 电路的主要功能**

（1）电能的传输、分配和转换

如图 1-3 所示，在电力系统中，电路可以实现电能的传输、分配和转换。

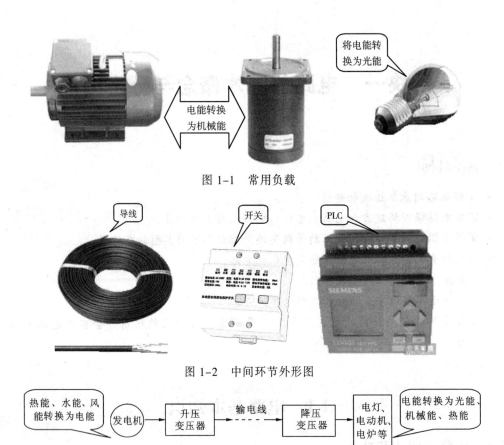

图 1-1　常用负载

图 1-2　中间环节外形图

图 1-3　电力系统输电电路示意图

（2）电信号的传递、存储和处理

如图 1-4 所示，在电子技术中，电路可以实现电信号的传递、存储和处理。

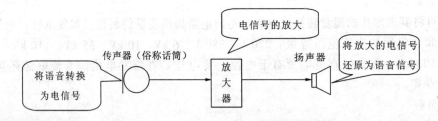

图 1-4　电子技术应用电路

## 1.1.2　电路中的主要物理量

为了定量地描述电路的性能及作用，常引入一些物理量作为电路变量来描述，电路分析的任务就是求解这些变量。描述电路的变量最常用到的是电流、电压和功率。

**1. 电流**

（1）电流的定义

在电场的作用下，电荷有规则的定向移动形成电流。

（2）电流的大小

电流的大小用电流强度表示，电流强度是指单位时间通过导体横截面的电荷量。

直流电流：电流的量值和方向不随时间变动，即等于定值，简称直流(DC)，用符号 $I$ 表示。

$$I = \frac{Q}{t}$$

交变电流：电流的大小和方向都随时间变化，简称交流（ac 或 AC），一般用 $i$ 表示。

$$i = \frac{\mathrm{d}q}{\mathrm{d}t}$$

（3）电流的单位

在国际单位制中电流的单位是安[培]（A）。当 1 秒（s）内通过导体横截面的电荷量为 1 库[仑]（C）时，电流为 1A。计量微小的电流时，以毫安（mA）或微安（μA）为单位。

1 安培（A）=1 000 毫安（mA）　　1 毫安（mA）=1 000 微安（μA）

（4）电流的方向

电流的实际正方向：规定正电荷运动的方向为电流的实际方向。

电流的参考方向：在分析问题前，有时无法预知电流的实际方向，而交流电路的电流方向又时刻发生变化，也无法指定其电流方向。为了方便复杂电路的分析和计算，往往任意选定某一方向作为电流的正方向，称为参考方向，参考方向即为任意假定的方向，常用箭头表示。当所选电流正方向与实际电流正方向一致时，所得电流的数值为正，如图 1-5（a）所示，反之为负，如图 1-5（b）所示。

（a）　　　　　　　　　　　　　　（b）

图 1-5　电流的参考方向

2. 电压

（1）电压的定义

电路中 a、b 两点间的电压定义为单位正电荷由 a 点移至 b 点电场力所做的功。

（2）电压的大小

交流电压用 $u$ 表示　　　$$u_{ab} = \frac{\mathrm{d}w_{ab}}{\mathrm{d}q}$$

直流电压用 $U$ 表示　　　$$U_{ab} = \frac{W_{ab}}{Q}$$

（3）电压的单位

在国际单位制中电压的单位是伏［特］（V)，常用的还有千伏（kV）、毫伏（mV）、微伏（μV）。

1 千伏（kV）=1 000 伏（V）　　1 伏（V）=1 000 毫伏（mV）　　1 毫伏（mV）=1 000 微伏（μV）

（4）电压的方向

电压的实际方向：规定为电场力推动正电荷从一点移动到另一点的方向。

① 电压的参考方向。电压的参考方向有三种表示方法，如图1-6所示。

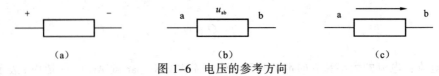

（a）　　　　　　　　（b）　　　　　　　　（c）

图1-6　电压的参考方向

图1-6（a）中用"+"　"－"，参考方向由"+"指向"－"；图1-6（b）中用双下标字母表示，如$u_{ab}$，参考方向从第一个下标a指向第二个下标b；图1-6（c）中用实线箭头表示，箭头方向即是参考方向。

② 关联参考方向。一般规定同一个元件的电压和电流的参考方向相同，即参考电流方向为从参考电压的正极流入该元件而从它的负极流出，如图1-7（a）所示。此时，该元件的电压、电流参考方向称为关联参考方向；反之，则称为非关联参考方向，如图1-7（b）所示。

（a）　　　　　　　　（b）

图1-7　电压、电流关联参考方向与非关联参考方向

3. 电功率

（1）电功率的定义

电能量对时间的变化率，称为功率，也就是电场力在单位时间内所做的功，用符号$P$或$p$表示，定义式为

$$p = \frac{\mathrm{d}w}{\mathrm{d}t} = u\frac{\mathrm{d}q}{\mathrm{d}t} = ui$$

直流情况下$P=UI$。

（2）功率的单位

国际单位制中，功率的单位为瓦特（W），计量大功率时，以千瓦（kW）、兆瓦（MW）表示，计量小功率时，以毫瓦（mW）表示。

（3）电功率的计算

$u$、$i$关联的参考方向下，$p=ui$；$u$、$i$非关联的参考方向下，$p=-ui$。

如果某部分电路功率$p>0$，说明$u$、$i$实际方向与参考方向一致，说明电路吸收电功率，具有负载特性。

如果某部分电路功率$p<0$，则说明$u$、$i$实际方向与参考方向相反，此部分电路发出电功率，具有电源特性。

**例1-1** 试判断图1-8（a）、（b）中元件是吸收功率还是发出功率。

**解：** 图1-8（a）中元件电流和电压的参考方向为关联$P=UI=2\times(-1)$ W$=-2$ W 是发出功率。

图1-8（b）中元件电流和电压的参考方向为非关联$P=-UI=-(-3)\times2$ W$=6$ W 是吸收功率。

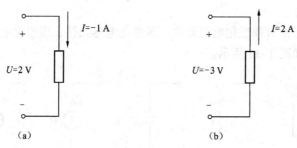

图 1-8 例 1-1 题图

4. 电能

电能的转换是在电流做功的过程中进行的，因此电能的多少可以用功来度量。

从 $t_0$ 到 $t$ 时间内，电路吸收（消耗）的电能为 $W=\int_{t_0}^{t}p\mathrm{d}t$，直流时，有 $W=P(t-t_0)$。

日常生产和生活中，电能（或电功）也常用度作为量纲，1 度 $=1\mathrm{kW\cdot h}=(10^3\times3\,600)\mathrm{J}=3.6\times10^6\mathrm{J}$。

## 1.1.3 电路模型和电路基本元件

### 1. 电路模型的建立

用理想电路元件及其组合来模拟实际电路中的各个元器件，再用理想导线将各个理想电路元件进行连接组成的电路称为实际电路的电路模型。图 1-9 所示为手电筒的电路模型。

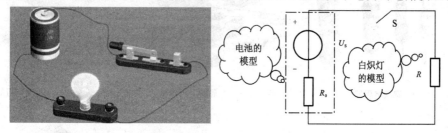

图 1-9 手电筒的电路模型

可见在低频电路中（见图 1-10）的白炽灯、电炉丝、电烙铁等这些实际元器件所表现的主要特征是把电能转化为光能和热能，主要表现为电阻特性，因此可用"电阻元件"这样一个理想元件来反映消耗电能的特征。

（1）电路元件理想化的条件

在一定条件下，忽略实际电工设备和电子元器件的一些次要性质，只保留它的一个主要性质，并用一个足以反映该主要性质的模型——理想化电路元件来表示。

图 1-10 表现为电阻特性的实际元器件

（2）理想电路元件

常见的理想电路元件有理想化电阻元件、理想化电感元件、理想化电容元件，理想化电压源和理想化电流源，如图 1-11 所示。

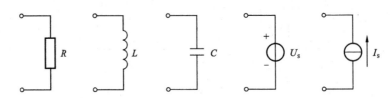

图 1-11　理想电路元件

2. 电阻元件

电荷在电场力作用下做定向运动时，通常要受到阻碍作用。物体对电流的阻碍作用，称为该物体的电阻，用符号 $R$ 表示，电阻的单位是欧姆（Ω），常用的电阻单位还有千欧（kΩ）、兆欧（MΩ）。电阻的参数也可以用电导 $G$ 表示，$G=1/R$，单位是西［门子］（S）。

（1）电阻器的外形

从结构上可将电阻器分为固定电阻器和可调电阻器两大类。固定电阻器按其材料的不同可分为碳膜电阻器、金属膜电阻器、线绕电阻器等。常用电阻器外形如图 1-12 所示。

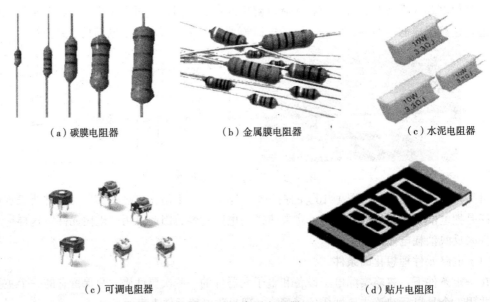

（a）碳膜电阻器　　　　（b）金属膜电阻器　　　　（c）水泥电阻器

（c）可调电阻器　　　　　　　　（d）贴片电阻图

图 1-12　常用电阻器

（2）电阻阻值和误差的标注方法

电阻器的标称方法有直接表示法、文字符号表示法、数码表示法和色环表示法等。

① 直接表示法。直接表示法是将电阻器的主要参数和技术性能用数字或字母直接标注在电阻体上，如图 1-13 所示。图中电阻器上 50 W15 Ω2% 表示 15 Ω 电阻，功率为 50 W，误差为 2%。

② 文字符号表示法。文字符号表示法是用阿拉伯数字和文字符号两者有规律地组合来表示标称阻值，其允许偏差也用文字符号表示。符号前面的数字表示整数阻值，后面的数字依次

表示第一位小数阻值和第二位小数阻值。例如，图 1-14 中的 R005 就表示 0.005 Ω。表示允许误差的文字符号及对应的偏差的关系如表 1-1 所示。

图 1-13　直接表示法标称的电阻器

表 1-1　允许误差的文字符号及对应的偏差的关系

| 文字符号 | D | F | G | J | K | M |
|---|---|---|---|---|---|---|
| 允许偏差 | ± 0.5% | ± 1% | ± 2% | ± 5% | ± 10% | ± 20% |

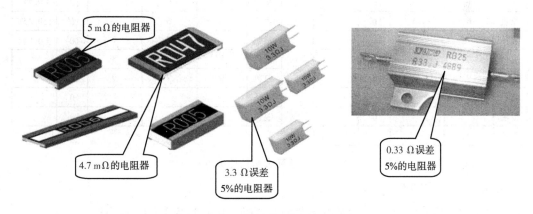

图 1-14　文字符号法标称的电阻器

③ 数码表示法。数码表示法是在元件表面上用三位或四位数码来表示元件的标称值。如果用三位数码表示元件的标称值，从左到右，前两位代表有效数，第三位表示 10 的乘方数，如果用四位数码位数标注法，从左到右，前三位代表三位有效数，第四位表示 10 的乘方数，电阻的单位是 Ω。如图 1-15 所示，103 表示 1 000 Ω 的电阻器，1502 是 15 kΩ 的电阻器，2873 为 287 kΩ 的电阻器。

图 1-15　数码表示法标称的电阻

④ 色环表示法。用不同颜色的色环来表示电阻器的阻值及误差等级。普通电阻器一般用四环表示，精密电阻用五环，读数方法如图 1-16 所示。

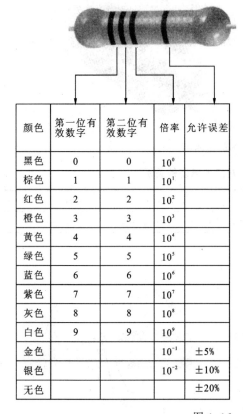

| 颜色 | 第一位有效数字 | 第二位有效数字 | 倍率 | 允许误差 |
|---|---|---|---|---|
| 黑色 | 0 | 0 | $10^0$ | |
| 棕色 | 1 | 1 | $10^1$ | |
| 红色 | 2 | 2 | $10^2$ | |
| 橙色 | 3 | 3 | $10^3$ | |
| 黄色 | 4 | 4 | $10^4$ | |
| 绿色 | 5 | 5 | $10^5$ | |
| 蓝色 | 6 | 6 | $10^6$ | |
| 紫色 | 7 | 7 | $10^7$ | |
| 灰色 | 8 | 8 | $10^8$ | |
| 白色 | 9 | 9 | $10^9$ | |
| 金色 | | | $10^{-1}$ | ±5% |
| 银色 | | | $10^{-2}$ | ±10% |
| 无色 | | | | ±20% |

| 颜色 | 第一位有效数字 | 第二位有效数字 | 第三位有效数字 | 倍率 | 允许误差 |
|---|---|---|---|---|---|
| 黑色 | 0 | 0 | 0 | $10^0$ | |
| 棕色 | 1 | 1 | 1 | $10^1$ | ±1% |
| 红色 | 2 | 2 | 2 | $10^2$ | ±2% |
| 橙色 | 3 | 3 | 3 | $10^3$ | |
| 黄色 | 4 | 4 | 4 | $10^4$ | |
| 绿色 | 5 | 5 | 5 | $10^5$ | ±0.5% |
| 蓝色 | 6 | 6 | 6 | $10^6$ | ±0.25% |
| 紫色 | 7 | 7 | 7 | $10^7$ | ±0.1% |
| 灰色 | 8 | 8 | 8 | $10^8$ | |
| 白色 | 9 | 9 | 9 | $10^9$ | |
| 金色 | | | | $10^{-1}$ | |
| 银色 | | | | $10^{-2}$ | |

图 1-16　色环表示法读数方法

（3）电阻的伏安特性

当线性电阻的电压 $u$ 与电流 $i$ 的参考方向关联时，伏安关系为 $i=\dfrac{u}{R}$。

当线性电阻的电压 $u$ 与电流 $i$ 的参考方向非关联时，伏安关系为 $i=-\dfrac{u}{R}$。

线性电阻用电导表示时，伏安关系为 $i=Gu$ 或 $i=-Gu$。

（4）电阻元件的功率

电阻元件的功率可以通过 $p=ui=i^2R=\dfrac{u^2}{R}$ 计算。

（5）串联电阻电路的等效变换

如图 1-17 所示，两个或更多电阻一个接一个地顺序连接，这些电阻通过同一电流，这样就称为电阻的串联。

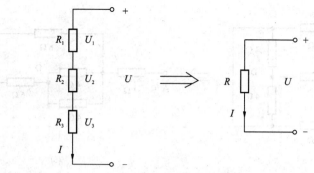

图 1-17　电阻的串联

串联电阻电路的特点：

① 各电阻中流过的电流相同；

② 等效电阻 $R=R_1+R_2+R_3+\cdots$；

③ 总电压 $U=U_1+U_2+U_3+\cdots$；

④ 串联电阻上电压的分配与电阻成正比。

两电阻串联时的分压公式为

$$U_1 = \frac{R_1}{R_1 + R_2}U \qquad U_2 = \frac{R_2}{R_1 + R_2}U$$

（6）并联电阻电路

并联电阻电路的等效变换如图 1-18 所示。

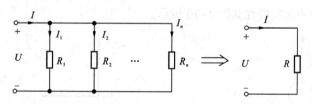

图 1-18　电阻的并联

并联电阻电路的特点：

① 各电阻两端的电压相同；

② 等效电阻的倒数等于各电阻倒数之和，即 $\dfrac{1}{R} = \dfrac{1}{R_1} + \dfrac{1}{R_2} + \dfrac{1}{R_3} + \cdots$；

③ 总电流 $I=I_1+I_2+I_3+\cdots$；

④ 并联电阻上电流的分配与电阻成反比。

两电阻并联时的分流公式为

$$I_1 = \frac{R_2}{R_1 + R_2}I \qquad I_2 = \frac{R_1}{R_1 + R_2}I$$

例 1-2　求图 1-19（a）中电路的等效电阻 $R_{\mathrm{AB}}$。

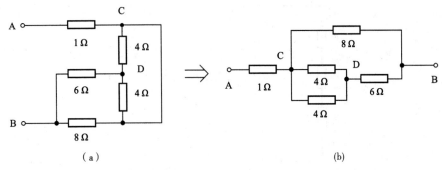

（a）　　　　　　　　　　　　　　　　　　　　（b）

图 1-19　例 1-2 图

**解**：将电路图 1-19（a）变换得到图 1-19（b）

$$R_{CD}=4//4=2\ \Omega \qquad R_{CB}=8//（R_{CD}+6）=4\ \Omega \qquad R_{AB}=1+R_{CB}=5\ \Omega$$

**3. 电压源元件**

一个电源可以用两种模型来表示。用电压的形式表示称为电压源，用电流的形式表示称为电流源。

直流电源：干电池、蓄电池、直流发电机、直流稳压电源等。

交流电源：交流发电机、电力系统提供的正弦交流电源、交流稳压电源等。

（1）理想电压源

理想电压源是从实际电压源抽象出来的理想二端元件，无内阻的电压源即是理想电压源。

理想电压源符号和伏安特性如图 1-20 所示。

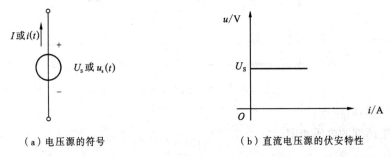

（a）电压源的符号　　　　　　　　　　　　　（b）直流电压源的伏安特性

图 1-20　理想电压源元件符号和伏安特性

理想电压源特点：

① 它的端电压值是一个定值 $U_S$ 或是一定的时间函数 $u_s(t)$，与流过它的电流无关。

② 流过它的电流由外电路确定。

（2）实际电压源

将任何一个电源，看成是由内阻 $R_0$ 和理想电压源 $U_S$ 串联的电路，即为电压源模型，简称电压源，可见有内阻的电压源即是实际电压源。

电压源电路模型如图 1-21（a）所示，伏安特性如图 1-21（b）所示。

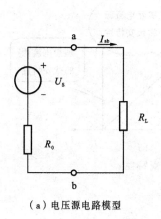

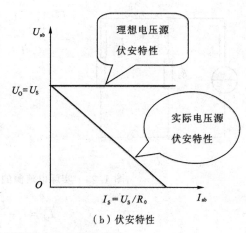

（a）电压源电路模型　　　　　　（b）伏安特性

图 1-21　实际电压源的电路和伏安特性

$$U_{ab}=U_s-I_{ab}R_0$$

#### 4. 电流源元件

电流源是一种能向负载提供恒定电流的元件。它既可以为各种放大电路提供偏流以稳定其静态工作点，又可以作为有源负载以提高放大倍数，在差动放大电路、脉冲产生电路中得到了广泛应用。

（1）理想电流源

理想电流源是从实际电流源抽象出来的理想二端元件，无内阻的电流源即为理想电流源。理想电流源符号和伏安特性如图 1-22 所示。

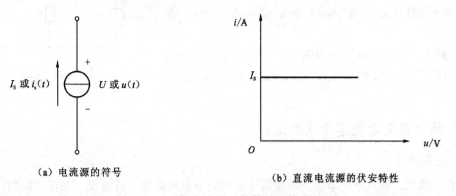

（a）电流源的符号　　　　　　　（b）直流电流源的伏安特性

图 1-22　理想电流源元件符号和伏安特性

理想电流源特点：

① 流过它的电流为定值 $I_s$ 或一定的时间函数 $i_s(t)$，与端电压无关；

② 电流由其自身决定，而端电压可以是任意的，即端电压不是由电流源自身决定，而是由电流源电流和与之相连接的外电路共同决定。

（2）实际电流源

实际电流源是理想电流源 $I_s$ 和内阻 $R_0$ 并联的电路模型。实际电流源电路模型如图 1-23（a）所示，伏安特性如图 1-23（b）所示。

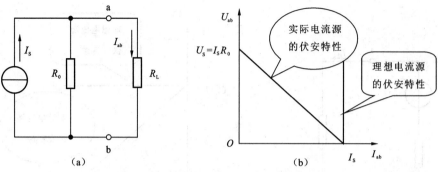

图 1-23　实际电流源的电路和伏安特性

$$I_{ab} = I_s - \frac{U_{ab}}{R_0}$$

# 1.2　电路定律与电位

## 1.2.1　电路中的常用名词

① 支路：电路中流过同一电流的分支，称为支路。图 1-24 中共有三条支路（acb、ab、adb）。

② 节点：三条或三条以上支路的连接点，称为节点。图 1-24 中共有两个节点（a、b）。

③ 回路：由支路组成的闭合路径称为回路。图 1-24 中共有三个回路（acba 或 abca、adba 或 abda、adbca 或 acbda）。

④ 网孔：将电路画在平面图上，内部不含支路的回路称为网孔。图 1-24 中共有两个网孔(acba 或 abca、adba 或 abda)。

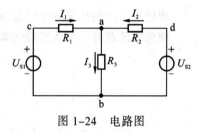

图 1-24　电路图

## 1.2.2　基尔霍夫电流定律（KCL）

### 1. 定律内容

在任一瞬间，流入任一节点的电流等于流出该节点的电流。或者说，在任一瞬间，流入任一节点的电流的代数和恒等于零。

数学关系式为

$$\sum I_{入} = \sum I_{出} \quad 或 \quad \sum I = 0$$

基尔霍夫电流定律（KCL）描述了电路中任一节点处各支路电流间相互制约的关系。反映了电流的连续性，可缩写为 KCL。

对图 1-24 所示电路列电流方程 $I_1+I_2=I_3$ 或 $I_1+I_2-I_3=0$

### 2. 基尔霍夫电流定律注意事项

基尔霍夫电流定律注意事项如下：

① KCL 适用于任何电路。

② 电路中有 $n$ 个节点，则根据 KCL 可列出 $(n-1)$ 个独立的电流方程。

③ 用 KCL 解题时，先要确定各支路电流的参考方向。

### 3. 基尔霍夫电流定律推广应用

电流定律可以推广应用于包围部分电路的任一假设的闭合面。

在任一时刻，流出任一封闭面的电流之和等于流入该封闭面的电流之和。

**例 1-3**　如图 1-25 所示电路中，已知 $I_1=0.01\ \mu A$，$I_2=0.3\ \mu A$，$I_5=9.61\ \mu A$，求电流 $I_3$，$I_4$ 和 $I_6$。

**解**：根据 KCL，图中

对节点 A 有　　　$I_1+I_2=I_3$

对节点 B 有　　　$I_3+I_4=I_5$

对节点 C 有　　　$I_6=I_2+I_4$

由以上三式可得

$I_3=I_1+I_2=0.31\ \mu A$

$I_4=I_5-I_3=9.30\ \mu A$

$I_6=I_2+I_4=9.60\ \mu A$

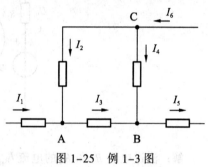

图 1-25　例 1-3 图

## 1.2.3　基尔霍夫电压定律（KVL）

### 1. 定律内容

在任一瞬间，沿任一闭合回路绕行一周，回路中各支路（或各元件）电压的代数和等于零。其数学表达式为

$$\sum IR = \sum U_S \quad 或 \quad \sum U = 0$$

基尔霍夫电压定律（KVL）反映了电路中任一回路中各段电压间相互制约的关系，可缩写为 KVL。

例如，图 1-26 电路中，$u_1+u_2-u_3+u_4=0$

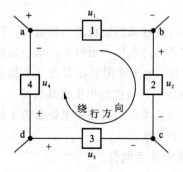

图 1-26　基尔霍夫电压定律

**2. 基尔霍夫电压定律注意事项**

基尔霍夫电压定律注意事项如下：
① 列方程前标注回路循行方向。
② 应用 $\sum U = 0$ 列方程时，项前符号的确定：如果规定电位降取正号，则电位升就取负号。

**3. 基尔霍夫电压定律推广应用**

KVL 定律可以扩展应用于任意假想的闭合回路

**例 1-4** 图 1-27 所示电路中，已知：$R_1 = R_2 = 1\ \Omega$，$I_{S1} = 1\ A$，$I_{S2} = 2\ A$，$U_{S1} = U_{S2} = 1\ V$，求 AB 间的电压 $U_{AB}$。

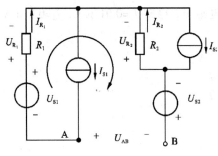

图 1-27　例 1-4 图

**解：** 流过电阻 $R_1$ 和 $R_2$ 的电流 $I_{R_1}$、$I_{R_2}$ 和两端电压 $U_{R_1}$、$U_{R_2}$ 的参考方向如图 1-27 所示。
电流 $I_{R1}$ 和电压 $U_{R1}$ 为

$$I_{R_1} = I_{S1} = 1\ A$$
$$U_{R_1} = I_{R_1} R_1 = 1\ V$$

电流 $I_{R_2}$ 和电压 $U_{R_2}$ 为

$$I_{R_2} = I_{S2} = 2\ A, \quad U_{R_2} = I_{R_2} R_2 = 2\ V$$

选取回路列电压方程

$$-U_{S1} + U_{R_1} - U_{R_2} - U_{S2} - U_{AB} = 0$$
$$U_{AB} = -3\ V$$

## 1.2.4　电位

电位：若在电路中任选一点作为参考点，电路中某点至参考点的电压就是该点的电位。

电位具有相对性，相对于参考点较高的电位点是正电位，比参考点低的电位点为负电位。参考点的电位一般取零。电位实际上就是电路中某点到参考点的电压，电压常用字母 $U$ 加双下标表示，而电位则用字母 $V$ 加单下标表示，电位的单位也是伏特。

在电工技术中通常以大地作为参考点。有些用电设备为了使用安全，将机壳与大地相连，称为接地。

**例 1-5** 求图 1-28 所示电路中 A 点电位。

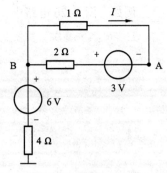

图 1-28　例题 1-5 图

**解：** 图中电路只有通过 3 V 电压源、1 $\Omega$、2 $\Omega$ 电阻的回路中有电流 $I$，其他支路没有电流通过。根据欧姆定律得

$$I = \frac{U}{R} = \frac{3}{2+1} \text{ A} = 1 \text{ A}$$

所以

$$V_A = V_B - I \times 1 = (6 - 1 \times 1) \text{ V} = 5 \text{ V}$$

或

$$V_A = V_B + I \times 2 - 3 = (6 + 1 \times 2 - 3) \text{ V} = 5 \text{ V}$$

# 1.3 电路基本分析方法

## 1.3.1 电源的等效变换

### 1. 理想电压源的串联

几个理想电压源串联，可等效成一个电压源，等效电压源的电压为相串联的各个电压源电压值的代数和。如图 1-29 所示，电压源串联等效为 $U_S = U_{S1} - U_{S2} + U_{S3}$

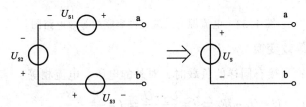

图 1-29 电压源串联等效电路图

### 2. 理想电流源的并联

几个理想电流源并联，可以等效为一个电流源，其值为各电流源电流值的代数和。如图 1-30 所示，电流源并联等效为 $I_S = I_{S1} + I_{S2} - I_{S3}$

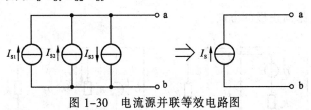

图 1-30 电流源并联等效电路图

**注意**：电压值不同的电压源不能并联；电流值不同的电流源不能串联。

### 3. 理想电压源与任意二端元件的并联

理想电压源与任意二端元件（也包括电流源）的并联，对外电路来说仍等效为电压源，其端电压为电压源的电压，如图 1-31 所示。

### 4. 理想电流源与任意二端元件的串联

理想电流源与任意二端元件（也包括电压源）串联，可以将其等效为电流源，如图 1-32 所示。

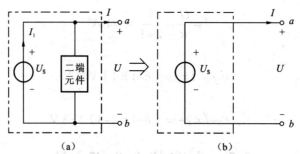

图 1-31　电压源与二端元件并联的等效电路图

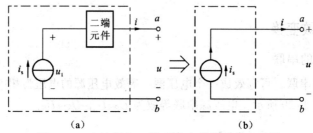

图 1-32　电流源与二端元件串联的等效电路图

5. 实际电源的等效变换

等效变换的条件：当接有同样的负载时，对外的电压、电流相等。

对于图 1-33（a）　　$U = U_S - IR_0 \Rightarrow I = \dfrac{U_S - U}{R_0} \Rightarrow I = \dfrac{U_S}{R_0} - \dfrac{U}{R_0}$

对于图 1-33（b）　　$I = I_S - \dfrac{U}{R_0}$

对比以上两式可得出等效变换的条件　$I_S = \dfrac{U_S}{R_0} \Rightarrow U_S = I_S R_0$，内阻 $R_0$ 大小不变。电流源的方向应该是电压源负极指向正极的方向。

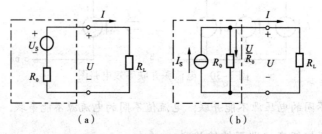

图 1-33　两种实际电源的等效

**例 1-6**　求图 1-34 所示各电路的等效电源。答案如图 1-35 所示。

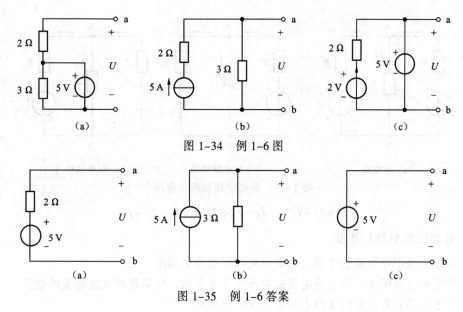

图 1-34 例 1-6 图

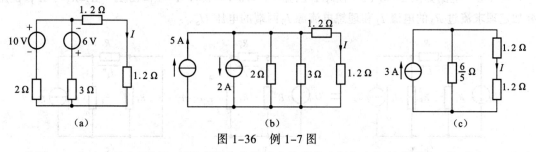

图 1-35 例 1-6 答案

**例 1-7** 求图 1-36 所示电路中的电流 $I$。

![图 1-36 例 1-7 图]

图 1-36 例 1-7 图

将图 1-36(a)中的电压源与电阻串联支路等效变换为电流源与电阻并联形式,得到图 1-36(b),进一步简化可得图 1-36(c),根据并联分流公式可得

$$I = \frac{\dfrac{6}{5}}{2.4 + \dfrac{6}{5}} \times 3\ \text{A} = 1\ \text{A}$$

## 1.3.2 叠加定理

### 1. 定理内容

在多个电源同时作用的线性电路中,任何支路的电流或任意两点间的电压,都可以看成是由电路中各个电源(电压源或电流源)分别作用时,在此支路中所产生的电流或电压的代数和。

当某独立电源单独作用于电路时,其他独立电源应置零处理。对于电压源来说,令其电源电压为零,即用导线代替;对于电流源来说,令其电源电流为零,相当于"开路",如图 1-37 所示。

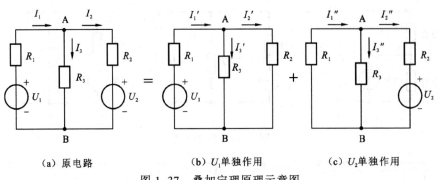

（a）原电路　　　　（b）$U_1$单独作用　　　　（c）$U_2$单独作用

图 1-37　叠加定理原理示意图

$$I_1 = I_1' + I_1'' \qquad I_2 = I_2' + I_2'' \qquad I_3 = I_3' + I_3''$$

**2. 叠加定理解题的步骤**

① 将原电路图等效成各个独立电源单独作用的分电路图。

② 在各分电路图中标出支路电流或电压的参考方向，然后求解支路电流或电压。

③ 将求出的各分电路的支路电流或电压求代数和。

例 1-8　电路如图 1-38（a）所示，已知 $U_{S1}$=10 V　$I_S$=1 A　$R_1$=10 Ω　$R_2$=$R_3$=5 Ω，试用叠加定理求流过 $R_2$ 的电流 $I_2$ 和理想电流源 $I_S$ 两端的电压 $U_S$。

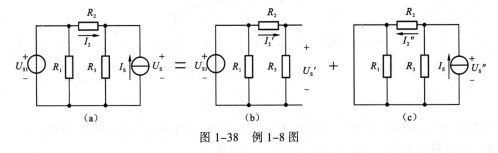

（a）　　　　　　　　（b）　　　　　　　　（c）

图 1-38　例 1-8 图

由图 1-38（b），得

$$I_2' = \frac{U_{S1}}{R_2 + R_3} = \frac{10}{5+5} \text{ A} = 1 \text{ A} \qquad U_S' = I_2'R_3 = 1 \times 5 \text{ V} = 5 \text{ V}$$

由图 1-38（c），得

$$I_2'' = \frac{R_3}{R_2 + R_3} I_S = \frac{5}{5+5} \times 1 \text{ A} = 0.5 \text{ A} \qquad U_S'' = I_2''R_2 = 0.5 \times 5 \text{ V} = 2.5 \text{ V}$$

根据叠加定理　$I_2 = I_2' - I_2'' = 1 \text{ A} - 0.5 \text{ A} = 0.5 \text{ A}$

$$U_S = U_S' + U_S'' = 5 \text{ V} + 2.5 \text{ V} = 7.5 \text{ V}$$

**3. 叠加定理应用过程中注意问题**

① 该定理只用于线性电路。

② 功率不可叠加。

③ 不作用电源的处理方法：$U_S$=0 时，电压源用导线代替；$I_S$=0 时，电流源开路。

④ 叠加时，应注意电源单独作用时电路各处电压、电流的参考方向与各电源共同作用时的参考方向是否一致。

### 1.3.3 支路电流法

支路电流法：以电路中各支路的电流为未知变量，根据基尔霍夫定律（KCL、KVL）列方程组求解。在分析计算复杂电路的各种方法中，支路电流法是最基本的分析方法。

支路电流法的解题步骤如下：

① 标出各支路电流及参考方向和回路的绕行方向。

② 根据基尔霍夫电流定律列出节点的电流方程。如果电路中有 $n$ 个节点，则列出$(n-1)$个独立电流方程。

③ 根据基尔霍夫电压定律列出回路的电压方程。如果电路中有 $n$ 个节点、$b$ 条支路，则需要 $b$ 个独立方程才能解出各支路电流，而电流方程已经列出了$(n-1)$个，所以回路电压方程应当有 $b-(n-1)$个。通常，选取电路的网孔作为回路，列出的方程一定为独立方程。

④ 求解联立方程组，得出各支路电流。

**例 1-9** 如图 1-39 所示，已知 $U_{S1}=10$ V，$U_{S2}=12$ V，$R_1=2$ Ω，$R_2=3$ Ω，$R_3=6$ Ω。试求各支路电流及 $R_3$ 两端的电压 $U_3$

**解**：标出各支路电流及参考方向如图所示，以支路电流为未知量，根据 KCL、KVL 分别列方程如下：

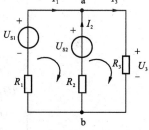

对节点 a 列 KCL 方程： $I_1+I_2=I_3$

对两个网孔分别列 KVL 方程： $I_1R_1-U_{S1}-I_2R_2+U_{S2}=0$

$$I_2R_2-U_{S2}+I_3R_3=0$$

解得

$I_1=0.5$ A　　$I_2=1$ A　$I_3=1.5$ A　　$U_3=I_3R_3=9$ V

图 1-39 例 1-9 图

### 1.3.4 节点电压法

节点电压：在电路中任意选取某一节点为参考节点，并设其电位为零，其他节点与此参考节点之间的电压。

节点电压法就是以节点电压为未知量，按规则列写节点电压方程组，进而求解的方法。节点电压法通常适合求解支路数多，节点数少的复杂电路。

**1. 节点电压方程组推导**

如图 1-40 所示，设 0 点为参考点，那么 1、2、3 点相对于参考点的电压表示为 $u_{n1}$、$u_{n2}$、$u_{n3}$。

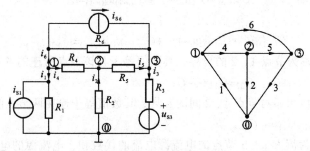

图 1-40 节点电压法示意图

$$u_1=u_{n1} \qquad u_2=u_{n2} \qquad u_3=u_{n3}$$

$$u_4=u_{n1}-u_{n2} \qquad u_5=u_{n2}-u_{n3} \qquad u_6=u_{n1}-u_{n3}$$

$$i_1 = \frac{u_{n1}}{R_1} - i_{S1} \qquad i_2 = \frac{u_{n2}}{R_2} \qquad i_3 = \frac{u_{n3} - u_{n3}}{R_3}$$

$$i_4 = \frac{u_{n1} - u_{n2}}{R_4} \qquad i_5 = \frac{u_{n2} - u_{n3}}{R_5} \qquad i_6 = \frac{u_{n1} - u_{n3}}{R_6} + i_{S6}$$

由基尔霍夫电流定律，得

$$\begin{cases} i_1+i_4+i_6=0 \\ i_2-i_4+i_5=0 \\ i_3-i_5-i_6=0 \end{cases}$$

将支路电流的表达式带入整理，得

$$\begin{cases} (\frac{1}{R_1}+\frac{1}{R_4}+\frac{1}{R_6})u_{n1} - \frac{1}{R_4}u_{n2} - \frac{1}{R_6}u_{n3} = i_{S1} - i_{S6} \\ -\frac{1}{R_4}u_{n1} + (\frac{1}{R_2}+\frac{1}{R_4}+\frac{1}{R_5})u_{n2} - \frac{1}{R_5}u_{n3} = 0 \\ -\frac{1}{R_6}u_{n1} - \frac{1}{R_5}u_{n2} + (\frac{1}{R_3}+\frac{1}{R_5}+\frac{1}{R_6})u_{n3} = i_{S6} + \frac{u_{S3}}{R_3} \end{cases}$$

$$\begin{cases} (G_1+G_4+G_6)u_{n1}-G_4u_{n2}-G_6u_{n3}=i_{s1}-i_{s6} \\ -G_4u_{n2}+(G_2+G_4+G_5)u_{n2}-G_5u_{n3}=0 \\ -G_6u_{n1}-G_5u_{n2}+(G_3+G_5+G_6)u_{n3}=i_{s6}+G_3u_{s3} \end{cases}$$

$$\begin{cases} G_{11}u_{n1}+G_{12}u_{n2}+G_{13}u_{n3}=i_{s11} \\ G_{21}u_{n1}+G_{22}u_{n2}+G_{23}u_{n3}=i_{s22} \\ G_{31n1}+G_{32}u_{n2}+G_{33}u_{n3}=i_{s33} \end{cases}$$

2. 节点电压法解题步骤

① 选定参考节点 0，用符号"⊥"表示，同时设定其余各节点的电位分别为 $u_{n1}$、$u_{n2}$…

② 按以下规则列出节点电位方程组，并求解得到各节点的电位。

$$G_{11}u_{n1}+G_{12}u_{n2}+\cdots+G_{1(n-1)}u_{n(n-1)}=i_{s11}$$
$$G_{21}u_{n1}+G_{22}u_{n2}+\cdots+G_{2(n-1)}u_{n(n-1)}=i_{s22}$$
$$G_{31}u_{n1}+G_{32}u_{n2}+\cdots+G_{3(n-1)}u_{n(n-1)}=i_{s33}$$
$$\vdots$$
$$G_{(n-1)1}u_{n1}+G_{(n-1)2}u_{n2}+\cdots+G_{(n-1)(n-1)}u_{n(n-1)}=i_{s(n-1)(n-1)}$$

a. $G_{11}$、$G_{22}$ 分别称为节点 1、2 的自导，其数值等于与该节点所连的各支路的电导之和，它们总是正值，$G_{11}=G_1+G_4+G_6$，$G_{22}=G_2+G_4+G_5$。

b. $G_{12}$、$G_{21}$ 分别称相邻两节点 1、2 间的互导，其数值等于连在两节点间的所有支路电导之和，互导均为负，$G_{12}=G_{21}=-G_4$。

c. $i_{s11}$、$i_{s22}$ 分别为流入 a、b 节点的电流源电流的代数和，电流源的电流流入节点为"+"号，反之为"－"号。

③ 根据支路电流与节点电位的关系，进而求得各支路电流或其他相关量。

**例 1-10**　用节点电压法求图 1-41(a)中标示的电流。

**解**：①先把电压源与电阻串联的支路等效变换为一个电流源与一个电阻并联的形式，如图 1-10（b）所示。

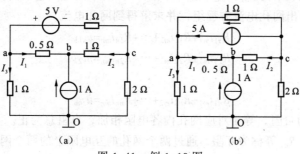

图 1-41　例 1-10 图

② 设 O 点为参考节点，其余各节点电位分别用 $u_{na}$、$u_{nb}$、$u_{nc}$ 表示，列节点电压方程：

$$(1+1+\frac{1}{0.5})u_{na} - \frac{1}{0.5}u_{nb} - u_{nc} = 5$$

$$-\frac{1}{0.5}u_{na} + (1+\frac{1}{0.5})u_{nb} - u_{nc} = 1$$

$$-u_{na} - u_{nb} + (1+1+\frac{1}{2})u_{nc} = 5$$

解方程组，得

$$u_{na}=1.5\text{ V},\ u_{nb}=1\text{ V},\ u_{nc}=1\text{ V}$$

根据图中支路电流与节点电压的关系可得

$$I_1 = \frac{u_{na}-u_{nb}}{0.5} = \frac{1.5-1}{0.5}\text{ A} = 1\text{ A}$$

$$I_2 = \frac{u_{nc}-u_{nb}}{1} = \frac{-1-1}{0.5}\text{ A} = -2\text{ A}$$

$$I_3 = \frac{u_{na}}{1} = \frac{1.5}{1}\text{ A} = 1.5\text{ A}$$

## 1.3.5　网孔电流法

网孔电流是指沿着网孔流动的假想电流。如图 1-42 所示，假想有两个电流分别沿电路的两个网孔流动，支路 1 只有电流 $i_{m1}$ 流过，支路电流为 $i_1$，支路 3 只有电流 $i_{m2}$ 流过，支路电流为 $i_3$，支路 2 有两个网孔电流同时流过，支路电流为 $i_{m1}$ 和 $i_{m2}$ 的代数和。

用网孔电流作为电路变量按 KVL 列出电路方程分析求解，这种方法称为网孔电流法。

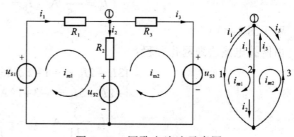

图 1-42　网孔电流法示意图

网孔电流法通常适合求解节点数多，回路数少的复杂电路。

1. 网孔电流法解题步骤

① 选取网孔电流表示为 $i_{m1}$、$i_{m2}$⋯$i_{mn}$，如图 1-42 所示的电路选取网孔电流 $i_{m1}$、$i_{m2}$。

② 按以下规则列出网孔电流方程组，并求解得到网孔电流。

$$R_{11}i_{m1}+R_{12}i_{m2}+\cdots+R_{1n}i_{mn}=u_{s11}$$
$$R_{21}i_{m1}+R_{22}i_{m2}+\cdots+R_{2n}i_{mn}=u_{s22}$$
$$\vdots$$
$$R_{n1}i_{m1}+R_{n2}i_{m2}+\cdots+R_{nn}i_{mn}=u_{snn}$$

a. $R_{11}$、$R_{22}$ 等称为自阻，等于对应网孔内各电阻相加，自阻总为正。

b. $R_{12}$、$R_{21}$、$R_{1n}$、$R_{n1}$ 等称为互阻，通过两个网孔的互电阻上的两个网孔电流的参考方向相同时，互阻取正；反之则取负。

例如，图 1-42 中网孔电流方程组可列写为

$$R_{11}i_{m1}+R_{12}i_{m2}=u_{s11}$$
$$R_{21}i_{m1}+R_{22}i_{m2}=u_{s22}$$

即

$$(R_1+R_2)i_{m1}-R_2i_{m2}=u_{s1}-u_{s2}$$
$$-R_2i_{m2}+(R_2+R_3)i_{m2}=u_{s2}-u_{s3}$$

代入数据联立求解即可。

③ 根据网孔电流和所求变量的关系求解对应变量。

**例 1-11** 电路如图 1-43（a）、（b）所示，试用网孔电流法求支路电流。

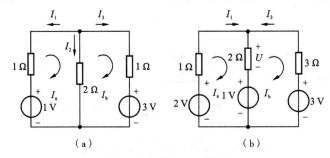

图 1-43　例 1-11 题图

**解**：对于图 1-43（a）
由网孔电流法列网孔方程：

$$\begin{cases} 3I_a - 2I_b = 1 \text{ A} \\ -2I_a + 3I_b = -3 \text{ A} \end{cases}$$

$$I_a = -\frac{3}{5} \text{ A} \quad I_b = -\frac{7}{5} \text{ A}$$

对于图 1-43（b）
由网孔电流法列网孔方程：

$$\begin{cases} 3I_a - 2I_b = (-1+2) \text{ A} = 1 \text{ A} \\ -2I_a + 5I_b = (-3+1) \text{ A} = -2 \text{ A} \end{cases}$$

$$I_a = \frac{1}{11} \text{ A} \quad I_b = -\frac{4}{11} \text{ A}$$

$$I_1 = I_a = \frac{1}{11} \text{ A} \quad I_3 = -I_b = \frac{4}{11} \text{ A}$$

**例 1-12**　用网孔电流法求图 1-44 所示电路中所标支路电流 $I_1$、$I_2$ 及电流源的电压 $U$。

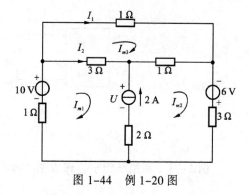

**解：**设各网孔电流的参考方向及电流源电压 $U$ 的参考方向如图 1-44 所示。列写网孔方程：

$$(1+2+3)I_{m1}-2I_{m2}-3I_{m3}=10-U$$
$$-2I_{m2}+(1+3+2)I_{m2}-I_{m3}=6+U$$
$$-3I_{m1}-I_{m2}+(1+1+3)I_{m3}=0$$

再根据电流源支路列补充方程：$I_{m2}-I_{m1}=2$

图 1-44　例 1-20 图

联立以上方程解得：

$$I_{m1}=2\,A \qquad I_{m2}=4\,A \qquad I_{m3}=2\,A \qquad U=12\,V$$
$$I_1=I_{m3}=2\,A \qquad I_2=I_{m1}-I_{m3}=0\,A$$

## 1.3.6　戴维宁等效变换

### 1. 二端网络

只有两个端钮与外电路相连接的电路或设备，不论其内部结构如何，都统称为二端网络。内部不含独立电源的二端网络，称为无源二端网络，如图 1-45（a）所示，内部含有独立电源的二端网络，称为有源二端网络，如图 1-45（b）所示。

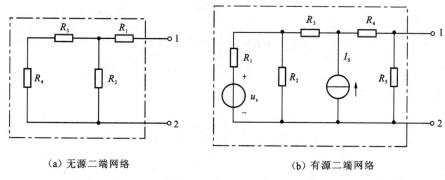

（a）无源二端网络　　　　　　　　（b）有源二端网络

图 1-45　二端网络

若让有源二端网络中的电源不起作用（电压源短路，电流源开路），则将得到一个与有源网络相对应的无源网络。

在分析复杂电路过程中，只求出某一条支路的电流或某元件两端的电压时，有时用戴维宁定理求解比网孔电流法、节点电压法及叠加定理要简单得多。

### 2. 戴维宁定理内容

任何一个线性有源二端网络对外电路而言，可以将其等效为一个由电压源与一个电阻元件相串联而构成的电压源模型，如图 1-46 所示。其中电压源的数值就等于有源二端网络的端口开路电压 $U_{OC}$，实际等效电源的内阻 $R_0$ 等于有源二端网络中所有独立电源均除去后所得到的无源二端网络的端口等效电阻。

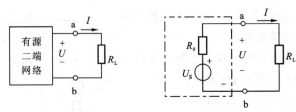

图 1-46　戴维宁定理示意图

3. 戴维宁定理应用

**例 1-13**　利用戴维宁定理求图 1-47（a）、（b）所示电路二端网络的等效电路。

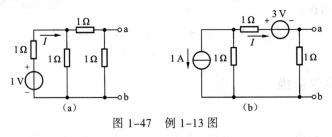

图 1-47　例 1-13 图

**解**：对于图 1-47（a）：

（1）求等效电源的电动势 $U_S$

$$I = \frac{1}{1+1//(1+1)} = \frac{1}{1+\dfrac{1\times2}{1+2}} \text{ A} = 0.6 \text{ A}$$

$$U_{oc} = 0.6 \times \frac{1}{1+2} \times 1 \text{ V} = 0.2 \text{ V}$$

$$U_S = U_{OC} = 0.2 \text{ V}$$

（2）求等效电阻

$$R_0 = [1+(1//1)]//1 = \frac{\left(1+\dfrac{1}{2}\right)\times1}{1+\dfrac{1}{2}+1} \text{ } \Omega = 0.6 \text{ } \Omega$$

对于图 1-47（b）：

（1）求等效电源的电动势 $U_S$

将图中 1A 电流源与电阻并联的形式等效成 1V 电压源与电阻串联的形式，得

$$I = -\frac{1+3}{3} \text{ A} = -\frac{4}{3} \text{ A}$$

$$U_{oc} = -\frac{4}{3} \times 1 \text{ V} = -\frac{4}{3} \text{ V}$$

$$U_S = U_{oc} = -\frac{4}{3} \text{ V}$$

（2）求等效电阻

$$R_0 = 1//(1+1) = \frac{1\times2}{1+2} \text{ } \Omega = \frac{2}{3} \text{ } \Omega$$

**例 1-14**　已知 $R_1=R_4=20 \text{ } \Omega$、$R_2=R_3=30 \text{ } \Omega$、$U_S=10 \text{ V}$，求：当 $R_5=16 \text{ } \Omega$ 时，$I_5=?$

**解**：将图1-48（a）等效变换为图1-48（b）。

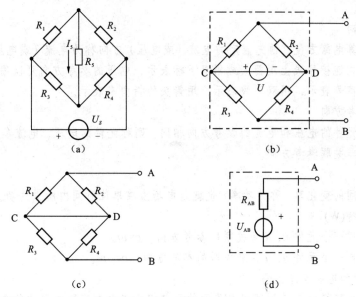

图1-48 例1-14图

（1）求AB端电压$U_{AB}$，如图1-48（b）所示。

$$U_{AB}=U_{AD}+U_{DB}=\frac{U\times R_2}{R_1+R_2}-\frac{U\times R_4}{R_3+R_4}=\frac{10\times30}{20+30}\text{ V}-\frac{10\times20}{30+20}\text{ V}=6\text{ V}-4\text{ V}=2\text{ V}$$

（2）求输入电阻$R_{AB}$，将图1-14（b）二端口中独立电压源用导线代替，会得到有源二端网络对应的无源二端网络，如图1-48（c）所示

$$R_{AB}=R_1//R_2+R_3//R_4=20//30+20//30=12\text{ }\Omega+12\text{ }\Omega=24\text{ }\Omega$$

（3）$I_5=\dfrac{2}{24+16}\text{ A}=0.05\text{ A}$。

# 小 结

1．电路的组成及电路的作用

电流所经过的路径称为电路。电路通常由电源、负载和中间环节三部分组成。

电路的主要功能：实现电能的传输、分配和转换；实现电信号的传递、存储和处理。

2．电路中的主要物理量

（1）电流

在电场的作用下，电荷有规则的定向移动形成电流。电流的大小用电流强度表示，电流强度是单位时间通过导体横截面的电荷量，即$i=\dfrac{\mathrm{d}q}{\mathrm{d}t}$。国际单位是安［培］(A)。

规定正电荷运动的方向为电流的实际方向，复杂电路的分析需要引入参考方向。

（2）电压

电路中a、b两点间的电压定义为单位正电荷由a点移至b点电场力所做的功，即$u_{ab}=\dfrac{\mathrm{d}w_{ab}}{\mathrm{d}q}$。国际单位伏［特］(V)。

电场力推动正电荷从一点移动到另一点的方向规定为电压的实际方向。复杂电路的分析需要引入参考方向。

（3）参考方向

为了分析计算电路方便，预先假定的电流（或电压）方向称为电流（或电压）的参考方向。电流的方向在连接导线上用箭头或用双下标表示，电压的参考方向可以用三种方法表示：用"＋"、"－"符号表示，用双下线表示，用箭头的指向来表示。

（4）关联参考方向

如果同一个元件的电压和电流的参考方向相同，则称元件的电压、电流参考方向为关联参考方向。否则为非关联参考方向。

3．电功率

电能量对时间的变化率，称为功率，也就是电场力在单位时间内所做的功。国际单位制中，功率的单位为瓦特(W)。

当一段电路或一个元件 $u$、$i$ 为关联的参考方向，$p=ui$。

当一段电路或一个元件 $u$、$i$ 为非关联的参考方向，$p=-ui$。

4．电路模型和电路基本元件

实际电路的电路模型就是用理想电路元件及其组合来模拟实际电路中的各个元器件。常见的理想电路元件有理想化电阻元件、理想化电感元件、理想化电容元件，理想化电压源和理想化电流源。

5．电阻元件

物体对电流的阻碍作用，称为该物体的电阻，用符号 $R$ 表示，电阻的单位是欧姆($\Omega$)。

电阻器的常用标称方法有直接表示法、文字符号表示法、数码表示法和色环表示法。

当线性电阻的电压 $u$ 与电流 $i$ 的参考方向关联时，$i=\dfrac{u}{R}$；非关联时，$i=-\dfrac{u}{R}$。

电阻元件的功率 $p=ui=i^2R=\dfrac{u^2}{R}$。

电阻的基本连接方式有串联和并联两种，串并联的基本公式如表 1-2 所示。

表 1-2　串并联的基本公式

| 电阻数量 | 参　数 | 串　联 | 并　联 |
|---|---|---|---|
| 多个电阻 | 电压 | $U=U_1+U_2+U_3+\cdots$ | 各电阻两端的电压相同 |
| | 等效电阻 | $R=R_1+R_2+R_3+\cdots$ | $\dfrac{1}{R}=\dfrac{1}{R_1}+\dfrac{1}{R_2}+\dfrac{1}{R_3}+\cdots$ |
| 两个电阻 | 电流 | 各电阻中流过的电流相同 | $I=I_1+I_2+I_3+\cdots$ |
| | 等效电阻 | $R=R_1+R_2$ | $R=\dfrac{R_1R_2}{R_1+R_2}$ |
| | 分压分流公式 | $U_1=\dfrac{R_1}{R_1+R_2}U$　　$U_2=\dfrac{R_2}{R_1+R_2}U$ | $I_1=\dfrac{R_2}{R_1+R_2}I$　　$I_2=\dfrac{R_1}{R_1+R_2}I$ |

实际电压源看成是由内阻 $R_0$ 和理想电压源 $U_S$ 串联的电路；实际电流源是由理想电流源 $I_S$ 和内阻 $R_0$ 并联的电路模型。

6．基尔霍夫定律

基尔霍夫电流定律（KCL）描述了电路中任一结点处各支路电流间相互制约的关系，表示

为 $\sum I = 0$；基尔霍夫电压定律（KVL）反映了电路中任一回路中各段电压间相互制约的关系，表示为 $\sum U = 0$。

**7. 实际电源的等效变换的条件**

当接有同样的负载时，对外的电压、电流相等。

**8. 叠加定理反映出线性电路的基本性质**

叠加定理反映出线性电路的基本性质不仅在电路的计算方法上，而且在理论分析上都起到了非常重要的作用。

**9. 支路电流法**

以电路中各支路的电流为未知变量，根据基尔霍夫定律（KCL、KVL）列方程组求解。在分析计算复杂电路的各种方法中，支路电流法是最基本的分析方法。

**10. 节点电压法**

节点电压法就是以节点电压为未知量，按规则列写节点电压方程组，进而求解的方法。节点电压法通常适合求解支路数多，节点数少的复杂电路。

**11. 网孔电流法**

网孔电流法是用网孔电流作为电路变量按 KVL 列出电路方程分析求解的方法。网孔电流法通常适合求解节点数多，回路数少的复杂电路。

**12. 戴维宁定理**

任何一个线性有源二端口网络对外电路而言，可以将其等效为一个由电压源与一个电阻元件相串联而构成的电压源模型。电压源的数值就等于有源二端口网络的端口开路电压 $U_{OC}$，等效电源的内阻 $R_0$ 等于有源二端网络中所有独立电源均除去后所得到的无源二端网络的端口等效电阻。戴维宁定理是电路的等效变换之一，通过变换可以简化电路问题。

# 习　题

**一、判断题**

1. 电位高低的含义，是指该点对参考点间的电流大小。　　　　　　　　　　　（　　）

2. 电动势的实际方向规定为从正极指向负极。　　　　　　　　　　　　　　（　　）

3. 如果把一个 24 V 的电源正极接地，则负极的电位是 −24 V。　　　　　　　（　　）

4. 电路中两点的电位分别是 $V_1 = 10$ V，$V_2 = -5$ V，则 1 点对 2 点的电压是 15 V。　（　　）

5. 若干电阻串联时，其中阻值越小的电阻，通过的电流也越小。　　　　　　　（　　）

6. 通过电阻上的电流增大到原来的 2 倍时，它所消耗的电功率也增大到原来的 2 倍。

　　　　　　　　　　　　　　　　　　　　　　　　　　　　　　　　　　（　　）

7. 纯电感线圈对于直流电来说，相当于短路。　　　　　　　　　　　　　　（　　）

**二、选择题**

1. 如图 1-49 所示电路，$R = $（　　　）。

　A. 2 Ω　　　　　　　B. 8 Ω　　　　　　　C. 6 Ω　　　　　　　D. 4 Ω

2. 当参考点改变时，电路中的电位差是（　　　）。

　A. 变大的　　　　　B. 变小的　　　　　　C. 不变化的　　　　　D. 无法确定的

3．如图 1-50 所示电路，a 点电位 $V_a$=（     ）。

    A．8 V                    B．9 V                    C．7 V                    D．10 V

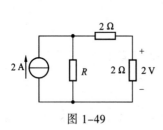

图 1-49

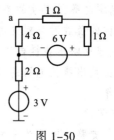

图 1-50

4．对于叠加原理，正确的说法是（     ）

    A．适用于电流                         B．适用于电压

    C．适用于任何线性电流与电压          D．适用于所有电路的电流与电压

5．实验测得某有源二端线性网络的开路电压为 6 V，短路电流为 2 A，当外接电阻为 3 Ω 时，其端电压值为（     ）。

    A．3 V                    B．4 V                    C．6 V                    D．8 V

6．在图 1-51 所示电路中电流 I 为（     ）。

    A．+4 A                   B．+6 A                   C．-6 A                   D．-4 A

7．在图 1-52 所示电路中电流源发出的功率为（     ）

    A．12 W                   B．4 W                    C．-4 W                   D．-12 W

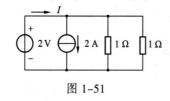

图 1-51

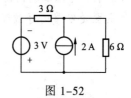

图 1-52

8．对于戴维宁定理的正确说法是（     ）

    A．适用于无源二端网络                 B．适用于所有网络

    C．只适用于直流有源网络              D．适用于有源二端线性网络

### 三、综合题

1．图 1-53 所示是某电路中的一部分，试求：$I$、$U_S$ 及 $R$。

2．图 1-54 所示是一个部分电路，a 点悬空。试求 a、b、c 各点的电位。

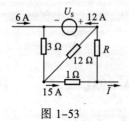

图 1-53

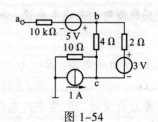

图 1-54

3. 图 1-55 中，已知 $I_1=3\ \text{mA}$，$I_2=1\ \text{mA}$。试确定电路元件 3 中的电流 $I_3$ 和其两端电压 $U_3$，并说明它是电源还是负载。校验整个电路的功率是否平衡。

4. 求图 1-56 所示电路中 A 点电位。

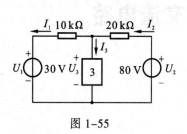

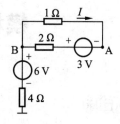

图 1-55

图 1-56

5. 一只 220 V，8 V 的指示灯，现在要接在 380 V 的电源上，问要串多大阻值的电阻？

6. 用电源等效变换法求图 1-57 所示电路中的电压 $U_{AB}$。

7. 电路如图 1-58 所示，试用网孔电流法求：①网孔电流 $I_a$、$I_b$；②支路电流 $I_1$、$I_3$。

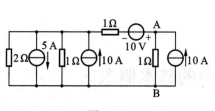

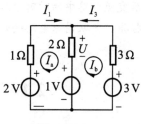

图 1-57

图 1-58

8. 计算图 1-59 所示电路中的电流 $I_3$。

9. 电路如图 1-60 所示，试用节点分析法求①节点电压 $V_A$，$V_B$②电压 $V_{AB}$；③1 A,3 A 电流源发出的功率 $P_{1A}$、$P_{3A}$，各电阻消耗的功率，并说明功率平衡关系。

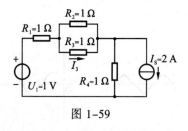

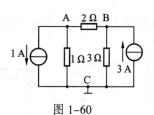

图 1-59

图 1-60

10. 用叠加原理求图 1-61 电路中的 $I$。

11. 利用戴维宁定理求 1-62 电路所示二端网络的等效电路。

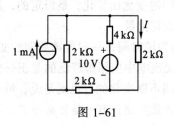

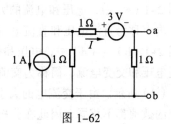

图 1-61

图 1-62

# 模块二  正弦交流电路

**学习目标**

- 了解正弦交流电的基本概念。
- 掌握正弦交流电的三要素即幅值、角频率和初相位。
- 熟练掌握正弦交流电的相量表示法。
- 掌握 $R$、$L$、$C$ 单一元件参数的交流电路和 $RLC$ 串、并联交流电路的电压与电流间的关系。
- 理解交流电路中的瞬时功率、有功功率、无功功率、视在功率。
- 掌握串、并联谐振电路的谐振条件。

## 2.1  正弦交流电的基本概念

在现代工农业生产和日常生活中，广泛地使用着交流电。其主要原因是与直流电相比，交流电在产生、输送和使用方面具有明显的优势和重大的经济意义。例如，在远距离输电时，采用较高的电压可以减少线路上的损耗。对于用户来说，采用较低的电压既安全又可降低电气设备的绝缘要求。这种电压的升高和降低，在交流供电系统中可以很方便而又经济地通过变压器来实现。

图 2-1 所示为几种电压和电流的波形图。

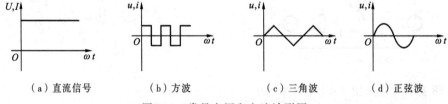

（a）直流信号　　　（b）方波　　　（c）三角波　　　（d）正弦波

图 2-1  常见电压和电流波形图

在图 2-1（a）中，电压和电流的大小与方向不随时间的变化而变化，是恒定的，这种恒定的电压和电流称为直流电压和直流电流，简称为直流电或直流量。

在图 2-1（b）～（d）中，电压和电流的大小和方向为随时间按一定规律周期性变化的量，称为交变电压和交变电流，简称为交流电或交流量。在交流电中应用最广泛的是正弦交流电，如图 2-1（d）所示。由于交流电的大小和方向都是随时间不断变化的，也就是说，每一瞬间电压和电流的数值都不相同，因此在分析和计算交流电路时就要比直流电路复杂得多。

## 2.1.1  正弦量的三要素

正弦交流电是随时间按照正弦函数规律周期性变化的电压和电流，简称为正弦量或正弦信号，如图 2-2 所示。

正弦量在任一时刻的值称为瞬时值。正弦电压、电流的瞬时值表达式为

$$u=U_{\mathrm{m}}\sin(\omega t+\varphi_u) \qquad i=I_{\mathrm{m}}\sin(\omega t+\varphi_i)$$

式中 $U_{\mathrm{m}}$、$I_{\mathrm{m}}$ 称为幅值或最大值，它表示正弦信号在整个变化过程中能达到的最大值；$\omega$ 称为角频率，它表示了单位时间正弦信号变化的弧度数；$\varphi_u$、$\varphi_i$ 称为初相角，简称初相。若已知一个正弦信号的幅值、角频率和初相角，就能将这个正弦信号的瞬时值表达式确定下来，所以幅值、角频率和初相角称为正弦量三要素。

### 1. 幅值

正弦交流电流的波形如图 2-3 所示。图中的 $I_{\mathrm{m}}$ 为电流幅值，又称峰值，用带下标 m 的大写英文字母表示。例如 $U_{\mathrm{m}}$、$I_{\mathrm{m}}$、$E_{\mathrm{m}}$ 分别表示正弦电压、正弦电流、正弦电动势的幅值。正弦量的瞬时值表达式中的系数就是幅值，它是与时间无关的定值。

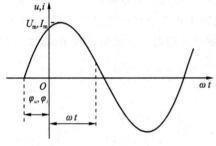

图 2-2  正弦量波形图

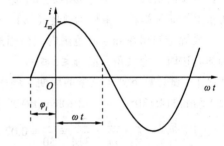

图 2-3  正弦交流电流的波形图

正弦量的瞬时值是随时间而变化的，不便于用它表示正弦量的大小。因此，在工程上常用有效值来计算正弦电压和电流的大小。

有效值是指与交流电热效应相同的直流电流的数值。在正弦交流电中，一般用有效值来描述各量的大小。有效值是通过电流的热效应来规定的，若周期性电流 $i$ 在一个周期内流过电阻 $R$ 所产生的热量与另一个恒定的直流电流 $I$ 流过相同的电阻 $R$ 在相同的时间里产生的热量相等，即这个直流电流 $I$ 和周期电流 $i$ 的热效应是等效的，因此将这个直流电流的数值定义为该周期性交流电流的有效值。交流电的有效值必须用大写字母表示，例如 $I$、$U$、$E$ 分别表示交流电流、交流电压、交流电动势的有效值。

有效值用大写字母表示，经数学推导有效值与最大值之间的关系为

正弦电流的有效值为 $I = I_{\mathrm{m}}/\sqrt{2}$；

正弦电压的有效值为 $U = U_{\mathrm{m}}/\sqrt{2}$；

正弦电动势的有效值为 $E = E_{\mathrm{m}}/\sqrt{2}$。

引入有效值以后，正弦电压和正弦电流的瞬时值表达式也可表示为

$$u = U_{\mathrm{m}}\sin(\omega t + \varphi_u) = \sqrt{2}U\sin(\omega t + \varphi_u)$$

$$i = I_{\mathrm{m}}\sin(\omega t + \varphi_i) = \sqrt{2}I\sin(\omega t + \varphi_i)$$

注意：交流设备铭牌标注的电压、电流均为有效值；交流电压表和交流电流表的读数也为有效值。

**2. 角频率**

图 2-3 中的 $\omega$ 称为角频率，它表示了单位时间正弦信号变化的弧度数，单位为弧度/秒（rad/s）。角频率与频率、周期的关系为

$$\omega = \frac{2\pi}{T} = 2\pi f \qquad f = \frac{1}{T}$$

频率的单位为赫兹（Hz），周期的单位为秒（s）。

周期、频率和角频率三个量都是说明正弦交流电变化快慢的。三个量中只要知道一个，即可求出其他两个量。例如，在我国工业和照明用电的频率为 $f$=50Hz(称为工频)，其周期为 $T = \frac{1}{f} = \frac{1}{50} = 0.02\text{s}$，角频率 $\omega = 2\pi f = 2\pi \times 50 = 314\text{rad/s}$。

**3. 初相角**

正弦量瞬时值表达式中的 $(\omega t + \varphi_u)$ 和 $(\omega t + \varphi_i)$ 为电压和电流正弦量的相位角，简称相位。$\varphi_u$、$\varphi_i$ 为初相角，简称初相，单位为弧度（rad），初相反映了正弦量在计时起点（即 $t = 0$）所处的状态。一般规定初相在 $-\pi \sim \pi$ 范围内，初相角在纵轴的左边时，为正角，取 $0 \leqslant \varphi \leqslant \pi$；初相角在纵轴的右边时，为负角，取 $-\pi \leqslant \varphi \leqslant 0$。

**例 2-1**　试计算下列正弦量的周期、频率和初相角。

（1）5sin(314$t$+30°)　　　（2）8cos($\pi t$+60°)

**解：**（1）周期　$T = \frac{2\pi}{\omega} = \frac{2\pi}{314} = \frac{1}{50} = 0.02$ s

　　　　　频率　$f = \frac{1}{T} = \frac{1}{0.02} = 50$ Hz

　　　　　初相　$\varphi$=30°

（2）周期　$T = \frac{2\pi}{\omega} = \frac{2\pi}{\pi} = 2$ s

　　　　　频率　$f = \frac{1}{T} = \frac{1}{2} = 0.5$ Hz

　　　　　初相　$\varphi$=150°

## 2.1.2　相位差

两个同频率正弦量初相位之差称为它们之间的相位差，用 $\varphi$ 来表示。正弦电压与正弦电流的相位差为

$$\varphi = (\omega t + \varphi_u) - (\omega t + \varphi_i) = \varphi_u - \varphi_i$$

当两个同频率正弦量的计时起点作相同的改变时，它们的相位和初相也随之改变，但两者之间的相位差始终不变。

若 $\varphi > 0$，表示 $\varphi_u > \varphi_i$，表明电压的相位超前于电流的相位，或电流滞后于电压的相位；

若 $\varphi < 0$，表示 $\varphi_u < \varphi_i$，表明电压的相位滞后于电流的相位，或电流超前于电压的相位；

若 $\varphi = 0$，表示 $\varphi_u = \varphi_i$，表明电压与电流同相；

若 $\varphi=\pi$，表示 $\varphi_u=-\varphi_i$，表明电压与电流反相；

若 $\varphi=\pm\dfrac{\pi}{2}$，表示 $\varphi_u=\varphi_i\pm\dfrac{\pi}{2}$，表明电压与电流正交。

**注意：**

① 两同频率的正弦量之间的相位差为常数，与计时的选择起点无关。

② 不同频率的正弦量比较无意义。

**例 2-2** 已知某正弦交流电压、电流的瞬时值分别为 $u=311\sin(100\pi t+\dfrac{\pi}{6})$ V，$i=5\sin(100\pi t-\dfrac{\pi}{3})$ A。分别写出该电压、电流的幅值、有效值、频率、周期、角频率、初相以及电压与电流的相位差。

**解：** 电压、电流的幅值　　　$U_m=311$ V，$I_m=5$ A

有效值　　　$U=\dfrac{311}{\sqrt{2}}=220$ V，$I=\dfrac{5}{\sqrt{2}}=3.5$ A

角频率　　　$\omega=100\pi$，频率　　$f=\dfrac{\omega}{2\pi}=\dfrac{100\pi}{2\pi}=50$ Hz，周期　　$T=\dfrac{1}{f}=0.02$ s

初相　　　$\varphi_u=\dfrac{\pi}{6}$，$\varphi_i=-\dfrac{\pi}{3}$

电压与电流的相位差　　　$\varphi=\varphi_u-\varphi_i=\dfrac{\pi}{6}-(-\dfrac{\pi}{3})=\dfrac{\pi}{2}$

# 2.2　正弦量的相量表示法及复数运算

当正弦量的三要素确定以后，该正弦量就被唯一确定了，若要用正弦量的瞬时值表达式进行计算，就要用到三角函数的运算，其计算是非常繁琐的。而正弦量相量表示法可以解决这个问题，它把三角函数的运算简化为代数运算。正弦量的相量表示法的基础就是复数。

## 2.2.1　复数及其运算

由实轴和虚轴所构成的复平面上，一个复数 $A$ 可以用一条有向线段来表示，在图 2-4 中，复数 $A$ 的长度记为 $|A|$，它称为复数 $A$ 的模；有向线段与实轴+1 的夹角记为 $\varphi$，称为复数 $A$ 的辐角；有向线段端点的横坐标 $a$ 称为复数 $A$ 的实部；其在虚轴+j 上的纵坐标 $b$ 则称为复数 $A$ 的虚部。

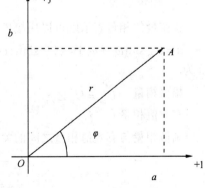

1. 复数的表示形式

复数有多种表示形式，有代数式、指数式、三角函数式和极坐标式。

代数式为　　　　　$A=a+jb$

指数式为　　　　　$A=re^{j\varphi}$

三角函数式为 $\qquad A=r\cos\varphi+\mathrm{j}r\sin\varphi$

极坐标式为 $\qquad A = r\angle\varphi$

以上为复数的几种表达形式，它们之间可以互换。

$$r = \sqrt{a^2 + b^2} \qquad \varphi = \arctan\frac{b}{a}$$

$a=r\cos\varphi \qquad\qquad b=r\sin\varphi$

虚数单位 $\mathrm{j} = \sqrt{-1}$，$\mathrm{e}^{\pm\mathrm{j}90°}=\cos90° \pm \mathrm{j}\sin90°= \pm \mathrm{j}$。

**2. 复数的运算**

进行复数的四则运算时，一般情况下，复数的加、减运算采用代数式进行，其实部与实部相加、减，虚部与虚部相加、减；复数的乘、除法运算通常采用极坐标式进行，两复数相乘、除时，模与模相乘除，幅角相加减。

**例 2-3** 已知复数 $A=3+\mathrm{j}4$，$B=4+\mathrm{j}3$，试计算 $A+B$、$A-B$、$AB$、$A/B$。

**解：**$A+B=(3+\mathrm{j}4)+(4+\mathrm{j}3)=(3+4)+\mathrm{j}(4+3)=7+\mathrm{j}7$

$A-B=(3+\mathrm{j}4)-(4+\mathrm{j}3)=(3-4)+\mathrm{j}(4-3)=-1+\mathrm{j}$

将复数 $A$、$B$ 转换成极坐标形式为

$$A = 3 + j4 = 5\angle53°$$
$$B = 4 + j3 = 5\angle37°$$

则

$$AB = (5\angle53°)(5\angle37°) = 25\angle90°$$
$$A / B = (5\angle53°)/(5\angle37°) = 1\angle16°$$

## 2.2.2 正弦量的相量表示及运算

为了与一般的复数区别，把表示正弦量的复数称为相量，并在大写字母上加"·"，例如 $\dot{U}$、$\dot{I}$、$\dot{E}$。

**1. 相量的表示**

正弦量的相量表示既可以用幅值相量，也可以用有效值相量。例如：

$u = U_\mathrm{m}\sin(\omega t + \varphi_u) = \sqrt{2}U\sin(\omega t + \varphi_u)$、$i = I_\mathrm{m}\sin(\omega t + \varphi_i) = \sqrt{2}I\sin(\omega t + \varphi_i)$ 的相量式可表示为

幅值相量 $\qquad \dot{U}_\mathrm{m} = U_\mathrm{m}\angle\varphi_u \qquad\qquad \dot{I}_\mathrm{m} = I_\mathrm{m}\angle\varphi_i$

有效值相量 $\dot{U} = U\angle\varphi_u \qquad\qquad \dot{I} = I\angle\varphi_i$

幅值相量与有效值相量之间的关系为 ss

$$\dot{U}_\mathrm{m} = U_\mathrm{m}\angle\varphi_u = \sqrt{2}U\angle\varphi_u = \sqrt{2}\dot{U}$$
$$\dot{I}_\mathrm{m} = I_\mathrm{m}\angle\varphi_i = \sqrt{2}I\angle\varphi_i = \sqrt{2}\dot{I}$$

**2. 相量图**

正弦量的相量可以在复平面上画出其相量的图形称为相量图。同一相量图中相量必须同频率。画相量图时，实轴、虚轴可省略。假设 $i_1 = I_{1m}\sin(\omega t + \theta_1)$，$i_2 = I_{2m}\sin(\omega t - \theta_2)$，则有效值相量表示为 $\dot{I}_1 = I_1\angle\theta_1$，$\dot{I}_2 = I_2\angle-\theta_2$，其相量图如图 2-5 所示。

**例 2-4**　试写出表示 $u_A = 220\sqrt{2}\sin 10\pi t$ V，$u_B = 220\sqrt{2}\sin(10\pi - 120°)t$ V 和 $u_C = 220\sqrt{2}\sin(10\pi + 120°)t$V 的相量，并画出相量图。

**解：** 分别用有效值相量 $\dot{U}_A$，$\dot{U}_B$ 和 $\dot{U}_C$ 表示正弦电压 $u_A$，$u_B$ 和 $u_C$，则

$\dot{U}_A = 220\angle 0° = 220$ V　　　$\dot{U}_B = 220\angle -120°$　　　$\dot{U}_C = 220\angle -120°$

其相量图如图 2-6 所示。

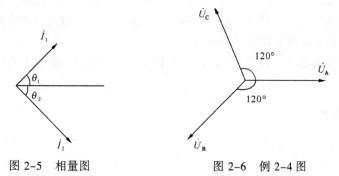

图 2-5　相量图　　　　　　　图 2-6　例 2-4 图

**注意：**

① 相量只表示正弦量，而不是等于正弦量。

② 只有正弦量才能用相量表示，非正弦量不能用相量表示。

③ 只有同频率的正弦量才能画在同一相量图上。

**3. 相量的计算**

把正弦量表示成相量形式的真正目的是简化正弦交流电路的计算。相量的计算可以采用复数运算来计算，也可以用相量图计算。

将正弦量表示成相量图计算时，几个同频率正弦量的和与差，可通过在相量图上求相量和、差的方式得到所求正弦量的幅值和初相。

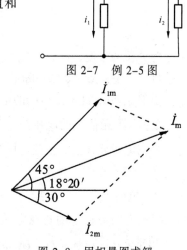

图 2-7　例 2-5 图

**例 2-5**　在图 2-7 所示的电路中，设

$i_1 = I_{1m}\sin(\omega t + \varphi_1) = 100\sin(\omega t + 45°)$ A

$i_2 = I_{2m}\sin(\omega t + \varphi_2) = 60\sin(\omega t - 30°)$ A

试求总电流 $i$。

**解：** 用相量图求解，如图 2-8 所示。

先作出表示 $i_1$ 和 $i_2$ 的相量 $\dot{I}_{1m}$ 和 $\dot{I}_{2m}$，而后以 $\dot{I}_{1m}$ 和 $\dot{I}_{2m}$ 为两邻边作一平行四边形，其对角线即为总电流 $i$ 的幅值相量 $\dot{I}_m$，它与横轴正方向间的夹角即为初相位。

根据图可得　　$\dot{I}_m = \dot{I}_{1m} + \dot{I}_{2m} = 129\angle 18°20'$

$i = 129\sin(\omega t + 18°20')$ A

图 2-8　用相量图求解

# 2.3 单一参数的正弦交流电路

由负载和交流电源组成的电路称为交流电路。若电源中只有一个交变电动势，称为单相交流电路。分析各种交流电路不但要确定电路中电压与电流之间的大小关系，而且要确定它们之间的相位关系。

最简单的交流电路是由电阻器、电感器、电容器单个电路元件组成的。当电路中的元件仅由 $R$、$L$、$C$ 三个参数中的一个来表征时，则称这种电路为单一参数元件的交流电路。复杂的交流电路可以认为是单一参数元件电路的组合。

为分析复杂的交流电路，首先应掌握单一参数（电阻、电感、电容）元件电路中电压与电流之间的关系。

## 2.3.1 纯电阻电路

只含有电阻元件的交流电路称为纯电阻电路，由白炽灯、电烙铁、电阻器等组成的交流电路都可看成是纯电阻电路。当外加电压一定时，在纯电阻电路中影响电流大小的主要因素是电阻 R。

1. 电阻元件上的电压与电流瞬时值的关系

图 2-9（a）所示为一个线性电阻元件的交流电路，电流与电压的参考方向如图所示，根据欧姆定律，两者的瞬时值关系为 $i = \dfrac{u}{R}$ 或 $u=Ri$。

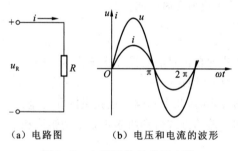

（a）电路图　　　（b）电压和电流的波形

图 2-9　电阻元件的交流电路

为分析的方便，假设 $i = \sqrt{2}I\sin(\omega t + \varphi_i)$

则　　　$u = Ri = \sqrt{2}RI\sin(\omega t + \varphi_i) = \sqrt{2}U\sin(\omega t + \varphi_u)$

显然 $\varphi_u=\varphi_i$，纯电阻电路的电压与电流同相位、同频率，如图 2-9（b）所示。

2. 电阻元件上的电压与电流有效值关系

根据电阻元件上的正弦电压与电流的瞬时值表达式，可得到其有效值关系为

$$U=RI$$

3. 电阻元件上的电压与电流相量关系

根据电阻元件上的正弦电压与电流的瞬时值表达式，得到其对应的相量为 $\dot{I} = I\angle\varphi_i$，$\dot{U} = U\angle\varphi_u$，由于电压与电流同相，相量图如图 2-10 所示，所以它们之间的相量关系为 $\dot{U} = R\dot{I}$，此式又称为欧姆定律的相量形式。

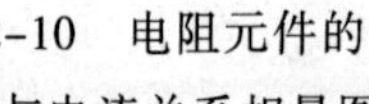

图 2-10　电阻元件的电压与电流关系相量图

综上所述，在电阻元件的交流电路中，电流和电压是同频率同相位的；电压的幅值（或有效值）与电流的幅值（或有效值）的比值，就是电阻 $R$。

### 4. 纯电阻元件的功率

电路任一时刻所吸收或释放的功率称为瞬时功率，用小写字母 $p$ 表示。在纯电阻电路中，假设电阻元件上的电压与电流参考方向关联并且 $\varphi_u=\varphi_i=0$，根据瞬时功率的定义可得

$$p=ui=U_mI_m\sin^2\omega t=UI(1-\cos 2\omega t)$$

由上式可知 $p>0$，即电阻元件从电源吸收功率，说明电阻是耗能元件。瞬时功率不是一个恒定值，对瞬时功率在一个周期内积分称为平均功率，又称有功功率，它是指在电路中电阻部分所消耗的功率，用大写字母 $P$ 表示

$$P=\frac{1}{T}\int_0^T UI(1-\cos 2\omega t)\mathrm{d}t=UI=RI^2=\frac{U^2}{R}$$

有功功率的单位为瓦特，简称瓦（W）。灯泡上的 40 W 是指有功功率。

**例 2-6**　把一个 100 Ω 的电阻元件接到频率为 50 Hz，电压有效值为 10 V 的正弦交流电源上，问流过电阻元件上的电流是多少？如果保持电压值不变，而电源频率改变为 5 000 Hz，这时电流将变为多少？

**解：** $I=U/R=$（10/100）A=0.1A=100 mA，因为电阻与频率无关，所以电压有效值保持不变时，频率虽然改变但电流有效值不变，则 $I=100$ mA。

## 2.3.2　纯电感电路

电感器是用漆包线、纱包线或塑皮线等在绝缘骨架或磁心、铁心上绕制成的一组串联的同轴线匝，它在电路中用字母"$L$"表示。电感元件是一个二端元件，如果电感的大小只与线圈的结构、形状有关，与通过线圈的电流大小无关，即 $L$ 为常量，称为线性电感元件，在本书中只讨论线性电感元件。

### 1. 电感元件上的电压与电流瞬时值的关系

图 2-11（a）是一个线性电感元件的交流电路图，电压与电流的参考方向如图所示。

为分析的方便，假设 $i=I_m\sin(\omega t+\varphi_i)=\sqrt{2}I\sin(\omega t+\varphi_i)$

则电感元件上的电压电流瞬时值关系为

$u=L\dfrac{\mathrm{d}i}{\mathrm{d}t}=L\dfrac{\mathrm{d}I_m\sin(\omega t+\varphi_i)}{\mathrm{d}t}=\omega LI_m\cos(\omega t+\varphi_i)=\omega LI_m\sin(\omega t+\varphi_i+90°)=U_m\sin(\omega t+\varphi_u)$　显然 $\varphi_u=\varphi_i+90°$，电感元件上的电压超前电流 90°，或说电流滞后电压 90°。电感上的电压与电流是同频率的正弦量，电压与电流的波形如图 2-11（b）所示。

### 2. 感抗

根据电感元件上的电压电流瞬时值关系得它们幅值之间的关系为

$$X_L=\frac{U_m}{I_m}=\frac{U}{I}=\omega L$$

式中的 $X_L=\omega L=2\pi fL$ 具有电阻的量纲，称为感抗。当 $L$ 的单位为 H，$\omega$ 的单位为 rad/s 时，$X_L$ 的单位为 Ω。感抗与 $L$ 和 $\omega$ 成正比，对于一定的电感 $L$，当频率越高时，其所呈现的感抗越大，反之越小。换句话说，对于一定的电感 $L$，它对高频呈现的阻力大，对低频呈现的阻力小。

在直流电路中，$X_L=0$，即电感对直流视为短路。

3. 电感元件上的电压与电流相量关系

根据电感元件上的电压电流瞬时值关系得其对应的相量为

$\dot{I} = I\angle\varphi_i$，$\dot{U} = U\angle\varphi_u = U\angle(\varphi_i + 90°)$，由此可得其相量关系为

$\dot{U} = U\angle\varphi_i + 90° = I \cdot X_L \angle\varphi_i \angle 90° = \dot{I} \, J \, X_L$

电感元件上的正弦电压与电流的相量图如图 2-11（c）所示。

综上所述，电感元件交流电路中，$u$、$i$ 同频率，$u$ 比 $i$ 超前 $\frac{\pi}{2}$；电压的幅值（或有效值）与电流的幅值（或有效值）的比值为感抗 $X_L$。

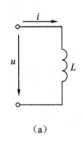 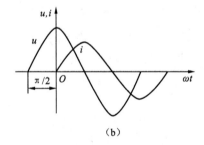 

（a）　　　　　　　　　　　　　　（b）　　　　　　　　　　　　　（c）

图 2-11　电感元件的正弦交流电路

4. 纯电感元件的功率

纯电感元件的瞬时功率为

$$p = ui = U_m I_m \sin\omega t \sin(\omega t + 90°) = U_m I_m \sin(\omega t)\cos(\omega t) = \frac{U_m I_m}{2}\sin 2\omega t = UI \sin 2\omega t$$

由上式可知，电感元件的瞬时功率既可以为正，也可以为负。$p>0$，电感元件相当于负载，从电源吸收功率，并转化成磁场能储存起来；$p<0$，电感元件又将储存的磁场能释放出来，转换成电能。

纯电感元件的平均功率为

$$P = \frac{1}{T}\int_0^T p\,\mathrm{d}t = \frac{1}{T}\int_0^T UI \sin 2\omega t\,\mathrm{d}t = 0$$

平均功率为零，说明电感元件在一个周期内消耗的能量为 0，即电感元件在一个周期内吸收的能量与释放的能量相等，因此电感元件本身不消耗能量，而是一个储能元件，但存在着电源与电感元件之间的能量交换，所以瞬时功率不为零。用无功功率来衡量这种能量交换的速度。无功功率是指瞬时功率的最大值，即电压和电流有效值的乘积，无功功率用大写字母 $Q$ 表示，即

$$Q = UI = I^2 X_L = U^2 / X_L$$

无功功率的单位为乏（Var）。

### 2.3.3　纯电容电路

电容元件是一种表征电路元件储存电荷特性的理想元件，其原始模型为由两块金属极板中间用绝缘介质隔开的平板电容器。当在两极板上加上电压后，极板上分别积聚着等量的正负电

荷，在两个极板之间产生电场。积聚的电荷越多，所形成的电场就越强，电容元件所储存的电场能也就越大，电容元件存储电荷的能力称为电容器的电容量（简称电容），用 $C$ 表示。若 $C$ 只与电容器的结构、形状、介质有关，与电容器两端的电压大小无关，即 $C$ 是常量，该电容器就是线性电容元件。本书只讨论线性电容元件。

1. 电容元件上的电压与电流瞬时值的关系

图 2-12（a）为一个电容元件的交流电路图，电压与电流的参考方向如图所示。

为分析的方便，假设 $u = U_m \sin(\omega t + \varphi_u) = \sqrt{2}U \sin(\omega t + \varphi_u)$

则电容元件上的电压电流瞬时值关系为

$$i = C\frac{\mathrm{d}u}{\mathrm{d}t} = C\frac{\mathrm{d}U_m \sin(\omega t + \varphi_u)}{\mathrm{d}t} = \omega C U_m \sin(\omega t + \varphi_u + 90°) = I_m \sin(\omega t + \varphi_i)$$

显然 $\varphi_i = \varphi_u + 90°$，电容元件上的电流超前电压 90°，或说电压滞后电流 90°。电容上的电压与电流是同频率的正弦量，电压与电流的波形如图 2-12（b）所示。

2. 容抗

根据电容元件上的电压电流瞬时值关系得到它们幅值之间的关系为

$$X_C = \frac{U_m}{I_m} = \frac{U}{I} = \frac{1}{\omega C}$$

式中的 $X_C = \dfrac{1}{\omega C}$ 具有电阻的量纲，称为容抗。当 $C$ 的单位为 F，$\omega$ 的单位为 rad/s 时，$X_C$ 的单位为 Ω。容抗与 $C$ 和 $\omega$ 成反比，它和电阻一样，具有阻碍电流通过的能力。频率越高，容抗越小，频率越低，容抗越大，可见，电容元件具有通高频电流，阻碍低频电流的作用。在直流电路中，$X_C = \infty$，电容元件对直流视为开路。

3. 电容元件上的电压与电流相量关系

据电容元件上的电压电流瞬时值关系得其对应的相量为 $\dot{U} = U\angle\varphi_u$，$\dot{I} = \omega C U\angle(\varphi_u + 90°) = I\angle\varphi_i$，由此可得其相量关系为

$$\dot{U} = U\angle\varphi_u = I \cdot \frac{1}{WC}\angle\varphi_u$$

$$= I \cdot \frac{1}{WC}\angle\varphi_i - 90° = \dot{I} \cdot (-\mathrm{j}X_c)$$

即 $\dot{U} = -\mathrm{j}X_C \dot{I}$

电容元件上的正弦电压与电流的相量图如图 2-12（c）所示。

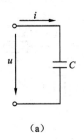
（a）

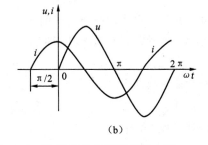
（b）

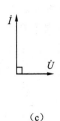
（c）

图 2-12 电容元件的正弦交流电路

综上所述，在电容元件电路中，$u$、$i$ 同频率在相位上电流比电压超前 90°；电压的幅值（或有效值）与电流的幅值（或有效值）的比值为容抗 $X_C$。

**例 2-7** 若把例 2-6 中 100 Ω 的电阻元件改为 25 μF 的电容元件,这时电流又将如何变化？

**解**：当 $f$=50 Hz 时：

$$X_C = \frac{1}{2\pi f C} = \frac{1}{2 \times 3.14 \times 50 \times (25 \times 10^{-6})}\ \Omega = 127.4\ \Omega$$

$$I = \frac{U}{X_C} = \frac{10}{127.4}\text{A} = 0.078\text{A} = 78\ \text{mA}$$

当 $f$=5 000 Hz 时：

$$X_C = \frac{1}{2\pi f C} = \frac{1}{2 \times 3.14 \times 5000 \times (25 \times 10^{-6})}\ \Omega = 1.274\ \Omega$$

$$I = \frac{U}{X_C} = \frac{10}{1.274}\ \text{A} = 7.8\ \text{A}$$

可见，在电压有效值一定时，频率越高，则通过电容元件的电流有效值越大。

**4. 纯电容元件的功率**

设 $i = I_{\text{m}}\sin\omega t$ $\qquad$ $u = U_{\text{m}}\sin(\omega t - 90°)$

纯电容元件的瞬时功率为 s

$$p = ui = U_{\text{m}}I_{\text{m}}\sin\omega t\sin(\omega t - 90°) = U_{\text{m}}I_{\text{m}}\sin\omega t\cos\omega t = \frac{-U_{\text{m}}I_{\text{m}}}{2}\sin 2\omega t = -UI\sin 2\omega t$$

由上式可知，电容元件的瞬时功率既可以为正，也可以为负。$p>0$，电容元件相当于负载，从电源吸收功率（充电），将电能转化为电场能储存起来；$p<0$，电容元件释放能量（放电），将电场能转化为电能。

电容元件的平均功率为

$$P = \frac{1}{T}\int_0^T p\text{d}t = \frac{1}{T}\int_0^T UI\sin 2\omega t\text{d}t = 0$$

由上式可知，电容元件在一个周期内的平均功率为 0，说明电容元件在一个周期内从电源吸收的能量等于释放的能量，因此电容元件本身不消耗能量，是储能元件。与电感元件一样，用无功功率衡量其能量交换的速度，即

$$Q = -UI = -I^2 X_C = -U^2/X_C$$

### 2.3.4 KCL、KVL 的相量形式

基尔霍夫定律是分析电路的基本定律，交流电路的计算也一样离不开 KCL、KVL。下面根据正弦量及其相量之间的关系，讨论 KCL、KVL 的相量形式。

在正弦交流电路中，对于任意瞬间 KCL 的表达式为

$$\sum i = 0$$

例如，对于图 2-13 所示的节点 A 有

$$\sum i = i_1 + i_2 - i_3 = 0$$

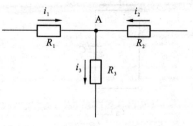

图 2-13　流向节点 A 的电流分布图

若各支路电流都是同频率的正弦量，只是幅值和初相不同，根据相量的运算规则有

$$\dot{I}_{1m}+\dot{I}_{2m}-\dot{I}_{3m}=0 \quad 或 \quad \dot{I}_1+\dot{I}_2-\dot{I}_3=0$$

这就表明，流过节点 A 的各支路电流相量的代数和恒等于零。

对于任意节点，则有

$$\sum \dot{I}_m=0 \quad 或 \quad \sum \dot{I}=0$$

上式即是 KCL 的相量形式。它表明：流过任意节点的各支路电流相量的代数和恒等于零。

同理可得 KVL 的相量形式为

$$\sum \dot{U}_m=0 \quad 或 \quad \sum \dot{U}=0$$

它表明，在正弦电路中，沿任意闭合回路绕行一周，各支路的电压相量的代数和恒等于零。

# 2.4 正弦交流电路的功率及功率因数

## 2.4.1 正弦交流电路的功率

从单一参数正弦电路分析中得知，电阻元件消耗能量，而电容、电感元件进行能量储放，但不消耗能量。对于 $R$、$L$、$C$ 电路，因为有电阻元件存在，所以电路中总是有功率损耗。电路中的有功功率即为电阻上消耗的功率，电路中也存在无功功率。

假设 $u=U_m\sin\omega t$，$i=I_m\sin(\omega t+\varphi)$，且端口电压与电流参考方向关联，则由功率定义可知瞬时功率为

$$p=ui=U_m\sin(\omega t)I_m\sin(\omega t+\varphi)=\frac{U_mI_m}{2}\cos\varphi-\frac{U_mI_m}{2}\cos(2\omega t+\varphi)$$

1. 有功功率

正弦电路的有功功率即是电路的平均功率，对瞬时功率在一个周期内积分可得到正弦电路的有功功率，即

$$P=\frac{1}{T}\int_0^T p(t)\mathrm{d}t=\frac{U_mI_m}{2}\cos\varphi=UI\cos\varphi$$

有功功率用大写 $P$ 表示，式中 $\cos\varphi$ 称为功率因数，$\varphi$ 为电压与电流的相位差，又称功率因数角。有功功率表示电路中的电能转化为其他形式并且消耗掉的能量。

2. 无功功率

在正弦交流电路中，电路与电源能量进行交换，其能量交换的最大值为 $UI\sin\varphi$，一般称它为无功功率，用 $Q$ 表示，即 $Q=UI\sin\varphi$，无功功率的单位为乏（var）。

无功功率是用来表征电源与阻抗中的电抗分量进行能量交换的规模大小的物理量。当 $Q>0$ 时，表示电抗从电源吸收能量，并转化为电场能或电磁能储存起来；当 $Q<0$ 时，表示电抗向电源发出能量，将储存的电场能或电磁能释放出来。

无功功率的正负与电路的性质有关，因为电感元件的电压超前于电流 90°，电容元件的电压滞后于电流 90°，所以感性无功功率与容性无功功率可以相互补偿。

3. 视在功率

为了便于求解有功功率和无功功率的表示式，引入了复功率的概念。所谓复功率就是电压

的相量与电流相量的共轭复数的乘积，一般用 $\tilde{S}$ 表示，即

$$\tilde{S} = \overline{U} \cdot \overline{I} = UI\cos\varphi + jUI\sin\varphi = P + jQ$$

可见，复功率是一个复数，表示出了有功功率（实部）和无功功率（虚部），一般将复功率的模用 $S$ 表示，称为视在功率，它等于电压和电流有效值的积，即

$$S = \sqrt{P^2 + Q^2} = UI$$

视在功率的单位为伏安（V·A）。不难看出，如果是纯电阻电路，它只消耗功率，视在功率与有功功率相等。如果是由 $R$、$L$、$C$ 组成的电路，电路不仅有消耗功率还有能量交换，则视在功率要大于有功功率。

由以上的讨论可得 $S$、$P$、$Q$ 三者之间的关系为

$$S = \sqrt{P^2 + Q^2} \qquad P = S\cos\varphi \qquad Q = S\sin\varphi$$

$S$、$P$、$Q$ 三者之间的关系也可用三角形表示，称为功率三角形，如图 2-14 所示。

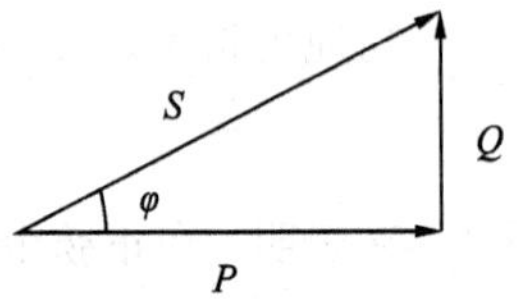

图 2-14　功率三角形

## 2.4.2　正弦交流电路的功率因数

### 1. 功率因数

功率因数用 $\lambda$ 表示，可以由视在功率和有功功率求出，即

$$\lambda = \frac{P}{S} = \frac{P}{\sqrt{P^2 + Q^2}} = \cos\varphi$$

功率因数的大小与电路的负荷性质有关，如白炽灯泡、电阻炉等电阻负荷的功率因数约为 1，一般具有电容性、电感性负载的电路功率因数都小于 1。功率因数是电力系统的一个重要的技术数据。功率因数是衡量电气设备效率高低的一个系数。功率因数低，说明电路用于交变磁场转换的无功功率大，从而降低了设备的利用率，增加了线路供电损失。所以，供电部门对用电单位的功率因数有一定的标准要求。

### 2. 功率因数的提高

功率因数 $\cos\varphi$ 的值介于 0 和 1 之间，在电力系统中有大量的感性负载，如电动机、变压器和交流电磁铁等，线路的功率因数不高，为此需要提高线路的功率因数。

对于电力系统中的供电部分，提供电能的发电机是按要求的额定电压和额定电流设计的，发电机长期运行中，电压和电流都不能超过额定值，否则会缩短其使用寿命，甚至损坏发电机。由于发电机是通过额定电流与额定电压之积额定的，这意味着当其接入负载为电阻时，理论上发电机得到完全的利用，因为 $P = UI\cos\varphi$ 中的 $\cos\varphi = 1$；但是当负载为感性或容性时，$\cos\varphi < 1$，发电机就得不到充分利用。为了最大程度利用发电机的容量，就必须提高其功率因数。

（1）提高供电电路功率因数的意义

① 提高用电质量，改善设备运行条件，可保证设备在正常条件下工作，这就有利于安全生产。

② 可节约电能，降低生产成本，减少企业的电费开支。

③ 能提高企业用电设备的利用率，充分发挥企业的设备潜力。

④ 可减少线路的功率损失，提高电网输电效率。

⑤ 因发电机的发电容量的限定，故提高 $\cos\varphi$ 也就使发电机能多输出有功功率。

⑥ 在实际用电过程中，提高负载的功率因数是最有效地提高电力资源利用率的方式。

在现今可用资源接近匮乏的情况下，除了尽快开发新能源外，更好利用现有资源是我们解决燃眉之急的唯一办法。而对于目前人们所大量使用和无比依赖的电能使用，功率因数将是重中之重。

（2）提高功率因数的方法

提高功率因数的方法可分为提高自然功率因数和采用人工补偿两种方法：

① 提高自然因数的方法如下：

a. 恰当选择电动机容量，减少电动机无功消耗，防止"大马拉小车"。

b. 对平均负荷小于其额定容量 40%左右的轻载电动机，可将线圈改为三角形接法（或自动转换）。

c. 避免电机或设备空载运行。

d. 合理配置变压器，恰当地选择其容量。

e. 调整生产班次，均衡用电负荷，提高用电负荷率。

f. 改善配电线路布局，避免曲折迂回等。

② 人工补偿法：实际中可使用电路电容器或调相机，一般多采用电力电容器补偿无功，即在感性负载上并联电容器。在感性负载上并联电容器的方法可用电容器的无功功率来补偿感性负载的无功功率，从而减少甚至消除感性负载与电源之间原有的能量交换。

电力系统中的负载大部分是感性的，因此总电流将滞后电压一个角度，将电容器与负载并联，则电容器的电流将抵消一部分电感电流，从而使总电流减小，功率因数将提高。

如图 2-15 所示，$I_C = I_1 \sin \varphi_1 - I \sin \varphi = \dfrac{P}{U \cos \varphi_1} \sin \varphi_1 - \dfrac{P}{U \cos \varphi} \cdot \sin \varphi = \dfrac{P}{U}(\tan \varphi_1 - \tan \varphi)$

若将电路的功率因数由 $\cos \varphi_1$ 提高到 $\cos \varphi$，需要并联的电容为

$$C = \frac{P}{U^2 \omega}(\tan \varphi_1 - \tan \varphi)$$

必须指出：功率因数的提高，应当适当，更没有必要过补偿，一般将功率因数提高到 0.9 左右。否则所需的电容量过大，设备费用增加很多，但收益并不大。

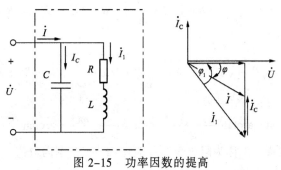

图 2-15 功率因数的提高

并联电容器的补偿方法又可分为：

a. 个别补偿。即在用电设备附近按其本身无功功率的需要量装设电容器组，与用电设备同时投入运行和断开，也就是在实际中将电容器直接接在用电设备附近。适合用于低压网络，优点是补偿效果好，缺点是电容器利用率低。

b. 分组补偿。即将电容器组分组安装在车间配电室或变电所各分路出线上，它可与工厂部

分负荷的变动同时投入或切除，也就是在实际中将电容器分别安装在各车间配电盘的母线上。优点是电容器利用率较高且补偿效果也较理想（比较折中）。

c. 集中补偿。即把电容器组集中安装在变电所的一次或二次侧的母线上。在实际中会将电容器接在变电所的高压或低压母线上，电容器组的容量按配电所的总无功负荷来选择。优点是电容器利用率高，能减少电网和用户变压器及供电线路的无功负荷。缺点是不能减少用户内部配电网络的无功负荷。

实际中上述方法可同时使用。对较大容量机组进行就地无功补偿。

# 2.5  *RLC* 串、并联的交流电路

## 2.5.1  *RLC* 串联的交流电路

图 2-16 所示为 *RLC* 串联的交流电路。

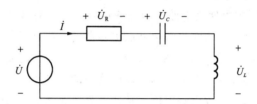

图 2-16  *RLC* 串联电路的相量模型

1. *RLC* 串联电路的电压电流关系

根据 KVL，得

$$\dot{U} = \dot{U}_{R} + \dot{U}_{L} + \dot{U}_{C} = R\dot{I} + \mathrm{j}\omega L\dot{I} + \frac{1}{\mathrm{j}\omega C}\dot{I} = (R + \mathrm{j}\omega L + \frac{1}{\mathrm{j}\omega C})\dot{I}$$

2. *RLC* 串联电路的阻抗

$$Z = \frac{\dot{U}}{\dot{I}} = R + \mathrm{j}\omega L + \frac{1}{\mathrm{j}\omega C} = R + \mathrm{j}(\omega L - \frac{1}{\omega C}) = R + \mathrm{j}(X_L - X_C) = R + \mathrm{j}X = |Z|\angle\varphi$$

其中

$$|Z| = \sqrt{R^2 + (X_L - X_C)^2} = \sqrt{R^2 + (\omega L - \frac{1}{\omega C})^2} = \sqrt{R^2 + X^2}$$

$$\varphi = \arctan\frac{X_L - X_C}{R} = \arctan\frac{\omega L - \frac{1}{\omega C}}{R} = \arctan\frac{X}{R}$$

式中 |Z| 称为阻抗的模，$\varphi$ 称为阻抗角，一般在 $-\pi \sim \pi$ 范围内取值，$\varphi$ 大于零表示电路呈现感性，小于零表示电路呈现容性。

3. *RLC* 串联电路中的三角形

在 *RLC* 串联电路中，阻抗之间、电压之间、功率之间的关系可用直角三角形表示，分别称为阻抗三角形、电压三角形和功率三角形，如图 2-17 所示。

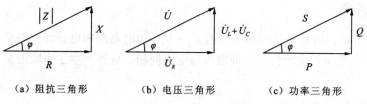

（a）阻抗三角形　　　（b）电压三角形　　　（c）功率三角形

图 2-17　阻抗、电压、功率三角形

### 2.5.2　*RLC* 并联的交流电路

如图 2-18 所示的 *RLC* 并联电路，可以画出相应的电路相量模型。

#### 1. *RLC* 并联电路的电压电流关系

根据 KCL，得

$$\dot{I} = \dot{I}_R + \dot{I}_L + \dot{I}_C = \frac{\dot{U}}{R} + \frac{\dot{U}}{j\omega L} + \frac{\dot{U}}{\frac{1}{j\omega C}} = (\frac{1}{R} + \frac{1}{j\omega L} + j\omega C)\dot{U}$$

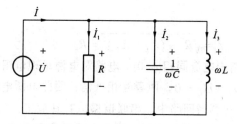

图 2-18　*RLC* 并联电路的相量模型

#### 2. *RLC* 并联电路的阻抗

*RLC* 并联电路阻抗为

$$Z = \frac{\dot{U}}{\dot{I}} = \frac{1}{(\frac{1}{R} + \frac{1}{j\omega L} + j\omega C)}$$

#### 3. *RLC* 并联电路中的三角形

*RLC* 并联电路中的电流三角形如图 2-19 所示。

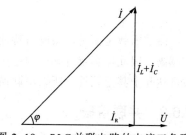

图 2-19　*RLC* 并联电路的电流三角形

# 2.6　电　路　谐　振

在含有电感和电容元件的交流电路中，若电路的电压和电流的相位差 $\varphi=0$，即电压与电流同相，则电路呈纯阻性，电路的这种状态称为谐振现象。电路的谐振可以根据电路的组成结构分为串联谐振和并联谐振两种类型。谐振电路是一种具有频率选择性的电路，它可以根据频率来选择某些有用的信号，排除其他频率的干扰信号。

### 2.6.1 串联谐振

如图 2-16 所示，$RLC$ 串联电路中，若 $\dot{U}_L+\dot{U}_C=0$ 时电路中电感元件的感抗与电容元件的容抗相互抵消，电路呈纯电阻特性，即电压与电流同相，电路产生了串联谐振，此时的频率称为谐振频率 $f_0$。

**1. 串联谐振的产生条件**

串联串联谐振的产生条件谐振时，电路的等效阻抗 $Z=R+\mathrm{j}(X_L-X_C)=R$ 呈阻性，虚部为 0，即 $X_L=X_C$。因此串联谐振的产生条件为

$$X_L=X_C \qquad 或 \qquad 2\pi fL=\frac{1}{2\pi fC}$$

并由此得出谐振频率为

$$f=f_0=\frac{1}{2\pi\sqrt{LC}} \qquad 或 \qquad \omega_0=\frac{1}{\sqrt{LC}}$$

由此可知，只要调整电路参数 $L$、$C$ 或调节电源频率 $f$，都能使电路产生谐振。

**2. 串联谐振的特征**

串联谐振的特征：

① 电路的阻抗模最小，$|Z|=\sqrt{R^2+(X_L-X_C)^2}=R$。

② 由于电源电压与电路中电流同相（$\varphi=0$），电路对电源呈现电阻性。

③ 由于 $X_L=X_C$，于是 $\dot{U}_L+\dot{U}_C=0$，两者互相抵消，因此电源电压 $\dot{U}=\dot{U}_R$。

串联谐振常用在收音机的调谐回路中。串联谐振也有其危害，如在电力系统中，串联谐振将会产生高出电网额定电压数 $Q$ 倍的过电压，对电力设备的安全造成很大危害。$Q$ 称为谐振电路的品质因数，定义为

$$Q=\frac{\omega_0 L}{R}=\frac{1}{\omega_0 CR}$$

品质因数是衡量谐振电路特性的一个重要参数。如电路中电抗越大，电阻越小，则品质因数越高。因此电容或电感上的电压值将比外加电压大的多。一般电感、电容谐振电路的品质因数可达几十甚至几百。所以串联谐振又称电压谐振。

### 2.6.2 并联谐振

在电感和电容并联的电路中，当电容的大小恰恰使电路中的电压与电流同相位，即电源电能全部为电阻消耗，成为电阻电路时，称为并联谐振，如图 2-18 所示。

并联谐振是一种完全的补偿，电源无需提供无功功率，只提供电阻所需要的有功功率。谐振时，电路的总电流最小，而支路的电流往往大于电路的总电流，因此，并联谐振也称为电流谐振。

发生并联谐振时，在电感和电容元件中流过很大的电流，因此会造成电路的熔断器熔断或烧毁电气设备的事故，但并联谐振在无线电工程中往往用来选择信号和消除干扰。

**1. 并联谐振的产生条件**

并联谐振的产生条件为

$$X_L=X_C 或 2\pi fL=\frac{1}{2\pi fC}$$

并联谐振频率为

$$f = f_0 = \frac{1}{2\pi\sqrt{LC}} \text{ 或 } \omega_0 = \frac{1}{\sqrt{LC}}$$

## 2. 并联谐振的特征

并联谐振的特征：

① 谐振时电路的阻抗为 $|Z_0| = \dfrac{L}{RC}$，其值最大。因此在电源电压 $U$ 一定的情况下，电路的电流将在谐振时达到最小值。

② 由于电源电压与电路中电流同相($\varphi=0$)，因此，电路对电源呈现电阻性。

③ 当 $R \ll \omega_0 L$ 时，两并联支路的电流近似相等，且比总电流大许多倍。

# 小　　结

1．正弦交流电的概念及其三要素

正弦交流电是随时间按照正弦函数规律周期性变化的电压和电流，简称为正弦量或正弦信号。正弦电压、电流的瞬时值表达式为

$$u = U_m \sin(\omega t + \varphi_u) \qquad i = I_m \sin(\omega t + \varphi_i)$$

正弦量三要素为幅值、角频率和初相角。

（1）幅值

$U_m$、$I_m$、$E_m$ 分别表示正弦电压、正弦电流、正弦电动势的幅值；$I$、$U$、$E$ 分别表示交流电流、交流电压、交流电动势的有效值。

有效值用大写字母表示，经数学推导有效值与最大值之间的关系为

正弦电流的有效值为 $I = I_m / \sqrt{2}$。

正弦电压的有效值为 $U = U_m / \sqrt{2}$。

正弦电动势的有效值为 $E = E_m / \sqrt{2}$。

（2）角频率

角频率表示单位时间正弦信号变化的弧度数，与频率、周期的关系为 $\omega = \dfrac{2\pi}{T} = 2\pi f$。

（3）初相角

$\varphi_u$、$\varphi_i$ 称为初相角，其反映正弦量在计时起点（即 $t=0$）所处的状态。

2．正弦交流电的向量表示

正向量的相量表示即可以用幅值相量，也可以用有效值相量。对于正弦量 $u = U_m \sin(\omega t + \varphi_u) = \sqrt{2}U \sin(\omega t + \varphi_u)$、$i = I_m \sin(\omega t + \varphi_i) = \sqrt{2}I \sin(\omega t + \varphi_i)$ 可以分别表示为

幅值相量：　$\dot{U}_m = U_m \angle \varphi_u$　　　　　$\dot{I}_m = I_m \angle \varphi_i$

有效值相量：$\dot{U} = U \angle \varphi_u$　　　　　　$\dot{I} = I \angle \varphi_i$

3．$R$、$L$、$C$ 单一元件参数的交流电路的电压与电流间的关系

在电阻元件的交流电路中，电流和电压是同相的，电压的幅值（或有效值）与电流的幅值（或有效值）的比值，就是电阻 $R$；在电感元件交流电路中，$u$ 比 $i$ 超前 $\dfrac{\pi}{2}$；电压有效值等于电

流有效值与感抗的乘积；在电容元件电路中，在相位上电流比电压超前 $\frac{\pi}{2}$，电压的幅值（或有效值）与电流的幅值（或有效值）的比值为容抗 $X_{\mathrm{C}}$。

4．感抗、容抗

$$X_C = \frac{U_\mathrm{m}}{I_\mathrm{m}} = \frac{U}{I} = \frac{1}{\omega C} \qquad X_L = \frac{U_\mathrm{m}}{I_\mathrm{m}} = \frac{U}{I} = \omega L$$

5．瞬时功率、有功功率、无功功率、视在功率及功率因数

瞬时功率为电路任一时刻所吸收或释放的功率，用小写字母 $p$ 表示；有功功率为电路的平均功率，对瞬时功率在一个周期内积分可得到正弦电路的有功功率 $P = \frac{1}{T} \int_0^T p \mathrm{d}t = \frac{U_\mathrm{m} I_\mathrm{m}}{2} \cos\varphi = UI\cos\varphi$；无功功率用 $Q$ 表示，即 $Q = UI\sin\varphi$，当 $Q>0$ 时，表示电抗从电源吸收能量，并转化为电场能或电磁能储存起来；当 $Q<0$ 时，表示电抗向电源发出能量，将储存的电场能或电磁能释放出来；视在功率为复功率的模，用 $S$ 表示，它等于电压和电流有效值的的积，即 $S = \sqrt{P^2 + Q^2} = UI$；功率因数用 $\lambda$ 表示，可以由视在功率和有功功率可以求出，即 $\lambda = \frac{P}{S} = \frac{P}{\sqrt{P^2 + Q^2}} = \cos\varphi$。

6．串、并联谐振电路的谐振条件

串、并联谐振的产生条件为 $X_L = X_C$ 或 $2\pi f L = \frac{1}{2\pi f C}$。

# 习　题

## 一、判断题

1．正弦交流电的幅值就是正弦交流电最大值的 2 倍。 （　　）

2．正弦交流电中的角频率就是交流电的频率。 （　　）

3．同一相量图中的相量不一定是同频率的正弦量。 （　　）

4．直流电流过纯电感线圈，纯电感线圈相当于短路。 （　　）

5．正弦交流电的周期与频率的关系是互为倒数。 （　　）

6．电感元件上的电压滞后电流 90°。 （　　）

7．电容上的电压与电流的角频率相差 90°。 （　　）

8．视在功率就是有功功率加上无功功率。 （　　）

9．交流电的频率越低，则电感的感抗值越小，而电容的容抗值越大。 （　　）

10．在功率三角形中，功率因数角所对的边是 $P$ 而不是 $Q$。 （　　）

## 二、选择题

1．正弦交流电的三要素是指幅值、频率、（　　）。

　　A．相位　　　　　B．角度　　　　　C．初相角　　　　　D．电压

2．阻值不随外加电压或电流的大小而改变的电阻称为（　　）。

　　A．固定电阻　　　B．可变电阻　　　C．线性电阻　　　D．非线性电阻

3．电容器在直流电路中相当于（　　）。

　　A．短路　　　　　B．开路　　　　　C．高通滤波器　　　D．低通滤波器

4．在纯电感电路中，没有能量消耗，只有能量(　　)。

A．变化　　　　　　B．增加　　　　　　C．交换　　　　　　D．减少

5．一电感线圈接到工频（中国工频 $f$=50 Hz）的正弦交流电路中，感抗 $X_L$=50Ω，若改接到 $f$=60Hz 的电源时，则感抗 $X_L$ 为 (　　) Ω。

A．150　　　　　　B．250　　　　　　C．10　　　　　　D．60

6．$\dot{I}=\mathrm{e}^{\mathrm{j}90°}$A 的复代数表达式是 (　　)。

A．$\dot{I}=60\angle30°$ A　　B．$\dot{I}=-\mathrm{j}$A　　C．$\dot{I}=\mathrm{j}$A　　D．$\dot{I}=30\angle60°$ A

7．在下列表达式中正确的是 (　　)。

A．$\dfrac{u}{i}=X_C$　　　　B．$\dfrac{u}{i}=-\mathrm{j}X_C$　　　　C．$\dfrac{U}{I}=-\mathrm{j}X_C$　　　　D．$\dfrac{\dot{U}}{\dot{I}}=-\mathrm{j}X_C$

8．提高供电路的功率因数的意义有下列几种说法，其中正确的有 (　　)。

A．减少了用电设备中无功功率　　　　　B．可以节省电能

C．减少了用电设备的有功功率，提高了电源设备的容量

D．可减少电源向用电设备提供的视在功率

E．可提高电源设备的利用率并减小输电线路的损耗

9．$RLC$ 并联电路原来处于容性状态，若调节电源频率 $f$ 使其发生谐振，则应使 $f$ 值 (　　)。

A．增大　　　　　　B．减少　　　　　　C．先增大在减小　　　　D．先减小再增大

10．产生串联谐振的条件是 (　　)。

A．$X_L>X_C$　　　　B．$X_L<X_C$　　　　C．$X_L=X_C$

## 三、综合题

1．电路如图 2-20 所示，电流为 $i=10\sin(10\pi t-30°)$ A。试求：（1）角频率 $\omega$、周期 $T$、频率 $f$、幅值 $I_m$、有效值 $I$、初相角；（2）当 $t$=1 s，$t$=0.5T 时的 $i$。

2．电路如图 2-21 所示，已知 $C$=50 μF，外加电压 $u=220\sqrt{2}\sin100\pi t$ V，求 $X_C$，$I$，$Q$ 并画出电压、电流的相量图。

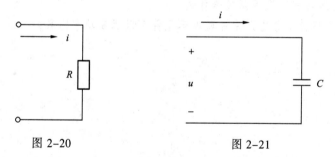

图 2-20　　　　　　　　　　　　　　　　图 2-21

3．在图 2-22 中给出某正弦交流电路的相量图，已知 $U$=220 V，$I$=100 A，角频率为 $\omega$，试写出 $u$、$i$ 的瞬时值表达式，并求出电压与电流的相位差。

4．图 2-23 所示正弦交流电 $u_1=22\sqrt{2}\sin\omega t$ V，$u_2=22\sqrt{2}\sin(\omega t-120°)$ V，试用相量表示法求出电压 $u_a$、$u_b$。

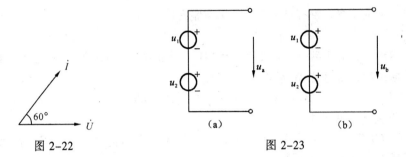

图 2-22                    图 2-23

5．试将下列复数化为极坐标式。

(1) $-3+j4$    (2) $3+j4$    (3) $100-j100$    (4) $\dfrac{1}{2}-j\dfrac{\sqrt{3}}{2}$

6．试将下列复数化为代数式。

(1) $60\angle 45°$    (2) $50\angle 60°$    (3) $10\angle 0°$    (4) $20\angle 90°$

7．图 2-24 所示电路，已知 $U=100$ V，$R_1=20\ \Omega$，$R_2=10\ \Omega$，$X_L=20\ \Omega$。

(1) 求电流 $I$，并画出电压、电流相量图。

(2) 计算电路的功率 $P$ 和功率因数 $\cos\varphi$。

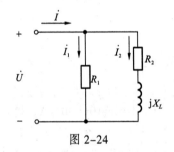

图 2-24

8．什么是串联谐振？什么是并联谐振？串、并联谐振的条件分别是什么？

9．提高供电电路功率因数的意义是什么？

10．为什么说在感性负载电路中并联电容元件可以提高功率因数？

# 模块三　三相交流电路

**学习目标**

- 掌握对称三相交流电源的特点和相序的概念。
- 掌握三相交流电源的连接方法及线电压和相电压的关系。
- 熟悉对称三相负载 Y 和 △ 联结时相线电压、相线电流关系。
- 掌握三相四线制供电系统中单相及三相负载的正确连接方法，理解中性线的作用。
- 掌握对称三相电路电压、电流及功率的计算。

## 3.1　三相交流电源

三相交流电与单相交流电相比具有如下优点：

① 三相交流发电机比功率相同的单相交流发电机体积小、重量轻、成本低。

② 电能输送，当输送功率相等、电压相同、输电距离一样、线路损耗也相同时，用三相制输电比单相制输电可大大节省输电线有色金属的消耗量，即输电成本较低，三相输电的用铜量仅为单相输电用铜量的 75%。

③ 目前获得广泛应用的三相异步电动机，是以三相交流电作为电源，它与单相电动机或其他电动机相比，具有结构简单、价格低廉、性能良好和使用维护方便等优点。

因此在现代电力系统中，三相交流电路，获得广泛应用。

### 3.1.1　三相交流电的产生

三相交流电动势由三相交流发电机产生，如图 3-1 所示。磁极放在转子上，一般由直流电通过励磁绕组产生一个很强的恒定磁场，当转子由原动机拖动作匀速转动时，三相定子绕组即切割转子磁场而感应出三相交流电动势。可见三个频率相同、最大值（或有效值）相等、在相位上互差 120° 的单相交流电动势组成三相交流电动势。

三个电动势的三角函数表达式为

$$e_U=E_m\sin\omega t$$
$$e_V=E_m\sin(\omega t-120°)$$
$$e_W=E_m\sin(\omega t+120°)$$

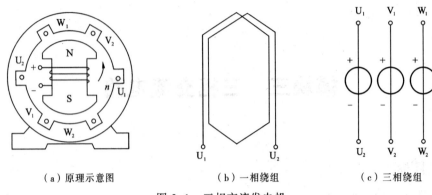

（a）原理示意图　　　　　（b）一相绕组　　　　　（c）三相绕组

图 3-1　三相交流发电机

　　每相电动势的正方向是从线圈的末端指向首端(或由低电位指向高电位)。若用三个电压源 $u_U$、$u_V$、$u_W$ 分别表示三相交流发电机三相绕组的电压，并设其方向由首始端指向末端，如图 3-1 示，则有

$$u_U=U_m\sin\omega t$$
$$u_V=U_m\sin(\omega t-120°)$$
$$u_W=U_m\sin(\omega t+120°)$$

对称三相电源用相量表示为

$$\dot{U}_U=U\angle0°$$
$$\dot{U}_V=U\angle-120°$$
$$\dot{U}_W=U\angle120°$$

对称三相交流电源的三相波形图如图 3-2（a）所示，相量图如图 3-2（b）所示。

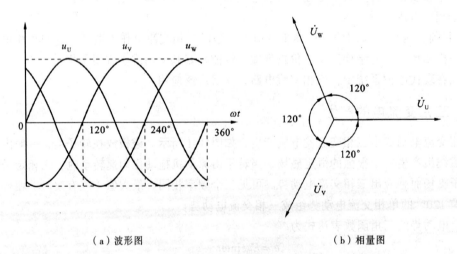

（a）波形图　　　　　　　　　　（b）相量图

图 3-2　对称三相交流电源

从图 3-2（a）中可以看出，对称三相交流电源电压在任一瞬间其代数和为零，即

$$u_U+u_V+u_W=0$$

在图 3-2（b）中还可看出对称三相交流电源电压的相量和也等于零。

$$\dot U_{\mathrm U}+\dot U_{\mathrm V}+\dot U_{\mathrm W}=0$$

可见对称三相交流电源的特点为：

① 组成对称三相交流电源的三个单相交流电频率相同、最大值（或有效值）相等、在相位上互差 120°。

② 对称三相交流电源电压在任一瞬间其代数和为零，即 $u_{\mathrm U}+u_{\mathrm V}+u_{\mathrm W}=0$。

对称三相交流电达到正最大值的顺序称为相序。如图 3-2（a）所示，三相电压达到正的最大值的先后顺序是 $u_{\mathrm U}$、$u_{\mathrm V}$、$u_{\mathrm W}$，其相序为 U→V→W，这样的相序通常称为正序，而把 W→V→U 称为逆序。通常在三相母线上涂黄、绿、红三种颜色区分 U 相、V 相和 W 相。

改变三相电源的相序，可改变电动机的旋转方向。实际应用中可对调任意两相端线改变电源的相序实现电动机的反转。

## 3.1.2　三相交流电源的联结

对称三相交流电源通常有星形和三角形两种联结的方法。

1. 三相电源的星形联结（Y形联结）

将电源的三相绕组末端 $U_2$、$V_2$、$W_2$ 连在一起，形成一个中性点 N，由中性点引出一根线称为中性线，再由三个首端 $U_1$、$V_1$、$W_1$ 分别引出三根输出线，称为端线（又称相线，俗称火线），分别用 U、V 和 W 表示，这种联结方式就称为三相电源星形联结。如图 3-3 所示，由三根火线和一根中性线所组成的输电方式称为三相四线制，只由三根火线所组成的输电方式称为三相三线制。

相线与中性线之间的电压称为相电压，分别用 $\dot U_{\mathrm{UN}}$、$\dot U_{\mathrm{VN}}$、$\dot U_{\mathrm{WN}}$ 表示，相电压的有效值用 $U_{\mathrm{UN}}$、$U_{\mathrm{VN}}$、$U_{\mathrm{WN}}$ 表示。双下标表示了电压的参考方向，如 $\dot U_{\mathrm{UN}}$ 即由相线 U 指向中性线 N。

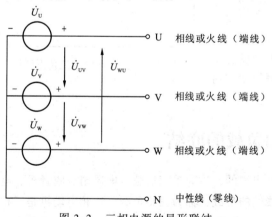

图 3-3　三相电源的星形联结

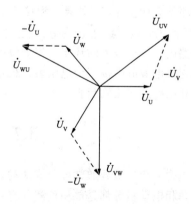

图 3-4　电源星形联结的相量图

任意两根相线之间的电压称为线电压。分别用 $\dot U_{\mathrm{UV}}$、$\dot U_{\mathrm{VW}}$、$\dot U_{\mathrm{WU}}$ 表示，线电压的有效值用 $U_{\mathrm{UV}}$、$U_{\mathrm{VW}}$、$U_{\mathrm{WU}}$ 表示。线电压的参考方向也用双下标表示，如 $\dot U_{\mathrm{UV}}$ 表示电压参考方向由相线 U 指向相线 V。

三相电源 Y 形联结时的电压相量图，如图 3-4 所示，所以两相线 U 和 V 之间的线电压应该是两个相应的相电压之差，$\dot{U}_{UV}=\dot{U}_U-\dot{U}_V$，$\dot{U}_{VW}=\dot{U}_V-\dot{U}_W$，$\dot{U}_{WU}=\dot{U}_W-\dot{U}_U$。

利用图 3-4 几何关系可求得线电压大小

$$U_{UV}=2U_U\cos 30°=\sqrt{3}U_U$$

同理可得

$$U_{VW}=\sqrt{3}U_V\quad U_{WU}=\sqrt{3}U_W$$

若三相电源的电压是对称的，并设 $\dot{U}_{UN}=U_P\angle 0°$    $\dot{U}_{VN}=U_P\angle -120°$    $\dot{U}_{WN}=U_P\angle 120°$

考虑到相位关系得如下结论

$$\dot{U}_{UV}=\sqrt{3}\dot{U}_{UN}\angle 30°=U_L\angle 30°$$

$$\dot{U}_{VW}=\sqrt{3}\dot{U}_{VN}\angle 30°=U_L\angle -90°$$

$$\dot{U}_{WN}=\sqrt{3}\dot{U}_{WN}\angle 30°=U_L\angle 150°$$

可见三相电源 Y 形联结时，若相电压是对称的，那么线电压也一定是对称的，线电压大小是相电压的 $\sqrt{3}$ 倍，$U_L=\sqrt{3}U_P$，每个线电压超前两个相电压中的先行相 30°，如 $\dot{U}_{UV}$ 超前 $\dot{U}_{UN}$ 30°。

三相四线制的供电方式可以给负载提供两种电压，即线电压和相电压，平常我们提到的电源电压为 220V，是指相电压；电源电压为 380V，是指线电压。

2．三相电源的三角形联结（△联结）

将电源的三相绕组的 6 个端点依次首尾相接，连成一个三角形，然后从连接点引出三条端线 U、V、W，这种连接方式就称为三角形联结，如图 3-5 所示。可见三相对称电源三角形连接时，线电压的大小与相电压的大小相等，即 $\dot{U}_U=\dot{U}_{UV}$，$\dot{U}_V=\dot{U}_{VW}$，$\dot{U}_W=\dot{U}_{WU}$，大小关系也可表示为 $U_L=U_P$。

三相对称电源三角形联结时，三相电源形成一个闭合回路，只要连线正确，由于 $\dot{U}_{UV}+\dot{U}_{VW}+\dot{U}_{WU}=0$，闭合回路不会产生环流。如果一相接反了，例如 W 相接反了，那么 $\dot{U}_{UV}+\dot{U}_{VW}+\dot{U}_{WU}\neq 0$，而三相电源内阻抗很小，在回路内会形成很大的环流，将会烧毁三相电源设备，可在连接电源时串接一个电压表，根据电压表的读数判断三相电源连接正确与否。

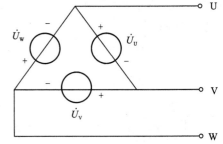

图 3-5    三相电源的三角形联结

## 3.2    三相负载的联结

电力系统的负载通常可分成两类。有两根出线的，称为单相负载，电风扇、收音机、电烙铁、单相电动机等都是单相负载。有三个接线端的负载，称为三相负载。三相电动机是三相负载。如果三相负载中每相负载的电阻相等，电抗也相等（且均为容抗或均为感抗），则称为三相对称负载。如果各相负载不同，就是不对称的三相负载，三相照明电路中的负载是不对称的三相负载。三相负载也可以采用两种不同的连接方法，即星形联结和三角形联结。

### 3.2.1    三相负载的星形联结

将每相负载分别接在电源的相线和中性线之间的联结方式，称为三相负载的星形联结。三相负载的三相四线制连接如图 3-6 所示，图中 N 和 N' 的连线称为中性线。

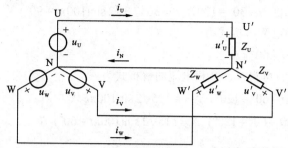

图 3-6　三相负载的星形联结（有中性线）

三相负载星形联结时，流经各相负载的电流称为相电流，分别用 $\dot{I}_{\text{U'N'}}$、$\dot{I}_{\text{V'N'}}$、$\dot{I}_{\text{W'N'}}$ 表示。流过每根相线上的电流称为线电流，分别用 $\dot{I}_{\text{U}}$、$\dot{I}_{\text{V}}$、$\dot{I}_{\text{W}}$ 表示。显然，三相负载星形联结时，线电流与对应相电流相等。当三相电路中的负载完全对称时，在任意一个瞬间，三个相电流中，总有一相电流与其余两相电流之和大小相等，方向相反，正好互相抵消。所以，流过中性线的电流等于零，即 $\dot{I}_{\text{N}} = \dot{I}_{\text{U}} + \dot{I}_{\text{V}} + \dot{I}_{\text{W}} = 0$。因此，在三相对称电路中，当负载采用星形联结时，由于流过中性线的电流为零，故三相四线制就可以变成三相三线制供电，如图 3-7 所示。

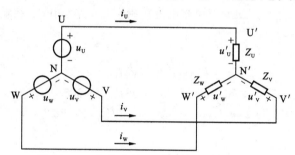

图 3-7　三相负载的星形联结（无中性线）

中性线的作用是使星形联结的不对称负载得到对称的相电压使各相负载独立，互不影响。若三相负载不对称，则中性线电流不为零，中性线不能省略，负载不对称而又没有中性线时，负载上可能得到大小不等的电压，有的超过用电设备的额定电压，有的达不到额定电压，都不能正常工作。比如，照明电路中各相负载不能保证完全对称，所以绝对不能采用三相三线制供电，必须保证中性线可靠，在中性线上不能安装开关、熔断器，而且中性线本身强度要好，接头处应连接牢固。

**例 3-1**　一台同步发电机定子三相绕组星形联结。带负载运行时，三相电压和三相电流均对称，线电压 $u_{\text{UV}} = 6300\sqrt{2}\sin 100\pi t$ V，线电流 $i_{\text{U}} = 115\sqrt{2}(\sin 100\pi t - 60°)$ A，试写出三相电压和三相电流的解析表达式。

**解：**因为为星形联结

$U_{\text{L}} = \sqrt{3}U_{\text{P}}$，所以相电压的有效值为 $U_{\text{P}} = \dfrac{U_{\text{L}}}{\sqrt{3}} = \dfrac{U_{\text{UV}}}{\sqrt{3}} = \dfrac{6300}{\sqrt{3}}$ V $\approx 3637.3$ V

相电压在相位上滞后于相应的线电压 30°，所以 U 相电压的解析式为

$u_{\text{U}} = \sqrt{2}U_{\text{P}}\sin(\omega t + \varphi_{0\text{U}}) = 3637.3\sqrt{2}\sin(100\pi t - 30°)$ V

根据电压的对称性，V、W 相的相电压解析式为

$$u_{\mathrm{v}} = 3637.3\sqrt{2}\sin(100\pi t - 30° - 120°)\ \mathrm{V} = 3637.3\sqrt{2}\sin(100\pi t - 150°)\ \mathrm{V}$$

$$u_{\mathrm{W}} = 3637.3\sqrt{2}\sin(100\pi t - 30° + 120°)\ \mathrm{V} = 3637.3\sqrt{2}\sin(100\pi t + 90°)\ \mathrm{V}$$

星型连接 $I_P = I_L$，相电流解析式为

$$i_{\mathrm{U}} = 115\sqrt{2}\sin(100\pi t - 60°)\ \mathrm{A}$$

根据电流的对称性，可得 V、W 相电流的解析式为

$$i_{\mathrm{V}} = 115\sqrt{2}\sin(100\pi t - 60° - 120°)\ \mathrm{A} = -115\sqrt{2}\sin 100\pi t\ \mathrm{A}$$

$$i_{\mathrm{W}} = 115\sqrt{2}\sin(100\pi t - 60° + 120°)\ \mathrm{A} = 115\sqrt{2}\sin(100\pi t + 60°)\ \mathrm{A}$$

### 3.2.2　三相负载的三角形联结

将三相负载接成三角形后与电源相连，即为三相负载的三角形连接，如图 3-8 所示。

三角形连接的各相负载接在两根相线之间，可见负载的相电压等于线电压，则三相电流为

$$\dot{I}'_{\mathrm{UV}} = \frac{\dot{U}_{\mathrm{UV}}}{Z_{\mathrm{UV}}} \qquad \dot{I}'_{\mathrm{VW}} = \frac{\dot{U}_{\mathrm{VW}}}{Z_{\mathrm{VW}}} \qquad \dot{I}'_{\mathrm{WU}} = \frac{\dot{U}_{\mathrm{WU}}}{Z_{\mathrm{WU}}}$$

假设负载为三相对称负载，即 $Z_{\mathrm{UV}} = Z_{\mathrm{VW}} = Z_{\mathrm{WU}} = Z_P$，相电压的有效值为 $U_P$，各负载相电流大小也相等，$I'_{\mathrm{UV}} = I'_{\mathrm{VW}} = I'_{\mathrm{WU}} = \dfrac{U_P}{|Z|}$，三个相电流在相位上互差 120°，相量图如图 3-9 所示，线电流分别为

$$\dot{I}_{\mathrm{U}} = \dot{I}'_{\mathrm{UV}} - \dot{I}'_{\mathrm{WU}} = \sqrt{3}\dot{I}'_{\mathrm{UV}}\angle -30°$$

$$\dot{I}_{\mathrm{V}} = \dot{I}'_{\mathrm{VW}} - \dot{I}'_{\mathrm{UV}} = \sqrt{3}\dot{I}'_{\mathrm{VW}}\angle -30°$$

$$\dot{I}_{\mathrm{W}} = \dot{I}'_{\mathrm{WU}} - \dot{I}'_{\mathrm{VW}} = \sqrt{3}\dot{I}'_{\mathrm{WU}}\angle -30°$$

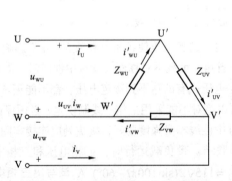
图 3-8　三相负载的三角形联结

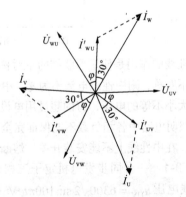
图 3-9　三相对称负载三角形联结的相量图

可见，三角形联结的各相负载对称时，三相负载中的相电流 $\dot{I}_{\mathrm{UV}}$、$\dot{I}_{\mathrm{VW}}$、$\dot{I}_{\mathrm{WU}}$ 是对称的，相线上通过的三个线电流 $\dot{I}_{\mathrm{U}}$、$\dot{I}_{\mathrm{V}}$、$\dot{I}_{\mathrm{W}}$ 也对称。线电流是相电流的 $\sqrt{3}$ 倍，即 $I_L = \sqrt{3}I_P$，线电流相位滞后与其相对应的相电流 30°。

如图 3-10 所示，三相对称电源，相电压的有效值为 $U_P$，角频率为 $\omega$，线路阻抗为零，阻抗为 $Z = R + \mathrm{j}X$ 的三相对称负载。根据对称星形联结的三相电路的线电压与相电压的关系，可求得电源线电压的有效值。

$$U_{UV} = U_{VW} = U_{WU} = \sqrt{3}U_P$$

因为线路阻抗为零，因而负载线电压（也即负载相电压）等于电源线电压。根据电路欧姆定律可得，负载相电流的有效值，即

$$I'_{UV} = I'_{VW} = I'_{WU} = \frac{U_{UV}}{\sqrt{R^2 + X^2}} = \frac{\sqrt{3}U_P}{\sqrt{R^2 + X^2}}$$

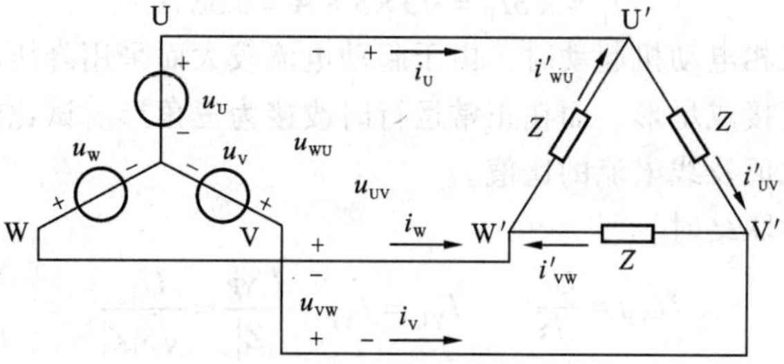

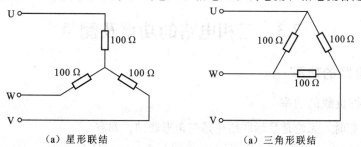

图 3-10  Y/△三相系统

根据对称星形联结的三相电路的线电压与相电压的关系，可求得电源线电压的有效值，即

$$I_U = I_V = I_W = \sqrt{3}I'_{UV} = \frac{3U_P}{\sqrt{R^2 + X^2}}$$

负载的相电压与相电流之间的相位差等于负载的阻抗角，即

$$\varphi_{UV} = \varphi_{VW} = \varphi_{WU} = \arctan\frac{X}{R}$$

若电源相电压的初相位为已知量，根据对称星形电路中线电压与相电压的相位关系可确定电源线电压的初相位。

根据对称三角形电路中的线电流与相电流的相位关系，可确定线电流的初相位，这样便可求得线电流和相电流的解析式。

**例 3-2**  有三个 100 Ω 的电阻，将它们连接成星形或三角形，分别接到线电压为 380V 的对称三相电源上，如图 3-11 所示。试求：线电压、相电压、线电流和相电流各是多少。

（a）星形联结    （a）三角形联结

图 3-11  例 3-2 图

**解：**（1）负载作星形联结，如图 3-11（a）所示。负载的线电压为 $U_L$=380 V，负载的相电压为线电压的 $\frac{1}{\sqrt{3}}$，即

$$U_P = \frac{U_L}{\sqrt{3}} = \frac{380}{\sqrt{3}} \text{ V} = 220 \text{ V}$$

负载的相电流等于线电流 $I_P = I_L = \dfrac{U_P}{R} = \dfrac{220}{100} \text{ A} = 2.2 \text{ A}$

（2）负载作三角形联结，如图 3-11（b）所示。负载的线电压为负载的相电压等于线电压，即

$$U_P = U_L = 380 \text{ V}$$

负载的相电流为

$$I_P = \frac{U_P}{R} = \frac{380}{100} \text{ A} = 3.8 \text{ A}$$

负载的线电流为相电流的 $\sqrt{3}$ 倍，即

$$I_L = \sqrt{3} I_P = \sqrt{3} \times 3.8 \text{ A} = 6.58 \text{ A}$$

**例 3-3** 大功率三相电动机起动时，由于起动电流较大而采用降压起动，其方法之一是起动时将电动机三相绕组接成星形，而在正常运行时改接为三角形。试比较当绕组星形联结和三角形联结时相电流的比值及线电流的比值。

**解：** 当绕组按星形联结时

$$U_{YP} = \frac{U_L}{\sqrt{3}} \qquad I_{YL} = I_{YP} = \frac{U_{YP}}{|Z|} = \frac{U_L}{\sqrt{3}|Z|}$$

当绕组按三角形联结时

$$U_{\Delta P} = U_L \qquad I_{\Delta P} = \frac{U_{\Delta P}}{|Z|} = \frac{U_L}{|Z|} \qquad I_{\Delta L} = \sqrt{3} I_{\Delta P} = \frac{\sqrt{3} U_L}{|Z|}$$

所以，两种接法相电流的比值为

$$\frac{I_{YP}}{I_{\Delta P}} = \frac{\dfrac{U_L}{\sqrt{3}|Z|}}{\dfrac{U_L}{|Z|}} = \frac{1}{\sqrt{3}}$$

线电流的比值为

$$\frac{I_{YL}}{I_{\Delta L}} = \frac{\dfrac{U_L}{\sqrt{3}|Z|}}{\dfrac{\sqrt{3} U_L}{|Z|}} = \frac{1}{3}$$

# 3.3 三相电路的功率及测量

## 3.3.1 三相电路的功率

### 1. 三相对称负载的功率

三相负载对称时，无论是星形联结还是三角形联结，都有

$$P = P_A + P_B + P_C = U_A I_A \cos\varphi_A + U_B I_B \cos\varphi_B + U_C I_C \cos\varphi_C$$

式中 $U_A$、$U_B$、$U_C$ 为相电压，$I_A$、$I_B$、$I_C$ 为相电流，$\cos\varphi_A$、$\cos\varphi_B$、$\cos\varphi_C$ 为各相功率因数。在对称三相电路中，各相电压、相电流的有效值相等，功率因数也相等，所以 $P = 3U_P I_P \cos\varphi_P$。实际工作中，测量线电流比测量相电流方便，因此三相功率的计算式通常用线电流和线电压来表示。

星形联结时

$$U_L = \sqrt{3} U_P \qquad I_L = I_P$$

有功功率为

$$P_{\mathrm{Y}} = 3\,U_{\mathrm{P}}I_{\mathrm{P}} \cos\varphi = 3\frac{U_{\mathrm{L}}}{\sqrt{3}}I_{\mathrm{P}} \cos\varphi = \sqrt{3}\,U_{\mathrm{L}}I_{\mathrm{L}} \cos\varphi$$

三角形联结时

$$U_{\mathrm{L}} = U_{\mathrm{P}} \qquad I_{\mathrm{L}} = \sqrt{3}I_{\mathrm{P}}$$

有功功率为

$$P_{\triangle} = 3\,U_{\mathrm{P}}I_{\mathrm{P}} \cos\varphi = 3\frac{I_{\mathrm{L}}}{\sqrt{3}}U_{\mathrm{L}} \cos\varphi = \sqrt{3}\,U_{\mathrm{L}}I_{\mathrm{L}} \cos\varphi$$

可见三相对称负载不论接成星形还是三角形，有功功率都为 $P = \sqrt{3}\,U_{\mathrm{L}}I_{\mathrm{L}} \cos\varphi$。$\varphi$ 是相电压和相电流的相位差。

同理，可得三相对称负载的无功功率和视在功率分别为

$$Q = 3U_{\mathrm{P}}I_{\mathrm{P}} \sin\varphi = \sqrt{3}U_{\mathrm{L}}I_{\mathrm{L}} \sin\varphi \qquad\qquad S = 3U_{\mathrm{P}}I_{\mathrm{P}} = \sqrt{3}U_{\mathrm{L}}I_{\mathrm{L}} = \sqrt{P^2 + Q^2}$$

**2．三相不对称负载的功率**

三相负载不对称时，无论是星形联结还是三角形联结，有

$$P = P_{\mathrm{U}} + P_{\mathrm{V}} + P_{\mathrm{W}} \qquad Q = Q_{\mathrm{U}} + Q_{\mathrm{V}} + Q_{\mathrm{W}} \qquad S = \sqrt{P^2 + Q^2}$$

**例3-4** 已知某三相对称负载接在线电压为380V 的三相电源中，其中每一相负载的阻值 $R_{\mathrm{P}} = 6\ \Omega$，感抗 $X_{\mathrm{P}} = 8\ \Omega$。试分别计算该负载作星形联结和三角形联结时的相电流、线电流以及有功功率。

**解：**（1）负载作 Y 形联结

每一相的阻抗

$$Z_{\mathrm{P}} = \sqrt{P_{\mathrm{P}}^2 + Q_{\mathrm{P}}^2} = \sqrt{6^2 + 8^2}\ \Omega = 10\ \Omega$$

而负载作 Y 形连接时

$$U_{\mathrm{L}} = \sqrt{3}U_{\mathrm{P}} \qquad\qquad U_{\mathrm{P}} = \frac{U_{\mathrm{L}}}{\sqrt{3}} = \frac{380}{\sqrt{3}}220\ \mathrm{V}$$

$$I_{\mathrm{L}} = I_{\mathrm{P}} = \frac{U_{\mathrm{P}}}{R_{\mathrm{P}}} = \frac{220}{10}\ \mathrm{A} = 22\ \mathrm{A} \qquad \cos\varphi = \frac{R_{\mathrm{P}}}{Z_{\mathrm{P}}} = \frac{6}{10} = 0.6$$

$$P = \sqrt{3}U_{\mathrm{L}}I_{\mathrm{L}} \cos\varphi = \sqrt{3} \times 380 \times 22 \times 0.6\ \mathrm{W} \approx 8.7\ \mathrm{kW}$$

（2）负载作 △ 形联结时 $U_{\mathrm{L}} = U_{\mathrm{P}} = 380\ \mathrm{V}$

$$I_{\mathrm{P}} = \frac{U_{\mathrm{P}}}{Z_{\mathrm{P}}} = \frac{380}{10}\mathrm{A} = 38\ \mathrm{A} \qquad\qquad I_{\mathrm{L}} = \sqrt{3}I_{\mathrm{P}} = \sqrt{3} \times 38\ \mathrm{A} \approx 66\ \mathrm{A}$$

$$P = \sqrt{3}U_{\mathrm{L}}I_{\mathrm{L}} \cos\varphi = \sqrt{3} \times 380 \times 66 \times 0.6\ \mathrm{W} \approx 26\ \mathrm{kW}$$

由以上计算可以知道，负载作三角形联结时的相电流、线电流及三相功率均为作星形联结时的三倍。

## 3.3.2 三相功率的测量

工程上三相有功功率的测量，可以用单相功率表，也可以用三相功率表。由于三相有功功率表实际上就是由单相功率表组合而成的，其工作原理也与单相功率表测量三相功率的完全相同，因此本节主要讨论用单相功率表来测量三相有功功率的方法。

用单相功率表测量三相功率有一表法、两表法和三表法。一表法适用于测量三相对称负载的有功功率。两表法适用于三相三线制电路。三表法适用于测量三相四线制不对称负载的有功功率。下面介绍两表法测量三相三线制电路的功率。

在三相三线制电路中，不论对称与否，可以使用两个功率表的方法测量三相功率。两个功率表法的接法如图 3-12（a）或（b）所示。两个功率表的电流线圈分别串入两相线中，他们的电压线圈的非电源端（即无*端）共同接到非电流线圈所在的第三条相线上。可以看出，这种测量方法中功率表的接线只触及相线，而与负载和电源的连接方式无关。这种方法习惯上称为二瓦计法。图 3-13 中两个瓦特表读数的代数和为三相三线制中右侧电路吸收的平均功率。三相总功率等于两表读数之和，即

$$P_{\sum} = P_1 + P_2$$

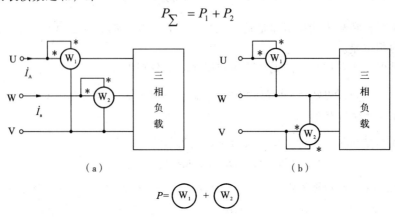

$$P = \text{W}_1 + \text{W}_2$$

图 3-12　二瓦表测量图

# 小　结

1．三相交流电动势

三个频率相同、最大值（或有效值）相等、在相位上互差 120° 的单相交流电动势组成三相交流电动势。对称三相交流电源电压在任一瞬间其代数和为零。

2．对称三相交流电源的联结

对称三相交流电源通常有星形和三角形两种联结的方法。

三相电源 Y 形联结时，若相电压是对称的，那么线电压也一定是对称的，线电压大小是相电压的 $\sqrt{3}$ 倍，$U_L = \sqrt{3}U_P$，每个线电压超前形影两个相电压中的先行相 30°。三相对称电源三角形联结时，线电压的大小与相电压的大小相等，即 $\dot{U}_U = \dot{U}_{UV}$，$\dot{U}_V = \dot{U}_{VW}$，$\dot{U}_W = \dot{U}_{WU}$。

3．三相负载的联结

三相负载也可以采用星形联结和三角形联结两种不同的联结方法。

三相负载星形联结时，线电流与对应相电流相等。在三相对称电路中，当负载采用星形联结时，由于流过中性线的电流为零可以采用三相三线制。若三相负载不对称，采用三相四线制而且必须保证中性线可靠，在中性线上不能安装开关、熔断器，中性线本身强度要好，接头处应连接牢固。

三角形联结的各相负载对称时，相电流 $\dot{I}_{UV}$、$\dot{I}_{VW}$、$\dot{I}_{WU}$ 是对称的，电流 $\dot{I}_U$、$\dot{I}_V$、$\dot{I}_W$ 也对称。线电流是相电流的 $\sqrt{3}$ 倍，即 $I_L = \sqrt{3}I_P$，相位滞后与其相对应的相电流 30°。

4．三相对称负载的功率

$$P = 3U_P I_P \cos\varphi = \sqrt{3}\, U_L I_L \cos\varphi$$

$$Q = 3U_P I_P \sin\varphi = \sqrt{3}U_L I_L \sin\varphi$$

$$S = 3U_\text{P}I_\text{P} = \sqrt{3}U_\text{L}I_\text{L} = \sqrt{P^2 + Q^2}$$

其中 $\varphi$ 是相电压和相电流的相位差。

# 习　题

## 一、判断题

1. 对称三相 Y 接法电路,线电压最大值是相电压有效值的 3 倍。　　　（　　）

2. 视在功率就是有功功率加上无功功率。　　　（　　）

3. 相线间的电压就是线电压。　　　（　　）

4. 三相电动势达到最大值的先后次序称为相序。　　　（　　）

5. 相线与零线间的电压称为相电压。　　　（　　）

6. 三相负载作星形联结时,线电流等于相电流。　　　（　　）

7. 不引出中性线的三相供电方式称为三相三线制,一般用于高压输电系统。　　（　　）

8. 对称三相 Y 接法电路,线电压最大值是相电压有效值的 3 倍。　　　（　　）

9. 视在功率就是有功功率加上无功功率。　　　（　　）

10. 有中性线的三相供电方式称为三相四线制,它常用于低压配电系统。　　（　　）

11. 在三相四线制低压供电网中,三相负载越接近对称,其中性线电流就越小。　（　　）

## 二、选择题

1. 在变电所三相母线应分别涂以（　　）色,以示正相序。

　　A. 红、黄、绿　　　　　　　B. 黄、绿、红　　　　　　　C. 绿、黄、红

2. 三相对称负载的功率 $P = \sqrt{3}\, U_\text{L}I_\text{L}\cos\varphi$,其中 $\varphi$ 是（　　）之间的相位角。

　　A. 线电压与线电流　　　　　　B. 相电压与线电流

　　C. 线电压与相电流　　　　　　D. 相电压与相电流

3. 三相星形联结的电源或负载的线电压是相电压的(　　)倍,线电流与相电流不变。

　　A. $\sqrt{3}$　　　　　　　B. $\sqrt{2}$　　　　　C. 1　　　　　　D. 2

4. 三相电动势的相序为 U-V-W 称为（　　）

　　A. 负序　　　　B. 正序　　　　　C. 零序　　　　　D. 反序

5. 三相四线制电路,已知 $\dot{I}_\text{U} = 10\angle 20°$ A,$\dot{I}_\text{V} = 10\angle -100°$ A,$\dot{I}_\text{W} = 10\angle 140°$ A,则中性线电流 $\dot{I}_\text{N}$ 为（　　）。

　　A. 10 A　　　　　　　B. 5 A　　　　　　　　C. 0 A

6. 某三相对称电路的相电压 $u_\text{U} = \sqrt{2}U_1\sin(314t + 60°)$ V,相电流 $i_\text{U} = \sqrt{2}I_1\sin(314t + 60°)$ A,则该三相电路的无功功率 $Q$ 为（　　）。

　　A. $3U_1 I_1\cos 60°$ var　　　　B. 0 var　　　　　　C. $3U_1 I_1\sin 60°$ var

## 三、综合题

1. 一台三相交流电动机,定子绕组星形连接于 $U_\text{L}=380$ V 的对称三相电源上,其线电流 $I_\text{L}=2.2$ A,$\cos\varphi=0.8$,试求每相绕组的阻抗 $Z$。

2. 已知对称三相交流电路,每相负载的电阻为 $R=8\ \Omega$,感抗为 $X_\text{L}=6\ \Omega$。

(1) 设电源电压为 $U_\text{L}=380$ V,求负载星形联结时的相电流、相电压和线电流,并画相量图;

（2）设电源电压为 $U_L$=220 V，求负载三角形联结时的相电流、相电压和线电流，并画相量图；

（3）设电源电压为 $U_L$=380 V，求负载三角形联结时的相电流、相电压和线电流，并画相量图。

3．三相对称负载三角形联结，其线电流为 $I_L$=5.5 A，有功功率为 $P$=7 760 W，功率因数 $\cos\varphi$=0.8，求电源的线电压 $U_L$、电路的无功功率 $Q$ 和每相阻抗 $Z$。

4．电路如图 3-14 所示，已知 $Z$=12+j16 Ω，$I_L$=32.9 A，求 $U_L$。

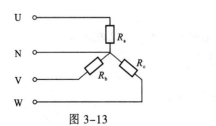

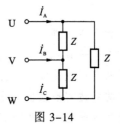

图 3-13　　　　　　　　　图 3-14

5．对称三相负载星形联结，已知每相阻抗为 $Z$=31+j22 Ω，电源线电压为 380 V，求三相交流电路的有功功率、无功功率、视在功率和功率因数。

6．某对称三相电路，负载作三角形联结，每相负载阻抗为 $9\angle30°$ Ω，若把它接到线电压为 127V 的三相电源上，求各负载相电流及线电流。

7．对称三相电路电源星形联结，负载三角形联结，已知 $\dot{U}_U$ = 220 V，$Z$=(3+j4) Ω。求负载每相电压、电流及线电流的相量值。

# 模块四　线性过渡过程的时域分析

## 4.1　电路的动态过程及初始值的确定

### 4.1.1　电路的动态过程

　　电感器和电容器是两种储能元件，它们任意时刻的电压和电流之间满足微分或积分关系，这两种原件又称动态元件。

　　前面所研究的电路，不论是直流、还是交流电路，激励和响应都是在一定时间内恒定不变或是周期规律变化的，这种工作状态称为稳定状态，简称稳态。而实际电路在工作中，经常会发生开关的通断、元件参数变化以及连接方式改变等状况，这些状况统称为换路。换路时，将会引起电路稳定状态的改变，从一个稳态进入另一个稳态。

　　由于换路所引起的状态变化，必然会引起能量的变化，而在有电容器和电感器等储能元件的电路中，储能是不可能突变的，而是需要一个过渡过程，这就是所谓的动态过程，过渡过程是非常短暂的，所以又称为暂态过程。

　　电路的暂态过程虽然比较短暂，但对它的研究却有着非常重要的意义，电路的暂态特性在很多技术领域得到了应用。另外，有些电路的暂态过程中会出现过电流或过电压现象，认识它们的规律有利于采取措施加以防范。

　　本章采用经典方法分析电路动态过程，分析求解过程中涉及到的都是时间变量，所以又称这种方法为时域分析法。

### 4.1.2　换路定则

　　换路时，由于储能元件能量的不可突变性，从而产生了电路的过渡过程。对于电容元件，能量以电场能的形式存储，其大小为 $W_C = \dfrac{1}{2}Cu_C^2$，换路时，能量不可突变，则 $u_C$ 也不能突变。

对于电感元件，能量以磁场能的形式存储，其大小为 $W_L = \dfrac{1}{2}Li_L^2$，换路时，能量不可突变，则 $i_L$ 也不能突变。简言之，在动态电路的换路瞬间，电容电压不能突变，电感电流不能突变，这一结论称为换路定则。

设 $t = 0$ 为换路瞬间，则 $t = 0_-$ 和 $t = 0_+$ 分别是换路前后的极限时刻。从 $t = 0_-$ 到 $t = 0_+$ 瞬间，电感元件中的电流和电容元件两端的电压不能突变。可表示为

$$u_C(0_+) = u_C(0_-) \qquad i_L(0_+) = i_L(0_-)$$

其中，$u_C(0_+)$、$i_L(0_+)$ 分别称为电容电压和电感电流的初始值。电路变量的初始值就是在 $t = 0_+$ 时刻电路中的电压电流值。

### 4.1.3 初始值的确定

由于换路，电路的状态要发生变化。在 $t = 0_+$ 时电路中电压电流的瞬态值称为暂态电路的初始值。

换路定则指出电感元件中的电流和电容元件两端的电压不能突变，而其他的量，如电容电流、电感电压、电阻的电压、电流都是可以突变的，它们的值在换路后的一瞬间，通常都不等于换路前的值。为了叙述方便，我们把遵循换路定则的 $u_C(0_+)$、$i_L(0_+)$ 称为独立初始值，而把其余的初始值称为相关初始值。

**1. 独立初始值**

独立初始值根据换路定则可通过换路前的稳态电路求得，若电路是直流激励，电容视为开路、电感视为短路，此时求得 $u_C(0_-)$、$i_L(0_-)$，然后根据换路定则，得

$$u_C(0_+) = u_C(0_-) \qquad i_L(0_+) = i_L(0_-)$$

确定换路后的初始值，$u_C(0_+)$、$i_L(0_+)$。

**2. 相关初始值**

相关初始值根据换路后 $0_+$ 时刻的电路来求解。换路后的瞬间，将电容用定值电压源 $u_C(0_+)$ 代替，电感用定值电流源 $i_L(0_+)$ 代替。若电路无储能，则视电容 $C$ 为短路，电感 $L$ 为开路。注意，$0_+$ 时刻的等效电路，只是用来确定各元件电压电流初始值，不能把它当做稳态电路。

**例 4-1** 图 4-1（a）所示为换路前电路处于稳态。试求电路中电感的电压和电容元件的电流的初始值。

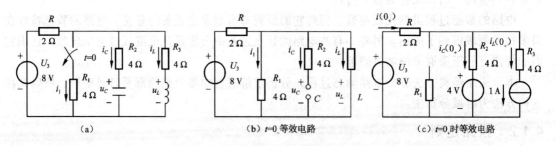

（a） （b） $t = 0_-$ 等效电路 （c） $t = 0_+$ 时等效电路

图 4-1 例 4-1 图

**解：** 由 $t = 0_-$ 电路求 $u_C(0_-)$、$i_L(0_-)$；

换路前电路已处于稳态：电容元件视为开路，电感元件视为短路。

$$i_L(0_-) = \frac{R_1}{R_1 + R_3} \times \frac{U}{R + \frac{R_1 R_3}{R_1 + R_3}} = \frac{4}{4 + 4} \times \frac{U}{2 + \frac{4 \times 4}{4 + 4}} = 1 \text{ A}$$

$$u_C(0_-) = R_3 i_L(0_-) = 4 \times 1\text{V} = 4\ \text{V}$$

由换路定则，得

$$i_L(0_+) = i_L(0_-) = 1\ \text{A} \qquad u_C(0_+) = u_C(0_-) = 4\ \text{V}$$

由 $t = 0_+$ 电路求 $u_L(0_+)$、$i_C(0_+)$，电容用定值电压源 $u_C(0_+)$，电感用定值电流源 $i_L(0_+)$ 代替。由图 4-1（c）可列出

$$U = Ri(0_+) + R_2 i_C(0_+) + u_C(0_+) \qquad i(0_+) = i_C(0_+) + i_L(0_+)$$

带入数据

$$8 = 2i(0_+) + 4i_C(0_+) + 4 \qquad i(0_+) = i_C(0_+) + 1$$

解之得

$$i_C(0_+) = \frac{1}{3}\ \text{A}$$

并可求出

$$u_L(0_+) = R_2 i_C(0_+) + u_C(0_+) - R_3 i_L(0_+) = 4 \times \frac{1}{3} + 4 - 4 \times 1 = \frac{4}{3}\ \text{V}$$

求解各参数如表 4-1 所示。

表 4-1　例 4-1 求解过程

| 变　量 | $u_C / \text{V}$ | $i_L / \text{A}$ | $i_C / \text{A}$ | $u_L / \text{V}$ |
|---|---|---|---|---|
| $t = 0_-$ | 4 | 1 | 0 | 0 |
| $t = 0_+$ | 4 | 1 | 1/3 | 4/3 |

# 4.2　一阶动态电路的响应

用一阶微分方程来描述的电路称为一阶电路。本节研究一阶电路，重点在无电源一阶电路和直流一阶电路。

## 4.2.1　RC 电路的零输入响应

零输入响应是指无电源激励，输入信号为零，仅由电容元件的初始储能所产生的电路的响应。$RC$ 电路的初始储能为电场能量，其实质是 $RC$ 电路的放电过程，如图 4-2（a）所示。

在图 4-2（a）中，$u_C(0_+) = u_C(0_-) = U_S$。换路后如图 4-2（b）所示，根据 KVL 有 $Ri + u_C = 0$，其中，$i = C\dfrac{\mathrm{d}u_C}{\mathrm{d}t}$，代入前式得 $RC\dfrac{\mathrm{d}u_C}{\mathrm{d}t} + u_C = 0$，该式为一阶线性常系数齐次微分方程，描述了 $RC$ 电路的零输入响应的暂态特性。求解该微分方程得到电容电压随时间的变化规律，得

$$u_C(t) = U_S \mathrm{E}^{-\frac{1}{RC}t} = U_S \mathrm{E}^{-\frac{t}{\tau}}$$

其中 $U_0$ 为 $u_C$ 的初始值，电容电压和电流随时间变化的曲线如图 4-3 所示。$\tau = RC$ 为时间常数，具有时间量纲，因为

$$[RC] = [\text{欧}][\text{法}] = [\text{欧}] \cdot \frac{[\text{库}]}{[\text{伏}]} = [\text{欧}]\frac{[\text{安}] \cdot [\text{秒}]}{[\text{伏}]} = [\text{秒}]$$

故将其称为时间常数。时间常数 $\tau$ 的大小直接影响着电压或电流的衰减快慢，$\tau$ 越大，衰减越慢，暂态过程越长。反之，$\tau$ 越小，衰减越快，暂态过程越短。时间常数 $\tau$ 对暂态过程的影响如图 4-4 所示。

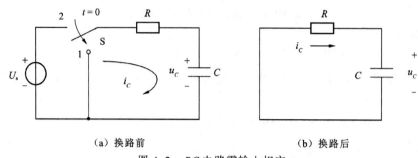

（a）换路前 （b）换路后

图 4-2 *RC* 电路零输入相应

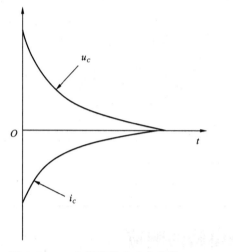

图 4-3 *RC* 电路零输入响应曲线

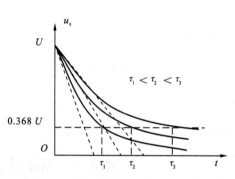

图 4-4 时间常数 $\tau$ 对暂态过程的影响

当 $t = \tau$ 时， $e^{-\frac{t}{\tau}} = e^{-1} = 0.368$，所以时间常数 $\tau$ 是响应 $u_c$ 衰减到其初始值的 0.368 倍所需的时间。不难证明，不论从什么时刻起， $u_c$ 每经过时间 $\tau$ 秒，就会衰减至原来的 0.368 倍。从理论上讲，当 $t = \infty$ 时， $e^{-\frac{t}{\tau}}$ 才为零，过渡过程才结束，但当 $t = 3\tau \sim 5\tau$ 时， $u_c$ 已经衰减到初始值的 0.05 ~ 0.007 倍，因此，工程上一般认为，换路后经过 $3\tau \sim 5\tau$，过渡过程已结束，电路进入新的稳态。

## 4.2.2 *RC* 电路的零状态响应

零状态响应是指在无初始储能的情况下，仅依靠外部输入所产生的响应，其实质是 RC 电路的充电过程，如图 4-5 所示。

可推出电容电压为

$$u_C(t) = U_S(1 - e^{-\frac{t}{RC}})$$

充电电流为

$$i_C(t) = \frac{U_S}{R} e^{-\frac{t}{RC}}$$

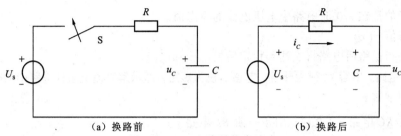

图 4-5　$RC$ 电路零状态响应

电容电压和电流随时间变化的曲线如图 4-6 所示。

### 4.2.3　一阶电路的全响应

全响应是指既有初始储能（即非零初始状态），又受到外加激励作用所产生的响应。

全响应的两种分解：

全响应=稳态分量+暂态分量

或　　　　全响应=零输入响应+零状态响应

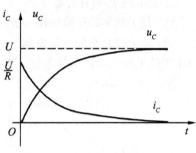

图 4-6　$RC$ 电路的零状态响应

$RC$ 电路的全响应为

$$u_C(t) = U_s + (U_0 - U_s) \mathrm{e}^{-\frac{t}{RC}}$$

或

$$u_C(t) = U_0 \mathrm{e}^{-\frac{t}{RC}} + U_s(1 - \mathrm{e}^{-\frac{t}{RC}})$$

# 4.3　一阶电路时域分析三要素法

## 4.3.1　三要素法

用经典的分析方法，分析任何一个一阶电路，都是求解一阶微分方程的过程，方程的解由两部分构成，稳态分量和暂态分量。如果将待求参数用 $f(t)$ 表示，初始值和稳态值用 $f(0_+)$ 和 $f(\infty)$ 表示，则解的形式可以写成

$$f(t) = f(\infty) + A \mathrm{e}^{-\frac{t}{\tau}}$$

在 $t=0_+$ 时

$$f(0_+) = f(\infty) + A \mathrm{e}^{-\frac{0}{\tau}}$$

则　　　　　　　　　　$$A = f(0_+) - f(\infty)$$

所以，一阶电路的解就可以表示为

$$f(t) = f(\infty) + [f(0_+) - f(\infty)] \mathrm{e}^{-t/\tau}$$

$f(0_+)$ 代表初始值，$f(\infty)$ 代表稳态值，$\tau$ 代表时间常数。$f(0_+)$、$f(\infty)$、$\tau$ 称为一阶电路的三要素，上式称为一阶电路的三要素公式。利用该公式直接求解一阶电路的方法称为三要素法。

## 4.3.2　三要素的说明及计算

（1）初始值 $f(0_+)$

初始值指的是在 $t=0_+$ 时电路中电压电流的瞬态值。

（2）稳态值 $f(\infty)$

稳态值是指换路后电路再次达到稳定后的电压和电流。

对于直流电路，电容 $C$ 视为开路，电感 $L$ 视为短路，即求解直流电阻性电路中的电压和电流。

（3）时间常数 $\tau$

对于一阶 $RC$ 电路 $\tau=R_0C$；对于一阶 $RL$ 电路 $\tau=\dfrac{L}{R_0}$。

等效电阻 $R_0$ 的计算如下：

① 对于简单的一阶电路，$R_0=R$。

② 对于较复杂的一阶电路，$R_0$ 为换路后的电路除去电源和储能元件后，在储能元件两端所求得的无源二端网络的等效电阻，如图 4-7 所示。

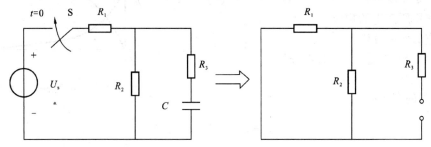

图 4-7 求解等效电阻 $R_0$ 电路

把电路图经等效变换后得

$$R_0=(R_1//R_2)+R_3$$

$$\tau=R_0C$$

**例 4-2** 电路如图 4-8 (a)所示，$t=0$ 时合上开关 S，闭合 S 前电路已处于稳态。试求电容电压 $u_C$ 和电流 $i_C$。

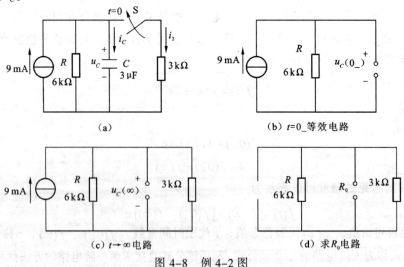

（a）

（b）$t=0_-$ 等效电路

（c）$t\to\infty$ 电路

（d）求 $R_0$ 电路

图 4-8 例 4-2 图

**解：** 用三要素法求解

$$u_C=u_C(\infty)+[u_C(0_+)-u_C(\infty)]\mathrm{e}^{-\frac{t}{\tau}}$$

（1）确定初始值 $u_C(0_+)$

由 $t=0_-$ 电路可求得

$$u_C(0_-) = 9 \times 10^{-3} \times 6 \times 10^3 \text{ V} = 54 \text{ V}$$

由换路定则，得

$$u_C(0_+) = u_C(0_-) = 54 \text{ V}$$

（2）确定稳态值 $u_C(\infty)$

由 $t=\infty$ 电路求稳态值

$$u_C(\infty) = 9 \times 10^{-3} \times \frac{6 \times 3}{6+3} \times 10^3 \text{ V} = 18 \text{ V}$$

（3）由换路后的电路除去电源和储能元件后求等效电阻 $R_0$，并求出时间常数 $\tau$

$$\tau = R_0 C = \frac{6 \times 3}{6+3} \times 10^3 \times 2 \times 10^{-6} \text{ s} = 4 \times 10^{-3} \text{ s}$$

则

$$u_C = 18 + (54-18)\mathrm{e}^{\frac{t}{4 \times 10^{-3}}} = 18 + 36\mathrm{e}^{-250t} \text{ V}$$

**例 4-3** 电路如图 4-9（a）所示，开关 S 闭合前电路已处于稳态。$t=0$ 时 S 闭合，试求：$t \geq 0$ 时电容电压 $u_C$ 电流 $i_C$、$i_1$、$i_2$。

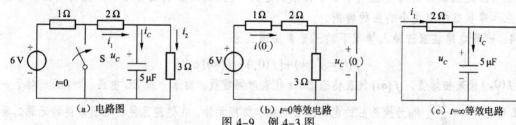

图 4-9 例 4-3 图

**解**：（1）确定初始值 $u_C(0_+)$

由 $t=0_-$ 时电路，得

$$u_C(0_-) = \frac{6}{1+2+3} \times 3 \text{V} = 3 \text{ V} \qquad u_C(0_+) = u_C(0_-) = 3 \text{ V}$$

（2）求稳态值 $u_C(\infty)$

由 $t=\infty$ 电路求稳态值 $\quad u_C(\infty) = 0$

（3）求时间常数 $\tau$，进而求得 $u_C$、$i_1$、$i_2$

$$\tau = R_0 C = \frac{2 \times 3}{2+3} \times 5 \times 10^{-6} \text{s} = 6 \times 10^{-6} \text{ s}$$

则

$$u_C(t) = u_C(\infty) + [u_C(0_+) - u_C(\infty)]U\mathrm{e}^{\frac{t}{\tau}}$$

$$u_C(t) = 0 + 3\mathrm{e}^{-\frac{10^6}{6}t} = 3\mathrm{e}^{-1.7 \times 10^5 t} \text{ V}$$

$$i_C(t) = C\frac{\mathrm{d}u_C}{\mathrm{d}t} = -2.5\mathrm{e}^{-1.7 \times 10^5 t} \text{ A}$$

$$i_2(t) = \frac{u_C}{3} = \mathrm{e}^{-1.7 \times 10^5 t} \text{ A}$$

$$i_1(t) = i_2 + i_C = (\mathrm{e}^{-1.7 \times 10^5 t} - 2.5\mathrm{e}^{-1.7 \times 10^5 t}) \text{ A} = -1.5\mathrm{e}^{-1.7 \times 10^5 t} \text{ A}$$

# 小　　结

**1．电路的过渡**

电路的过渡过程是电路由一个稳态到另一个稳态所经历的电磁过程。引起电路过渡过程的条件是：电路含有储能元件，电路发生换路，两者缺一不可。

**2．换路定则**

换路定则表示换路前后电感元件中的电流和电容元件两端的电压不能突变。

$$u_C(0_+) = u_C(0_-) \qquad i_L(0_+) = i_L(0_-)$$

**3．一阶电路**

一阶电路：用一阶微分方程来描述的电路称为一阶电路，即含有一个储能元件的电路。

零输入响应是指无电源激励，输入信号为零，仅由电容元件的初始储能所产生的电路的响应。

零状态响应是指在无初始储能的情况下，仅依靠外部输入所产生的响应，其实质是 $RC$ 电路的充电过程。

全响应是指既有初始储能（即非零初始状态），又受到外加激励作用所产生的响应。零输入响应和零状态响应是全响应的特例。

**4．一阶电路在直流输入情况下的三要素法通式为**

$$f(t) = f(\infty) + [f(0_+) - f(\infty)] e^{-\frac{t}{\tau}}$$

$f(0_+)$ 代表初始值，$f(\infty)$ 代表稳态值，$\tau$ 代表时间常数。对于一阶 $RC$ 电路，$\tau = R_0 C$，对于一阶 $RL$ 电路，$\tau = \dfrac{L}{R_0}$。$R_0$ 为换路后的电路除去电源和储能元件，在储能元件两端所求得的无源二端网络的等效电阻。

# 习　　题

## 一、判断题

1．换路后的瞬间，电容用定值电压源 $u_C(0_+)$，电感用定值电流源 $i_L(0_+)$ 代替。　　　　（　　　）

2．若电路无储能，在 $t = 0_+$ 时刻，视电容 $C$ 为开路，电感 $L$ 为短路。　　　　　　　（　　　）

3．换路定则的表达式为 $i_C(0_+) = i_C(0_-)$，$u_L(0_+) = u_L(0_-)$。　　　　　　　　（　　　）

4．一阶电路的三要素为 $f(0_+)$、$f(\infty)$、$\tau$。　　　　　　　　　　　　　　　（　　　）

## 二、选择题

1．RC 电路的时间常数 $\tau$ 越大，暂态过程（　　　）

　　A．越长　　　　　　　　　　B．越短　　　　　　　　　　C．无影响

2．换路定则课描述为（　　　）

　　A．电感电流不突变，电容电压不突变

　　B．电容电流不突变，电感电压不突变

　　C．电阻的电压和电流不突变

3．电路的暂态过程从 $t = 0$ 大致经过（　　　）时间，就可以认定为达到了稳定状态。

　　A．$\tau$　　　　　　　　　　B．$(3 \sim 5)\tau$　　　　　　　　C．$10\tau$

4．RL 串联电路的时间常数 $\tau$ 为（　　）。

A．$\tau = RL$　　　　　　　B．$\tau = \dfrac{L}{R}$　　　　　　　C．$\tau = \dfrac{R}{L}$

### 三、综合题

1．在图 4-10 所示电路中，已知 $E = 2V$，$R = 10\Omega$，$U_C(0_-) = 0$，$i_L(0_-) = 0$，开关 $t = 0$ 时闭合，试求换路后电流 $i$、$i_L$、$i_C$ 及电压 $u_C$ 的初始值和稳态值。

2．图 4-11 所示各电路在换路前都处于稳态，试求换路后其中电流 $i$ 的初始值 $i(0_+)$ 和稳态值 $i(\infty)$。

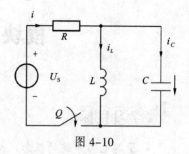

图 4-10

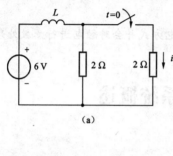

（a）

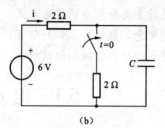

（b）

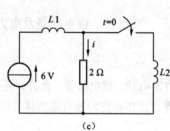

（c）

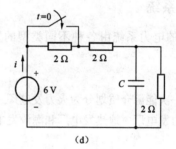

（d）

图 4-11

3．电路如图 4-12 所示，在开关 $Q$ 闭合前电路已处于稳态，求开关闭合后的电压 $u_C$。

4．图 4-13 所示电路原已稳定，$t = 0$ 时开关闭合。求 $i$ 及 $u_L$。

5．图 4-14 所示电路原已稳定，在 $t = 0$ 时先断开开关 $Q_1$ 使电容充电，到 $t = 0.1s$ 时再闭合 $Q_2$，试求 $u_C(t)$ 和 $i_C(t)$，并画出它们随时间变化的曲线。

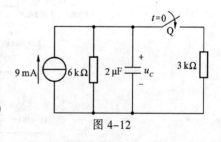

图 4-12

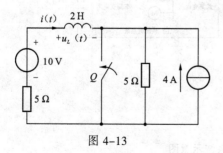

图 4-13

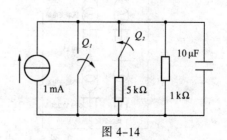

图 4-14

# 模块五　供配电及安全用电

- 了解电力系统的概念，知道电力网电压等级。
- 熟悉用电负荷分类和相应的供电方式。
- 了解触电的概念，触电对人体的伤害、触电方式并会对触电进行急救处理。
- 熟悉安全用电的技术措施和组织措施。

# 5.1　电力系统概述

## 5.1.1　电力系统

一个完整的电力系统由各种不同类型的发电厂、变电所、输电线路及电力用户组成，如图 5-1 所示。

### 1. 发电厂

发电厂按一次能源介质划分为火力发电厂、水力发电站、核电站等，此外，还有小容量的太阳能发电厂、风力发电厂、地热发电厂和潮汐发电厂等，正在研究的还有磁流体发电和氢能发电等。

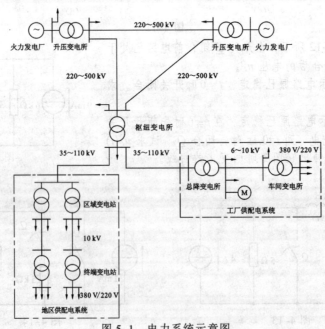

图 5-1　电力系统示意图

2. 变电所

变电所是变换电能、电压和接受、分配电能的场所。

3. 电力网

输送、变换和分配电能的网络统称为电力网，由输电线路和变配电所组成，分为输电网和配电网。

输电网是电力系统中最高电压等级的电网，是电力系统中的主要网络（简称主网），起到电力系统骨架的作用，所以又称为网架。在一个现代电力系统中既有超高压交流输电，又有超高压直流输电。这种输电系统通常称为交、直流混合输电系统。其作用是将电能输送到各个地区的配电网或直接送给大型企业用户。

配电网是将电能从枢纽变电站直接分配到用户区或用户的电网，它的作用是将电力分配到配电变电站后再向用户供电，也有一部分电力不经配电变电站，直接分配到大用户，由大用户的配电装置进行配电。

电力网电压等级有 220 V、380 V、0.4 kV、10 kV、35 kV、110 kV、220 kV、330 kV、500 kV、750 kV（我国西北电网）、1 000 kV、1 150 kV（俄罗斯），其中 1 kV 以下为低压，1～10 kV 为中压，10～330 kV 为高压，330～1 000 kV 为超高压，1 000 kV 以上为特高压。

4. 电能用户

凡取用电能的单位均称为电能用户，其中工业企业用电量约占我国全年总发电量的 64%，是最大的电能用户。

## 5.1.2　工厂供配电系统

工厂供配电系统由总降压变电所、高压配电线路、车间变电所、低压配电线路及用电设备组成。

1. 总降压变电所

总降压变电所负责将 35～110 kV 的外部供电电压变换为 6～10 kV 的厂区高压配电电压，给厂区各车间变电所或高压电动机供电。

2. 车间变电所

车间变电所将 6～10 kV 的电压降为 380/220 V，再通过车间低压配电线路，给车间用电设备供电。

3. 配电线路

配电线路分为厂区高压配电线路和车间低压配电线路。

## 5.1.3　用电负荷分类

根据供电的可靠性及终止供电在政治、经济等方面造成的影响及损失的程度来分级，用电负荷可以分为三个级别，各级别的负荷分别采用相应的供电方式供电。

1. 一类负荷

一类负荷指若中断供电将造成人身伤亡、重大政治影响、经济损失或公共场所秩序严重混乱的负荷。所以一类负荷应有两个或两个以上独立电源供电，同时必须增设应急电源。

### 2. 二类负荷

二类负荷指中断供电将造成产品大量减产，发生重大设备损坏事故，交通运输停顿及较大的经济损失的负荷。二类负荷要求尽可能有两个独立电源供电，若地区供电条件困难，可由一路 6 kV 以上专用架空线供电。

### 3. 三类负荷

不属于一类、二类的负荷。三类负荷可非连续性供电。

# 5.2 安全用电常识

## 5.2.1 触电的基本概念

外部电流流经人体，造成人体器官组织损伤乃至死亡，称为触电。触电对人体的伤害程度与通过人体的电流大小、通电时间、电流途径及电流性质等有关。在工频电流下，一般成年男性的感知电流为 1.1 mA，一般成年女性感知电流为 0.7 mA。人触电后能自主摆脱的最大电流称为摆脱电流。一般成年男性摆脱电流为 10 mA，成年女性摆脱电流为 6 mA。短时间危及生命的最小电流为致命电流，为 30～50 mA。我国规定安全电流为 30 mA，并且通电时间不超过 1s。

触电按伤害程度分有电击和电伤两种。电击是指电流通过人体，使人体的内部组织受到伤害，严重时会导致人窒息、心跳停止而死亡。电伤是指电流对人体表面造成的局部伤害，它使人体皮肤局部受到灼伤和烙伤，严重时也会致人死亡。

## 5.2.2 触电方式

人体的触电方式有单相触电、两相触电、跨步电压触电，如图 5-2 所示。

（a）单相触电    （b）两相触电    （c）跨步电压触电

图 5-2　人体触电的形式

### 1. 单相触电

如图 5-2（a）所示，当人体直接碰触带电设备其中的一相时，电流通过人体流入大地，这种触电现象称为单相触电。对于高压带电体，人体虽未直接接触，但由于超过了安全距离，高电压对人体放电，造成单相接地而引起的触电，也属于单相触电。

### 2. 两相触电

如图 5-2（b）所示，人体同时接触带电设备或线路中的两相导体或在高压系统中，人体同时接近不同相的两相带电导体，而发生电弧放电，电流从一相导体通过人体流入另一相导体，构成一个闭合回路，这种触电方式称为两相触电。发生两相触电时，作用于人体上的电压等于线电压，这种触电是最危险的。

3. 跨步电压触电

如图 5-2（c）所示，当电气设备发生接地故障，接地电流通过接地体向大地流散，在地面上形成电位分布时，如果人在接地短路点周围行走，其两脚之间的电位差，就是跨步电压。由跨步电压引起的人体触电，称为跨步电压触电。

## 5.2.3　安全电压

安全电压是指加在人体上一定时间内不致造成伤害的电压。

我国对安全电压的规定：50～500 Hz 的交流电压 36 V、24 V、12 V、6 V；直流电压 48 V、24 V、12 V、6 V；高温、潮湿场所使用 12 V 安全电压。

## 5.2.4　触电的急救处理

发现有人触电，应及时采取以下应急措施。

首先要关闭电源开关或拔掉电源插头，尽快使触电者脱离电源，不可随便用手去拉触电者的身体，因为触电者身上有电，一定要尽快先脱离电源，才能进行抢救。如果离开关太远或来不及关闭电源，又不是高压电，可用干燥的衣帽垫手，把触电人拉开，或用干燥的木棒等把电线挑开。绝不能使用铁器或潮湿的棍棒，以防触电。

在救人时要踩在木板上，避免接触他的身体，防止造成救护者触电。戴橡皮手套，穿胶皮鞋可以防止触电。触电人倒伏的地面有水或潮湿，也会带电，千万不要踩踏，救护时应穿厚胶底鞋。救护者可站在干燥的木板上或穿上不带钉子的胶底鞋，用一只手（千万不能同时用两只手）去拉触电者的干燥衣服，使触电者脱离电源。

触电人脱离电源后，如处在昏迷状态（心脏还在跳动，肺还在呼吸），要立即打开窗户，解开触电人的衣扣，使触电人能够自由呼吸。如果触电者呼吸、心跳已经停止，在脱离电源后立即进行人工呼吸，同时进行胸外心脏按压，并打"120"急救电话叫医生尽快来抢救。人在高处触电，要防止脱离电源后从高处跌下摔伤。

对于触电者，可按以下三种情况分别处理。

① 对触电后神志清醒者，要有专人照顾、观察，情况稳定后，方可正常活动；对轻度昏迷或呼吸微弱者，可针刺或掐人中、十宣、涌泉等穴位，并送医院救治。

② 对触电后无呼吸但心脏有跳动者，应立即采用口对口人工呼吸；对有呼吸但心脏停止跳动者，则应立刻进行胸外心脏挤压法进行抢救。

③ 如触电者心跳和呼吸都已停止，则须同时采取人工呼吸和俯卧压背法、仰卧压胸法、心脏挤压法等措施交替进行抢救。

## 5.2.5　安全用电的技术措施

1. 绝缘防护

绝缘防护的作用是使用绝缘材料将带电导体封护或隔离起来，使电气设备及线路能正常工作，防止人身触电事故的发生。

预防电气设备绝缘事故的措施：

① 不使用质量不合格的电气产品。

② 安装、运行和维护中避免电气设备的绝缘结构受机械损伤、受潮、脏污。

③ 按照规程和规范安装电气设备和线路。

④ 按照工作环境和使用环境正确选用电气设备。

⑤ 按照技术参数使用电气设备，避免过电压和过负荷运行。

⑥ 正确选用绝缘材料。

⑦ 按照规定周期和项目对电气设备进行绝缘预防性试验。

### 2. 屏护

屏护是用防护装置将带电部位、场所或范围隔离开来，可以防止工作人员以外触碰或过分接近导电体，保证检修部位与带电体的距离小于安全距离，保护电气设备不受机械损伤。

常用的屏护装置有用于室内高压配电装置的遮拦，用于室外配电装置的栅栏，栅栏高度不得低于 1.5 m，用于室外落地安装的变配电设备的围墙，墙实体不得低于 2.5 m。

### 3. 安全距离

安全距离是为防止发生触电事故或短路故障而规定的、带电体与地面之间、带电体与其他设施之间、工作人员与带电体之间必须保持的最小距离。安全距离的大小取决于电压的高低、设备的类型、安装的方式等。

检修工作中，为了防止人体及其所携带工具触及或接近带电体，必须保证足够的检修间距。低压工作中，人体及其所携带工具与带电体的之间的距离不应小于 0.1 m。

高压无遮拦工作中，人体及其所携带工具与带电体的之间的距离，10 kV 以下者不应小于 0.7 m；20～35 kV 者不应小于 1 m；用绝缘杆操作时，10 kV 以下者不应小于 0.47 m；20～35 kV 者不应小于 0.6 m。

线路上工作时，人体及其所携带工具与邻近线路带电导线之间的距离，10 kV 以下者不应小于 1 m；35 kV 者不应小于 2.5 m。

### 4. 保护接地与保护接零

接地是指将电气设备中某一部位经接地线或接地体与大地作良好的连接。根据接地的目的不同，分为工作接地和保护接地。

工作接地是指为运行需要而将电力系统或设备的某一点接地。如，变压器中性点直接接地或经消弧线圈接地。保护接地是指为防止人身触电事故而将电气设备的某一点接地。如，电气设备的金属外壳接地。

在我国，电力系统中性点接地方式主要有中性点不接地系统、中性点经消弧线圈接地系统、中性点直接接地系统，如图 5-3 所示。

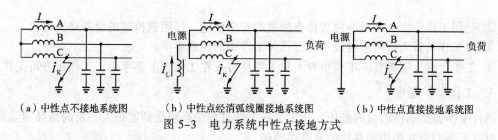

（a）中性点不接地系统图　　　（b）中性点经消弧线圈接地系统图　　　（b）中性点直接接地系统图

图 5-3　电力系统中性点接地方式

## 5.2.6　安全用电的组织措施

组织措施有工作票制度，工作许可制度，工作监护制度，工作间断、转移和终结制度。

1. 工作票制度

工作票制度是准许在电气设备上（或线路上）工作的书面命令，是工作班组内部以及工作班组与运行人员之间为确保检修工作安全的一种联系制度。工作票依据作业的性质和范围不同，分为第一种工作票和第二种工作票。

（1）第一种工作票的使用范围

① 在高压设备上工作需要全部停电或部分停电。

② 在高压室内的二次线和照明等回路上的工作，需要将高压设备停电或做安全措施。

（2）第二种工作票的使用范围

① 带电作业或在带电设备外壳上工作。

② 控制盘和低压盘、配电箱、电源干线上的工作。

③ 二次回路上的工作，无需将高压设备停电。

④ 转动中的发电机、同期调相机的励磁回路或高压电动机转子电阻回路上的工作。

⑤ 非当值值班人员用绝缘棒和电压互感器定相或用钳形电流表测量高压回路的电流。

（3）工作票的填写与签发

工作票填写应一式两份、正确清楚、不得任意涂改。

（4）工作票的执行

① 工作票 一式两份，工作票中一份必须经常保存在工作地点，由工作负责人收执，另一份由值班员收执。

② 值班员应将工作票号码、工作任务、许可工作时间及完工时间记入操作记录簿。

③ 第一种工作票应在工作前一日交给值班员。第二种工作票应在进行工作的当日预先交给值班员。

④ 执行工作票的作业，必须有人监护。

⑤ 在工作间断、转移时执行间断、转移制度，工作终结时，应执行终结制度

2. 工作许可制度

工作许可制度是未经过工作许可人（值班员）允许不准执行工作票。具体如下：

① 工作许可人认定工作票中安全措施栏内所填内容正确无误且完善后，到施工现场具体实施。

② 会同工作负责人在现场再次检查所做的安全措施，证明欲检修的设备确无电压。

③ 向工作负责人指明带电设备的位置及工作中的注意事项。

④ 工作负责人明确后，工作负责人和工作许可人在工作票上签字后，工作班方可工作。

**3．工作监护制度**

执行工作监护制度的目的是使工作人员在工作过程中必须受到监护人一定的指导和监督，以及时纠正不安全的操作和其他的危险误动作。

**4．工作间断、转移和终结制度**

（1）工作间断制度

工作间断时，工作班人员应从工作现场撤离，所有安全措施保持不动，工作票仍由工作负责人执存，无需通过工作许可人即可复工。

（2）工作转移制度

在同一电气连接部分用同一工作票依次在几个工作地点转移工作时，全部安全措施由值班员在开工前一次作完，不需要办理转移手续，但工作负责人在转移工作地点时，应向工作人员交待带电范围和安全措施及注意事项。

（3）工作终结制度

全部工作完毕后，工作班应清扫、整理现场。工作负责人先周密检查，再向值班人员讲清所修项目、发现的问题、试验的结果和存在的问题，并与值班人员一起检查设备状况等，然后在工作票上填明工作终结时间。

# 小　　结

1．电力系统的组成

一个完整的电力系统由发电厂、变电所、输电线路及电力用户组成。

2．工厂供配电系统的组成

工厂供配电系统由总降压变电所、高压配电线路、车间变电所、低压配电线路及用电设备组成。

3．用电负荷的分类

根据供电的可靠性及终止供电在政治、经济等方面造成的影响及损失的程度来分级，用电负荷可以分为一类负荷、二类负荷、三类负荷三个级别。

4．影响触电对人体伤害的因素

触电对人体的伤害程度与通过人体的电流大小、通电时间、电流途径及电流性质等有关。我国规定安全电流为 30 mA，并且通电时间不超过 1 s。我国安全电压的规定为 36 V 和 12 V。

5．触电方式

触电方式有单相触电、两相触电、跨步电压触电。

6．保障安全用电的措施

为保障安全用电需要进行绝缘防护、设置屏护、安全距离和保护接地与保护接零等必要的的技术措施，同时执行工作票制度、工作许可制度、工作监护制度、工作间断、转移和终结制度等组织措施。

# 习　　题

## 一、判断题

1. 安全电压可以理解为绝对没有危险的电压。　　　　　　　　　　　　　　（　　）
2. 工作终结即工作票终结。　　　　　　　　　　　　　　　　　　　　　　（　　）
3. 对隔日的工作间断，次日复工，需要重新履行工作许可手续。　　　　　　（　　）
4. 带电工作只能一人进行，在同一部位不能两人同时带电工作。　　　　　　（　　）

## 二、选择题

1. 安全电压是（　　）以下的电压。
   A．220 V　　　　　B．110 V　　　　　　　C．36 V　　　　　　　D．12 V
2. 常见的触电形式有（　　）。
   A．单相触电、两相触电及跨步电压触电　　B．只有两相触电
   C．只有跨步电压触电　　　　　　　　　　D．只有单相触电
3. 触电是指（　　）对人体产生的生理和病理的伤害。
   A．电流　　　　　　B．电压　　　　　　　C．电流和电压　　　　D．电荷
4. 平均人体感知电流的大小是（　　）。
   A．1 mA　　　　　B．10 mA　　　　　　　C．30 mA　　　　　　D．50 mA
5. 电流对人体的伤害作用是（　　）。
   A．只有电击　　　　B．电死　　　　　　　C．电击和电伤
6. 平均人体摆脱电流的最大为（　　）。
   A．1 mA　　　　　B．10 mA　　　　　　　C．30 mA　　　　　　D．50 mA
7. 人身短时触电后不会有生命危险的电流大小一般取（　　）。
   A．1 mA　　　　　B．10 mA　　　　　　　C．30 mA　　　　　　D．50 mA
8. 人身触电致命电流的大小是（　　）。
   A．1 mA　　　　　B．10 mA　　　　　　　C．30 mA　　　　　　D．50 mA

## 三、综合题

1. 触电对人体危害主要有几种？绝大部分触电死亡事故是由哪一种造成的？
2. 电流对人体伤害的严重程度与通过人体电流的什么因素有关？
3. 什么情况下应采取 36 V 以下的安全电压？什么情况下采取 12 V 以下的安全电压？
4. 人体的意外触电有哪几种形式？各有什么特点？

# 模块六 半导体器件

## 学习目标

- 掌握半导体二极管的单向导电性，了解其主要技术指标及应用。
- 掌握二极管的输入输出特性曲线。
- 掌握半导体三极管的放大原理、加电原则。
- 掌握三极管的输入输出特性曲线。
- 理解场效应管的基本原理，了解其参数和特点。

# 6.1 半导体二极管

## 6.1.1 半导体概述

在自然界中存在着许多不同的物质，根据其导电性能的不同大体可分为导体、绝缘体和半导体三大类。通常将很容易导电、电阻率小于$10^{-4}$ $\Omega \cdot cm$的物质，称为导体，例如铜、铝、银等金属材料；将很难导电、电阻率大于$10^{10}$ $\Omega \cdot cm$的物质，称为绝缘体，例如塑料、橡胶、陶瓷等材料；将导电能力介于导体和绝缘体之间、电阻率在$10^{-4} \sim 10^{10}$ $\Omega \cdot cm$范围内的物质，称为半导体。常用的半导体材料是硅（Si）和锗（Ge）。

用半导体材料制作电子元器件，不是因为它的导电能力介于导体和绝缘体之间，而是由于其导电能力会随着温度的变化、光照或掺入杂质的多少发生显著的变化，这就是半导体不同于导体的特殊性质。

热敏特性：半导体的导电能力随温度的变化而变化。人们利用这种特性，制成热敏元件，如热敏电阻等。

光敏特性：半导体的导电能力与光照有关。人们利用这种特性，制成光敏元件，如光敏电阻、光敏二极管、光敏三极管等。

掺杂特性：在半导体中掺入微量杂质后其导电能力要发生很大变化。利用这一特性，可制成半导体二极管、三极管、集成电路等。

半导体根据其是否掺杂特点可分为本征半导体和杂质半导体：

1. 本征半导体

不含杂质的纯净半导体称为本征半导体，如锗、硅等。它们的原子外层都有四个价电子，每个原子的价电子与相邻原子的价电子地形成共价键结构（原子的稳定结构），所以在没有外界影响的情况下它们的导电能力很差；但在外界能量（如光照、升温）激发下，一些价电子就会逃出共价键结构而成为带负电荷的自由电子，在其原来的位置就留下一个带正电荷的空穴，从而产生电子—空穴对。电子和空穴都可用来运载电流，又称载流子，如图6-1所示。

### 2. 杂质半导体

本征半导体的电阻率比较大，载流子浓度又小，且对温度变化敏感，因此它的用途很有限。在本征半导体中，人为地掺入少量其他元素(称杂质)，可以使半导体的导电性能发生显著的变化。利用这一特性，可以制成各种性能不同的半导体器件，这样使得它的用途大大增加。 掺入杂质的本征半导体叫杂质半导体。根据掺入杂质性质的不同，可分为两种：电子型半导体和空穴型半导体。载流子以电子为主的半导体叫电子型半导体，因为电子带负电，取英文单词"负"(Negative)的第一个字母"N"，所以电子型半导体又称为 N 型半导体。载流子以空穴为主的半导体叫空穴型半导体。取英

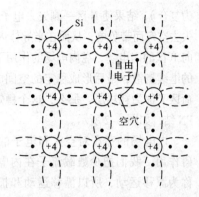

图 6-1　硅（锗）的共价键及电子空穴对示意图

文单词"正"(Positive) 的第一个字母"P"，空穴型半导体又称为 P 型半导体。下面以硅材料为例进行讨论。

**（1）N 型半导体**

在本征半导体中掺入正五价元素(如磷、砷)使每一个五价元素取代一个四价元素在晶体中的位置，可以形成 N 型半导体。掺入的元素原子有五个价电子，其中四个与硅原子结合成共价键，余下的一个不在共价键之内，掺入的五价元素原子对它的束缚力很小。因此只需较小的能量便可激发而成为自由电子。由于掺入的五价元素原子很容易贡献出一个自由电子，故称为"施主杂质"。掺入的五价元素原子提供一个电子(成为自由电子)后，它本身因失去电子而成为正离子。

在上述情况下，半导体中除了大量的由掺入的五价元素原子提供的自由电子外，还存在由本征激发产生的电子空穴对，它们是少数载流子。这种杂质半导体以自由电子导电为主，因而称为电子型半导体，或 N 型半导体。在 N 型半导体中，由于自由电子是多数，故 N 型半导体中的自由电子称为多数载流子(简称多子)，而空穴称为少数载流子(简称少子)。

**（2）P 型半导体**

当本征半导体中掺入正三价杂质元素（如硼、镓）时，三价元素原子为形成四对共价键使结构稳定，常吸引附近半导体原子的价电子，从而产生一个空穴和一个负离子，故这种杂质半导体的多数载流子是空穴，因为空穴带正电，所以称为 P 型半导体，也称为空穴半导体。除了多数载流子空穴外，还存在由本征激发产生的电子空穴对，可形成少数载流子自由电子。由于所掺入的杂质元素原子易于接受相邻的半导体原子的价电子成为负离子，故称为"受主杂质"。在 P 型半导体中，由于空穴是多数，故 P 型半导体中的空穴称为多数载流子(简称多子)，而自由电子称为少数载流子(简称少子)。

P 型半导体和 N 型半导体均属非本征半导体。其中多数载流子的浓度取决于掺入的杂质元素原子的密度；少数载流子的浓度主要取决于温度；而所产生的离子，不能在外电场作用下作漂移运动，不参与导电，不属于载流子。

## 6.1.2　PN 结及其单向导电性

在一块完整的本征半导体硅或锗材料上，采用特殊掺杂工艺，使一边形成 N 型半导体区域，另一边形成 P 型半导体区域。于是 N 区的电子要向 P 区扩散，扩散到 P 区的电子要去占空穴的位置（称

为复合）。结果使 N 区一侧失去电子而带正电，P 区一侧失去空穴而带负电，从而在半导体内部产生了从 N 区指向 P 区的内电场，在内电场的作用下又将阻止 N 区电子的继续扩散，最后形成稳定的空间电荷区，这个空间电荷区又称为耗尽层。那么，这个稳定的空间电荷区称为 PN 结，如图 6-2 所示。

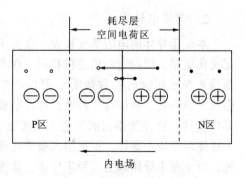

内电场的存在对空穴和电子的扩散运动起到了阻碍作用，我们把少数载流子在内电场的作用下的运动称为漂移运动，所以漂移运动和扩散运动是 PN 结中

图 6-2　PN 结形成示意图

载流子运动的两个矛盾方面。在扩散开始时，扩散运动占优势，随着扩散的进行，PN 结的内电场不断增强，由内电场引起的漂移运动也不断增强，当两者作用相等时，达到动态的平衡。

如果使 P 区接电源正极，N 区接电源负极，称为正向偏置，简称正偏。

如果给 P 区接电源负极，N 区接电源正极，称为反向偏置，简称反偏。

当 PN 结正偏时，外电场与内电场方向相反，从而削弱内电场，使空间电荷区变窄，有利于多子的扩散运动，为了保持 P 区及 N 区的电中性，扩散的多子必须由电源来进行补充，从而形成扩散电流，由于多子浓度较高，所以扩散电流较大，如图 6-3（a）所示。

当 PN 结反偏时，外电场与内电场方向一致，内电场增强，空间电荷区变厚，使多子的扩散运动更加困难，但有利于少子的漂移运动，由于少子的浓度很低，即使它们全部漂移，总漂移电流很小，如图 6-3（b）所示。

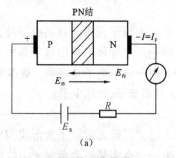
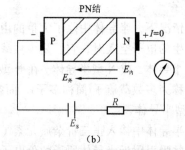

（a）PN 结正偏导通　　　　　　　　　　（b）PN 结反偏截止

图 6-3　PN 结的单向导电性

因此 PN 结正偏时导通（相当于开关接通），反偏时截止（相当于开关断开）称为 PN 结的单向导电性。

### 6.1.3　二极管的结构与符号

从 PN 结的 P 区引出一个电极，称正极，又称为阳极；从 N 区引出一个电极，称负极，又称为阴极。用金属、玻璃或塑料将其封装就构成一只半导体二极管。二极管结构及示意图如图 6-4 所示。

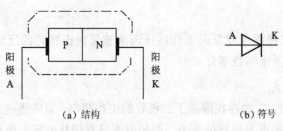

（a）结构　　　　　　　　　　（b）符号

图 6-4　二极管结构示意图与符号

## 6.1.4　二极管的伏安特性

晶体二极管两端所加的电压与流过二极管的电流的关系特性称为二极管的"伏安特性"。曲线图如图 6-5 所示。

### 1. 正向特性

当二极管正偏时，产生正向电流，但是当正偏电压较小时，外电场不足以克服内电场对载流子扩散运动的阻力，这时正向电流很小，通常称这个区域为死区，硅二极管的死区电压约为 0.5 V，锗二极管的死区电压约为 0.1 V，可见二极管正向导通

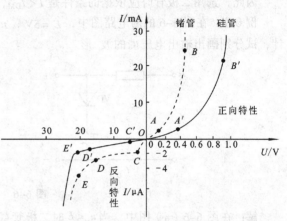

图 6-5　二极管的伏安特性曲线

是有条件的。当加上正向电压且正向电压值大于死区电压时二极管才导通。当正偏电压达到一定数值后，内电场被大大削弱，二极管开始导通，正向电流迅速增大，正向电流迅速增大时所对应的电压，称为正向导通压降，一般硅二极管约为 0.7 V，锗二极管约为 0.3 V。

### 2. 反向特性

在二极管两端加上反向电压时，有微弱的反向电流，一般情况下可以忽略，认为二极管反向不导通。

当反向电压继续增大到一定数值后，反向电流会突然增大，这时二极管失去了单向导电性，这种现象称为二极管反向击穿，此时二极管两端所加的电压称为反向击穿电压。二极管的反向击穿又分为电压击穿和热击穿。电压击穿后二极管可恢复正常，而热击穿后二极管不能恢复正常。二极管的特性曲线不是直线，这说明二极管不是一个线性元件。

## 6.1.5　二极管的主要参数与选用依据

### 1. 最大整流电流 $I_{OM}$

最大整流电流 $I_{OM}$ 是指二极管长期运行时，允许通过的最大正向平均电流。实际使用时，通过二极管的工作电流应小于 $I_{OM}$，如果超过此值，将引起 PN 结过热而烧坏。

### 2. 最高反向工作电压 $U_{RM}$

最高反向工作电压 $U_{RM}$ 是指二极管工作时两端所允许加的最大反向电压，通常 $U_{RM}$ 约为反向击穿电压的一半，以保证管子正常工作，避免击穿。

3. 反向电流 $I_R$

反向电流 $I_R$ 是指二极管承受反向工作电压而未被反向击穿时的反向电流值，它的数值越小，表明二极管的单向导电特性越好。

4. 最高工作频率 $f_M$

PN 结具有电容效应，它的存在限制了二极管的工作频率，如果通过二极管的信号频率超过管子的最高工作频率，则电容的容抗变小，高频电流将直接从电容上通过，管子的单向导电性变差。

因此，选用二极管时应依据的条件是 $I < I_{DM}$，$U_R < U_{RM}$。

例 6-1  在图 6-6 的两电路图中，$E = 5V$，$u_i = 10\sin(\omega t) V$，二极管的正向压降可忽略不计，试分别画出输出电压 $u_o$ 的波形。

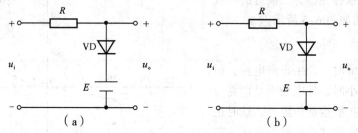

图 6-6  例 6-1 题图

解：在图 6-6（a）图中，当 $u_i < E$ 时二极管截止，$u_o = u_i$，当 $u_i > E$ 时二极管导通，$u_o = E$；在图 6-6（b）图中，当 $u_i < E$ 时二极管导通，$u_o = E$，当 $u_i > E$ 时二极管截止，$u_o = u_i$；输出电压波形图如图 6-7 所示。

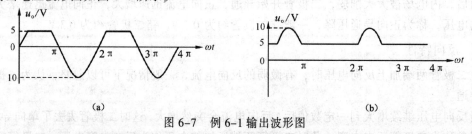

图 6-7  例 6-1 输出波形图

## 6.1.6  二极管的识别与简单测试

### 1. 二极管的极性判别

有的二极管从外壳的形状上可以区分电极；有的二极管的极性用二极管符号印在外壳上，箭头指向的一端为负极；还有的二极管用色环或色点来标志（靠近色环的一端是负极，有色点的一端是正极）。若标志脱落，可用万用表测其正反向电阻值来确定二极管的电极。测量时把万用表置于 $R \times 100$ 挡或 $R \times 1k$ 挡，不可用 $R \times 1$ 挡或 $R \times 10k$ 挡，前者电流太大，后者电压太高，有可能对二极管造成不利的影响。用万用表的黑表笔和红表笔分别与二极管两极相连。对于指针式万用表，当测得电阻较小时，与黑表笔相接的极为二极管正极；测得电阻很大时，与红表笔相接的极为二极管正极。对于数字万用表，由于表内电池极性相反，数字表的红表笔为表内电池正极，实际测量中必须要注意。对于数字万用表，还可以用专门的二极管挡来测量，当二极管被正向偏置时，显示屏上将显示二极管的正向导通压降，单位是 mV。

**2. 性能测试**

二极管正、反向电阻的测量值相差愈大愈好，一般二极管的正向电阻测量值为几百欧姆，反向电阻为几十千欧姆到几百千欧姆。如果测得正、反向电阻均为无穷大，说明内部断路；若测量值均为零，则说明内部短路；如测得正、反向电阻几乎一样大，这样的二极管已经失去单向导电性，没有使用价值了。

一般来说，硅二极管的正向电阻在几百到几千欧姆，锗管小于 1 kΩ，因此如果正向电阻较小，基本上可以认为是锗管。若要更准确地知道二极管的材料，可将管子接入正偏电路中测其导通压降：若压降为 0.6～0.7 V，则是硅管；若压降为 0.2～0.3 V，则是锗管。当然，利用数字万用表的二极管挡，也可以很方便地知道二极管的材料。

## 6.1.7 其他类型二极管

**1. 稳压二极管**

稳压二极管的符号和伏安特性如图 6-8 所示。它的正向伏安特性与普通硅二极管的正向伏安特性相同；其反向伏安特性非常陡直。稳压管两端的电压几乎不变。

稳压管的主要参数有：

（1）稳定电压 $U_{D_z}$

稳定电压是指稳压管正常工作时管子的端电压，手册中所列稳定电压是在一定条件下的数值，即使是同一型号的稳压管，由于工艺方面或其他方面原因，稳压值也有一定的分散性。

（2）稳定电流 $I_{D_z}$

稳定电流是指稳保证压管正常稳压性能的最小工作电流，当电流低于 $I_{D_z}$ 时，稳压管工作性能较差。

（3）额定功耗 $P_{ZM}$

稳压管不至发生热击穿的最大功率损耗。$P_{ZM} = U_Z \times I_{Z,\max}$。

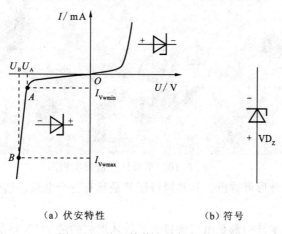

（a）伏安特性　　　　　　（b）符号

图 6-8　稳压管伏安特性与符号

2. 发光二极管

发光二极管简写为 LED，当发光二极管反偏时，二极管不发光；当发光二极管正偏时，二极管发光，可见，发光二极管可以将电信号转换为光信号，由于它采用砷化镓、磷化镓等半导体材料制成，所以在通过正向电流时，由于电子与空穴的直接复合而发出光来。

当发光二极管正向偏置时，其发光亮度随注入的电流的增大而提高。为限制其工作电流，通常都要串接限流电阻 $R$。由于发光二极管的工作电压低（1.5 ~ 3 V）、工作电流小（5 ~ 10 mA），所以用发光二极管作为显示器件具有体积小、显示快和寿命长等优点。其符号如图 6-9（a）所示。

3. 光电二极管

光电二极管是利用半导体的光敏特性制造的二极管。无光照时流过二极管的电流（称暗电流）很小；受光照时流过光电二极管的电流（称光电流）明显增大，可见光电二极管能将光信号转变为电信号输出。

光电二极管可用来作为光控元件。当制成大面积的光电二极管时，能将光能直接转换为电能，可作为一种能源，因而称为光电池。

光电二极管的符号如图 6-9(b)所示。

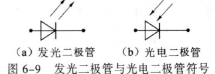

（a）发光二极管　　（b）光电二极管

图 6-9　发光二极管与光电二极管符号

# 6.2　半导体三极管

## 6.2.1　三极管的结构与符号

半导体三极管（通常称为晶体管）的种类很多，按照频率分，有高频管、低频管；按照功率分，有小、中、大功率管；按照半导体材料分，有硅管、锗管等。但是从它的外形来看，半导体三极管都有三个电极，常见的半导体三极管外形如图 6-10 所示。

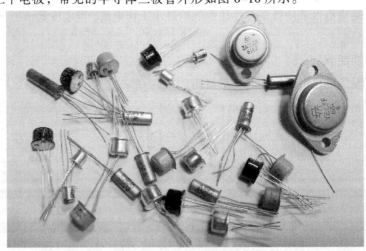

图 6-10　半导体三极管实物图

从半导体三极管的外形可看出，其共同特征就是具有三个电极，这就是"三极管"简称的来历。

半导体三极管的基本结构都是由三块掺杂半导体形成的两个 PN 结所组成。按照 PN 结的组合方式不同可分为 PNP 型[见图 6-11（a）]和 NPN 型[见图 6-11（b）]。

每种类型的三极管都由发射区、基区和集电区组成。把发射区和基区交界处的 PN 结叫发射极，集电区和基区交界处的 PN 结叫集电极。实际的三极管是在管芯的三个区域上分别引出三个电极即发射极 e、基极 b 和集电极 c，再加上封装管壳而做成。

三极管不是简单地把两个 PN 结连在一起制成的，它在结构上必须具有以下三个特点：

①发射区的掺杂浓度远大于基区和集电区的掺杂浓度，目的是为了增强发射区载流子的发射能力；

②基区很薄，便于发射区载流子的穿透；

③集电区的面积做得很大，便于收集从基区透射的载流子。

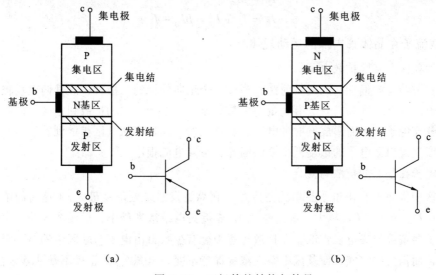

（a）　　　　　　　　　（b）

图 6-11　三极管的结构与符号

## 6.2.2　放大原理与电流分配

三极管要具有放大作用，除了要满足内部结构特点外，还必须满足外部电路条件。其外部条件是：发射极加正向偏置电压，集电结加反向偏置电压，简言之，发射极正偏，集电结反偏。三极管直流供电原理图如图 6-12 所示。

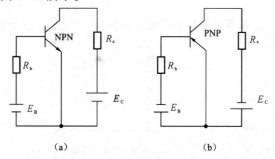

（a）　　　　　　　　　（b）

图 6-12　三极管直流供电原理图

### 1. 电流放大原理

由于基极电流 $I_B$ 的变化，使集电极电流 $I_C$ 发生更大的变化。即基极电流 $I_B$ 的微小变化控

制了集电极电流 $I_C$ 较大的变化，这就是三极管的电流放大原理。

值得注意的是，三极管经过放大后的电流 $I_C$ 是由电源 $E_C$ 提供的，并不是 $I_B$ 提供的。可见这是一种以小电流控制大电流的作用，而不是把 $I_B$ 真正放大为 $I_C$，只是将直流能量经过三极管的特殊关系按 $I_B$ 的变化规律转换为幅度更大的交流能量而已，三极管并没有创造能量，这才是三极管起电流放大作用的实质所在。

2. 电流分配关系

三极管的各极电流满足以下关系

$$I_E = I_B + I_C$$
$$I_C = \beta I_B$$
$$I_E = I_C + I_B = \beta I_B + I_B \approx I_C$$

3. 载流子在晶体管内部的运动规律

（1）发射区向基区扩散电子

由于发射结正向偏置，这时发射结相当于一个正向偏置的二极管，故其内电场被削弱，同时由于发射区参杂浓度高，就会有大量的多数载流子（电子）顺利扩散到基区，同时又不断从电源负极补充电子，因而形成发射极电流 $I_E$，基区的空穴也会从基区扩散到发射区，由于基区空穴的浓度比发射区电子的浓度低很多，因此，空穴电流很小。

（2）电子在基区的扩散与复合

发射区中大量的自由电子扩散到基区后，在靠近发射结处浓度最大，（这时的浓度数值与发射极电压 $U_{BE}$ 有关，$U_{BE}$ 越大，浓度越大），靠近集电结浓度最小，形成浓度差。由于存在浓度差，电子要继续向集电极扩散，在扩散过程中会有少数自由电子与基区中的空穴复合，为了补充因复合而消失的空穴，使基区中空穴浓度保持不变，电源 $V_{BB}$ 的正极不断从基区拉走电子，向基区提供新的空穴，而被拉走的电子形成基极电流 $I_B$。

（3）集电区收集扩散到集电结边缘的电子

由于集电结上加的是反向电压，这个电压在集电结处产生的电场对于基区中的电子来说是加速电场，所以扩散到集电结边缘的电子非常容易在这个电场作用下穿过集电结到达集电区，到达集电区的电子形成集电极电流 $I_C$。

4. 三极管的接法

三极管有共发射极、共基极和共集电极 3 种接法，如图 6-13 所示。

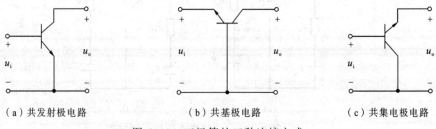

（a）共发射极电路　　　　（b）共基极电路　　　　（c）共集电极电路

图 6-13　三极管的三种连接方式

### 6.2.3  三极管的特性曲线

三极管外部各极电压和电流的关系曲线，称为三极管的特性曲线，又称伏安特性曲线。主要有三极管输入特性曲线和输出特性曲线。

#### 1. 输入特性曲线

当 $U_{CE}$ 一定时，三极管的发射极电压 $U_{BE}$ 与基极电流 $I_B$ 之间的关系曲线，称为三极管的输入特性曲线，如图 6–14 所示。

三极管开始导通时，电流增加缓慢，但 $U_{BE}$ 略微上升一点，电流增加很快，很小的 $U_{BE}$ 变化会引起 $I_B$ 的很大变化。三极管正常放大工作时 $U_{BE}$ 变化不大，只能工作在零点几伏。一般硅管 0.6 ~ 0.8 V、锗管 0.1 ~ 0.3 V，这是检查放大器中三极管是否正常的重要依据。用万用表直流电压挡去测量三极管 b、e 间的电压，若偏离上述值较大，说明管子有故障存在。

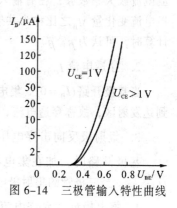

图 6–14  三极管输入特性曲线

#### 2. 输出特性曲线

当基极电流 $I_B$ 一定时，集电极与发射极之间的电压 $U_{CE}$（又称管压降）与集电极电流 $I_C$ 之间的关系曲线，称为三极管的输出特性曲线。每取一个 $I_B$ 值，就有一条输出特性曲线与之对应，如用一组不同的 $I_B$ 值，就可得到图 6–15 所示的输出特性曲线族。

三极管的输出特性有以下特点：

① 当 $U_{CE}=0$ 时，$I_C=0$，随着 $U_{CE}$ 的增大，$I_C$ 跟着增大，当 $U_{CE}$ 大于 1 V 左右以后，无论 $U_{CE}$ 怎么变化，$I_C$ 几乎不变，所以曲线与横轴接近平行。

② 当基极电流 $I_B$ 等值增加时，$I_C$ 比 $I_B$ 增大得多，各曲线可以近似看成平行等距，各曲线平行部分之间的间距大小，反映了三极管的电流放大能力，间距越大，放大倍数越大。

从图中还可以看出，三极管的特性曲线可分为 3 个区域。这 3 个区域对应着三极管的 3 种不同的工作状态。

截止区：指 $I_B=0$ 的那条特性曲线以下的区域，此时发射结和集电结均反偏，三极管相当于开路，无放大作用。

放大区：指输出特性曲线平坦且相互近似平行等距的区域，此时三极管的集电极电流 $I_C$ 几乎仅决定于基极电流 $I_B$，而与输出电压 $U_{CE}$ 无关。

饱和区：输出特性曲线上左边比较陡直部分与纵轴之间的区域，此时 $I_C$ 不受 $I_B$ 控制，三极管失去电流放大作用。

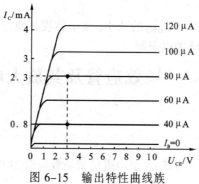

图 6–15  输出特性曲线族

89

### 6.2.4 主要参数与选管依据

**1. 电流放大倍数 $\beta$，$\overline{\beta}$**

在无信号输入情况下，三极管处于静态，此时集电极电流 $I_C$ 于基极电流 $I_B$ 之比称为共射直流电流放大系数 $\overline{\beta}$；在有输入信号情况下，三极管处于动态，此时集电极电流变化量 $\Delta I_C$ 与基极电流变化量 $\Delta I_B$ 之比称为共射交流电流放大系数 $\beta$。同一只三极管的 $\overline{\beta}$ 通常比 $\beta$ 略小，在近似计算时，可认为 $\beta = \overline{\beta}$。

**2. 穿透电流 $I_{CEO}$**

当基极开路 $(I_B = 0)$，集电极、发射极之间加上一定电压时，集电极电流从集电区穿透基区到达发射区，故称穿透电流，穿透电流越小，三极管质量越好。

**3. 集射极反向击穿电压 $U_{(BR)CEO}$**

基极开路时，加在集电极和发射极之间的最大允许电压，称为集-射极反向击穿电压 $U_{(BR)CEO}$。当三极管的集射极电压大于 $U_{(BR)CEO}$ 时，$I_{CEO}$ 突然大幅度上升，说明晶体管已被击穿。

**4. 集电极最大允许电流 $I_{CM}$**

集电极电流 $I_C$ 超过一定数值时，三极管 $\beta$ 值要下降，$\beta$ 值下降到正常值的 2/3 时的集电极电流称为集电极最大允许电流 $I_{CM}$。

**5. 集电极最大允许耗散功率 $P_{CM}$**

由于集电极电流在流经集电结时会产生热量，使结温升高，从而引起晶体管参数变化，当晶体管受热而引起的参数变化不超过允许值时，集电极所消耗的最大功率称为集电极最大允许耗散功率 $P_{CM}$。

上述 5 个参数中，$\beta$ 和 $I_{CEO}$ 是表征质量优劣的参数；$U_{(BR)CEO}$，$I_{CM}$，$P_{CM}$ 是极限参数。

### 6.2.5 温度对三极管参数的影响

**1. 温度对 $\beta$ 的影响**

温度升高，$\beta$ 值增加，温度每升高 $1{}^{\circ}\text{C}$，$\beta$ 值增加 0.5% ~ 1%，使输出特性曲线内的间隔随温度升高而增大。

**2. 温度对 $U_{BEQ}$ 的影响**

温度升高，$U_{BEQ}$ 减小。温度每升高 $1{}^{\circ}\text{C}$，$U_{RF}$ 减小 2~2.5 mV，在 $I_B$ 相同的条件下，温度特性曲线随温度升高而左移。

温度升高使 $\beta$ 值的增加和对 $U_{BEQ}$ 的减小，集中体现在使三极管的集电极电流 $I_C$ 增大，工作点不稳定，需要采取稳定措施加以限制。

## 6.3 场效应管及其放大电路

### 6.3.1 结型场效应管

**1. 结构**

结型场效应管有两种结构形式：N 型沟道结型场效应管和 P 型沟道结型场效应管，如图 6-16

所示。图 6-16（a）为 N 型沟道结型场效应管结构示意图，图 6-16（b）为 N 型沟道结型场效应管的符号，图 6-16（c）为 P 型沟道结型场效应管的符号。

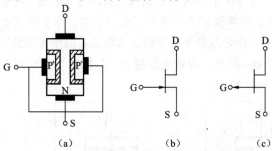

（a）　　　　　　　（b）　　　　　　　（c）

图 6-16　结型场效应管的结构示意图和符号

2. 工作原理

在 D、S 间加上电压 $U_{DS}$，则源极和漏极之间形成电流 $I_D$，通过改变栅极和源极的反向电压 $U_{GS}$，就可以改变两个 PN 结阻挡层的（耗尽层）的宽度，这样就改变了沟道电阻，因此就改变了漏极电流 $I_D$。

（1）$U_{GS}$ 对导电沟道的影响

假设 $U_{DS}=0$：

当 $U_{GS}$ 由零向负值增大时，PN 结的阻挡层加厚，沟道变厚，电阻增大，如图 6-14 中（a）、（b）所示。

若 $U_{GS}$ 的负值再进一步增大，当 $U_{GS}=U_{GS(off)}$ 时两个 PN 结的阻挡层相遇，沟道消失，称为沟道被"夹断"了，$U_{GS(off)}$ 称为夹断电压，此时 $I_D=0$，如图 6-17 中（c）所示。

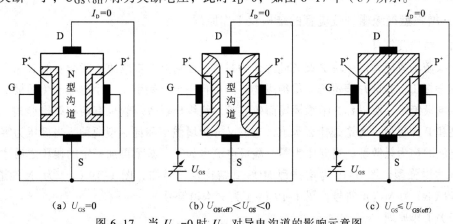

（a）$U_{GS}=0$　　　　（b）$U_{GS(off)}<U_{GS}<0$　　　　（c）$U_{GS} \leqslant U_{GS(off)}$

图 6-17　当 $U_{DS}=0$ 时 $U_{GS}$ 对导电沟道的影响示意图

（2）$I_D$ 与 $U_{DS}$、$U_{GS}$ 之间的关系

假定栅、源电压 $|U_{GS}| < |U_{GS(off)}|$，如 $U_{GS}=-1\,\text{V}$，而 $U_P=-4\,\text{V}$，当漏、源之间加上电压 $U_{DS}=2\,\text{V}$ 时，沟道中将有的电流 $I_D$ 通过。此电流将沿着沟道的方向产生一个电压降，这样沟道上各点的电位就不同，因而沟道内各点的栅极之间的电位差也就各不相等。漏电端与栅极之间的反向电压最高，如 $U_{DG}=U_{DS}-U_{GS}=2-(-1)=3\,\text{V}$，沿着沟道向下逐渐降低，使源极端沟道较宽，而靠近漏极端的沟道较窄。如图 6-18 中（a）。此时，若增大 $U_{DS}$，由于沟道电阻增大较慢，所以 $I_D$ 随之增加。当 $U_{DS}$ 进一步增加到使栅、漏间电压 $U_{GD}$ 等于 $U_{GS(off)}$ 时，即

$$U_{GD}=U_{GS}-U_{DS}=U_{GS(off)}$$

则在 D 极附近，两个 PN 结的阻挡层相遇，如图 6-18（b）所示，称为预夹断。如果继续升高 $U_{DS}$，就会使夹断区向源极端方向发展，沟道增加。由于沟道电阻的增长速率与 $U_{DS}$ 的增加速率基本相同，故这一期间 $I_D$ 趋于恒定值，不随 $U_{DS}$ 的增大而增大，此时，漏极电流的大小仅取决于 $U_{GS}$ 的大小。$U_{GS}$ 越负，沟道电阻越大，$I_D$ 便越小，直到 $U_{DS}=U_{GS(off)}$，沟道被完全夹断，$I_D=0$，如图 6-18（c）所示。

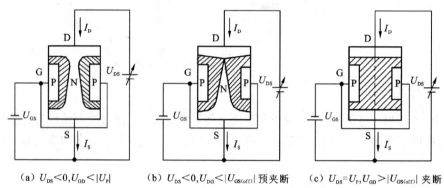

（a）$U_{DS}<0, U_{GD}<|U_P|$  （b）$U_{DS}<0, U_{DG}<|U_{GS(off)}|$ 预夹断  （c）$U_{DS}=U_P, U_{GD}>|U_{GS(off)}|$ 夹断

图 6-18  $U_{DS}$ 对导电沟道和 $I_D$ 的影响

## 6.3.2  绝缘栅场效应管

绝缘栅场效应管是由金属、氧化物和半导体所组成，所以又称金属氧化物半导场效应管，简称 MOS 场效应管。

### 1．增强型绝缘栅场效应管的结构及工作原理

（1）结构及符号

绝缘栅场效应管以一块 P 型薄硅片作为衬底，在它上面扩散两个高杂质的 N 型区，作为源极 S 和漏极 D。在硅片表覆盖一层绝缘物，然后再用金属铝引出一个电极 G（栅极）由于栅极与其他电极绝缘，所以称为绝缘栅场面效应管。绝缘栅场效应管也有两种结构形式，它们是 N 沟道型和 P 沟道型。无论是什么沟道，它们又分为增强型和耗尽型两种，当栅压为零时有较大漏极电流的称为耗散型，当栅压为零，漏极电流也为零，必须再加一定的栅压之后才有漏极电流的称为增强型。图 6-19 为增强型 MOS 管结构及符号图，图 1-19（a）为 N 沟道结构图；图 1-19（b）为 N 沟道符号；图 1-19（c）为 P 沟道符号。

（2）工作原理

绝缘栅场效应管是利用 $U_{GS}$ 来控制"感应电荷"的多少，以改变由这些"感应电荷"形成的导电沟道的状况，然后达到控制漏极电流的目的。在制造管子时，通过工艺使绝缘层中出现大量正离子，故在交界面的另一侧能感应出较多的负电荷，这些负电荷把高渗杂质的 N 区接通，形成了导电沟道，即使在 $U_{GS}=0$ 时也有较大的漏极电流 $I_D$。当栅极电压改变时，沟道内被感应的电荷量也改变，导电沟道的宽窄也随之而变，因而漏极电流 $I_D$ 随着栅极电压的变化而变化。

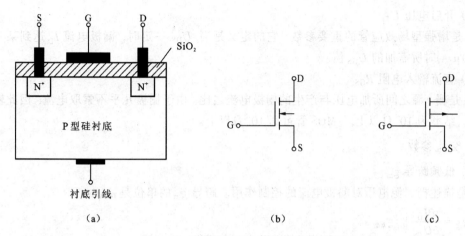

图 6-19　增强型 MOS 管结构及符号图

**2. 耗尽型绝缘栅场效应管的结构及工作原理**

图 6-20 为 N 沟道耗尽型场效应管的结构图。其结构与增强型场效应管的结构相似,不同的是这种管子在制造时,就在二氧化硅绝缘层中掺入了大量的正离子。

在 $U_{GS} > U_{GS(off)}$ 时,$i_D$ 与 $u_{GS}$ 的关系可用下式表示为

$$i_D = I_{DSS}(1 - \frac{u_{GS}}{U_{GS(off)}})^2$$

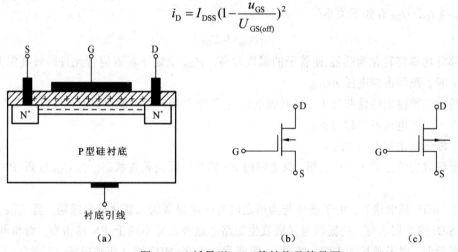

图 6-20　耗尽型 MOS 管结构及符号图

## 6.3.3　场效应管的主要参数

**1. 直流参数**

（1）饱和漏极电流 $I_{DSS}$

$I_{DSS}$ 是耗尽型和结型场效应管的一个重要参数,它的定义是当栅源之间的电压 $U_{DS}$ 等于零,而漏、源之间的电压 $U_{DS}$ 大于夹断电压 $U_P$ 时对应的漏极电流。

（2）夹断电压 $U_D$

$U_D$ 也是耗尽型和结型场效应管的重要参数,其定义为当 $U_{DS}$ 一定时,使 $I_D$ 减小到某一个微小电流（如 $1\mu A$，$50\mu A$）时所需的 $U_{GS}$ 值。

（3）开启电压 $U_T$

$U_T$ 是增强型场效应管的重要参数，它的定义是当 $U_{DS}$ 一定时，漏极电流 $I_D$ 达到某一数值 (例如 $10\mu A$)时所需加的 $U_{GS}$ 值。

（4）直流输入电阻 $R_{GS}$

$R_{GS}$ 是栅、源之间所加电压与产生的栅极电流之比。由于栅极几乎不索取电流，因此输入电阻很高。结型为 $10^6\Omega$ 以上， MOS 管可达 $10^{10}\Omega$ 以上。

2．交流参数

（1）低频跨导 $g_m$

它是描述栅、源电压对漏极电流的控制作用。跨导 $g_m$ 的单位是 mA/V。

$$g_m = \frac{\partial I_D}{\partial U_{GS}}\Big|_{U_{DS}=常数}$$

（2）极间电容

场效应管三个电极之间的电容,包括 $C_{GS}$、$C_{GD}$ 和 $C_{DS}$。这些极间电容愈小，则管子的高频性能愈好。一般为几个 pF。

3．极限参数

（1）漏极最大允许耗散功率

$P_{Dm}$ 与 $I_D$、$U_{DS}$ 有如下关系：

$$P_{Dm}=I_D U_{DS}$$

这部分功率将转化为热能,使管子的温度升高。$P_{Dm}$ 决定于场效应管允许的最高温升。

（2）漏、源间击穿电压 $BU_{DS}$

在场效应管输出特性曲线上，当漏极电流 $I_D$ 急剧上升产生雪崩击穿时的 $U_{DS}$。工作时外加在漏、源之间的电压不得超过此值。

（3）栅源间击穿电压 $BD_{GS}$

结型场效应管正常工作时，栅、源之间的 PN 结处于反向偏置状态，若 $U_{GS}$ 过高,PN 结将被击穿。

对于 MOS 场效应管，由于栅极与沟道之间有一层很薄的二氧化硅绝缘层，当 $U_{GS}$ 过高时，可能将 $SiO_2$ 绝缘层击穿，使栅极与衬底发生短路。这种击穿不同于 PN 结击穿，而和电容器击穿的情况类似，属于破坏性击穿，即栅、 源间发生击穿,MOS 管立即被损坏。

## 6.3.4　场效应管的特点

场效应管的特点如下：

① 场效应管是一种电压控制器件，即通过 $U_{GS}$ 来控制 $I_D$。

② 场效应管输入端几乎没有电流， 所以其直流输入电阻和交流输入电阻都非常高。

③ 由于场效应管是利用多数载流子导电的，因此，与双极性三极管相比，具有噪声小、受幅射的影响小、热稳定性较好而且存在零温度系数工作点等特性。

④ 由于场效应管的结构对称，有时漏极和源极可以互换使用，而各项指标基本上不受影响，因此应用时比较方便、灵活。

⑤ 场效应管的制造工艺简单，有利于大规模集成。

⑥ 由于 MOS 场效应管的输入电阻可高达 $10^{15}\Omega$，因此，由外界静电感应所产生的电荷不易泄漏，而栅极上的 $SiO_2$ 绝缘层又很薄，这将在栅极上产生很高的电场强度，以致引起绝缘层击穿而损坏管子。

⑦ 场效应管的跨导较小，当组成放大电路时，在相同的负载电阻下，电压放大倍数比双极型三极管低。

# 小　结

1. 半导体

半导体是导电能力介于导体和绝缘体之间的物体。常用的半导体材料有硅和锗等，它们都是四价元素。半导体中有电子和空穴两种载流子参与导电，半导体易受外界的影响而改变导电性能，主要有：

① 环境温度对半导体导电能力的影响，基于这种热敏特性，可制成温度敏感器件，如热敏电阻。

② 光照对半导体导电能力的影响，利用这种特性可制成光敏器件，如光敏二、三极管。

③ 掺入微量杂质对半导体导电能力的影响，从而形成 P 型半导体(掺入三价元素)和 N 型半导体(掺入五价元素)。

2. PN 结

当 P 型半导体和 N 型半导体采用一定工艺技术结合在一起时，在两者的交界面上形成了PN 结。PN 结具有单向导电性，加正向电压时 PN 结导通，加反向电压时 PN 结截止。

3. 二极管

在 PN 结两端分别引出电极引线，其正极由 P 区引出，负极由 N 区引出，用管壳封装后就制成二极管。二极管同样具有单向导电性。二极管按材料分，有硅二极管和锗二极管。按结构分，二极管有点接触型和面接触型两类。

4. 二极管的伏安特性

二极管的伏安特性呈非线性特性，由伏安特性曲线可分析二极管在不同工作区的特点。

① 死区：为正向高阻区，即当正向电压小于死区电压时，正向电流近似为零。对死区电压范围应具有数值概念，即锗管为 0.2 V 以下，硅管为 0.5 V 以下。

② 正向导通区：呈低阻状态。正向导通时，二极管具有基本恒定的管压降。锗二极管约为 $0.2\sim0.3$ V，硅管约为 $0.6\sim0.7$ V。

③ 反向截止区：呈高阻状态。此时反向电流近似为零。

④ 反向击穿区：呈破坏性低阻状态。反向电压加到一定值时，反向电流会急剧增加，此时的反向电压称为反向击穿电压，造成二极管反向击穿，导致管子损坏。

5. 特殊二极管

① 稳压二极管：稳压二极管是一种特殊的面接触型半导体硅二极管。稳压二极管必须工作在反向击穿区，它能在反向击穿后不损坏，而且能在电流变化范围很大的情况下保持其端电压的恒定。如果工作电压低于反向击穿电压，稳压管就不能起稳压作用。

② 发光二极管：发光二极管是常用的半导体显示器件，它也是由一个 PN 结构成，多采用磷、砷化镓制作 PN 结，可发出红、橙、黄、绿等颜色。

③ 光电二极管：光电二极管可将光信号转换为电信号。

6. 半导体三极管

半导体三极管是一种电流控制器件，即用一个小的基极电流信号去控制集电极的大电流信号。所谓放大作用，实质上是一种控制作用，而绝非能量的放大。大信号的能量必须另有电源（直流电源）提供，否则不能实现电流的放大。

7. 三极管的放大工作状态及各电流间的关系

① 三极管处于放大工作状态时，发射极正向偏置，集电结反向偏置。

② 三极管中各电流间的关系满足：

$$I_C = \beta I_B$$
$$I_E = I_B + I_C = (1 + \beta) I_B$$

③ 在三极管具备放大工作条件时，集电极电流 $I_C$ 受控于基极电流 $I_B$。

8. 三极管的输入、输出特性曲线

三极管的输入特性曲线，具有类似二极管的非线性伏安特性。三极管的输出特性曲线分三个区：放大区、截止区和饱和区。

① 放大区：发射极正偏、集电结反偏。

② 截止区：发射极反偏、集电结反偏。

③ 饱和区：发射极正偏、集电结正偏。

9. 场效应管

场效应管是另一种常用的半导体器件。场效应管有 P 沟道和 N 沟道两大类，但无论哪种型式，只有一种载流子导电，称为单极型器件。场效应管有四种基本类型，分别为增强型 N 沟道场效应管、增强型 P 沟道场效应管、耗尽型 N 沟道场效应管和耗尽型 P 沟道场效应管。

# 习　题

## 一、判断题

1. 在 N 型半导体中如果掺入足够量的三价元素，可将其改型为 P 型半导体。　　（　　）

2. 因为 N 型半导体的多子是自由电子，所以它带负电。　　　　　　　　　　（　　）

3. 处于放大状态的晶体管，集电极电流是多子漂移运动形成的。　　　　　　（　　）

4. 结型场效应管外加的栅-源电压应使栅-源间的耗尽层承受反向电压，才能保证其 $R_{GS}$ 大的特点。　　　　　　　　　　　　　　　　　　　　　　　　　　　　　　（　　）

5. 若耗尽型 N 沟道 MOS 管的 $U_{GS}$ 大于零，则其输入电阻会明显变小。　　（　　）

## 二、选择题

1. PN 结加正向电压时，空间电荷区将（　　　）。

　　A．变窄　　　　　　　　　　B．基本不变　　　　　　　　　C．变宽

2. 稳压管的稳压区是其工作在其（　　　）区。

　　A．正向导通　　　　　　　　B．反向截止　　　　　　　　　C．反向击穿

3. 当晶体管工作在放大区时，发射极电压和集电结电压应为（　　　）。

　　A．前者反偏、后者也反偏　　B．前者正偏、后者反偏　　　　C．前者正偏、后者也正偏

4. $U_{GS}=0V$ 时，能够工作在恒流区的场效应管有（ ）。

  A. 结型管       B. 增强型 MOS 管      C. 耗尽型 MOS 管

5. 在本征半导体中加入（ ）元素可形成 N 型半导体，加入（ ）元素可形成 P 型半导体。

  A. 五价         B. 四价         C. 三价

6. 当温度升高时，二极管的反向饱和电流将（ ）。

  A. 增大         B. 不变         C. 减小

7. 工作在放大区的某三极管，如果当 $I_B$ 从 12 μA 增大到 22 μA 时，$I_C$ 从 1 mA 变为 2 mA，那么它的 $\beta$ 约为（ ）。

  A. 83          B. 91          C. 100

8. 当场效应管的漏极直流电流 $I_D$ 从 2 mA 变为 4 mA 时，它的低频跨导 $g_m$ 将（ ）。

  A. 增大         B. 不变         C. 减小

## 三、综合题

1. 电路如图 6-21 所示，已知 $u_i = 5\sin\omega t$ V，二极管导通电压 $U_D = 0.7$ V。试画出 $u_I$ 与 $u_O$ 的波形，并标出幅值。

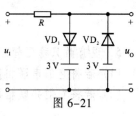
图 6-21

2. 电路如图 6-22（a）所示，其输入电压 $u_{I_1}$ 和 $u_{I_2}$ 的波形如图（b）所示，二极管导通电压 $U_D = 0.7$ V。试画出输出电压 $u_O$ 的波形，并标出幅值。

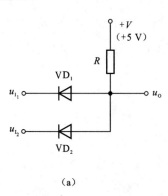

（a）

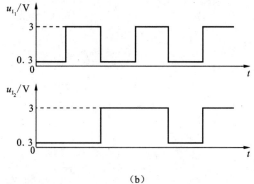

（b）

图 6-22

3. 电路如图 6-23（a）、（b）所示，稳压管的稳定电压 $U_Z = 3$ V，$R$ 的取值合适，$u_I$ 波形如图 6-23（c）所示。试分别画出 $u_{O1}$ 和 $u_{O2}$ 的波形。

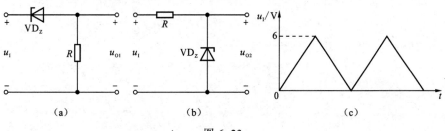

  （a）       （b）       （c）

图 6-23

4. 测得放大电路中 6 只晶体管的直流电位如图 6-24 所示。在圆圈中画出管子，并分别说明它们是硅管还是锗管。

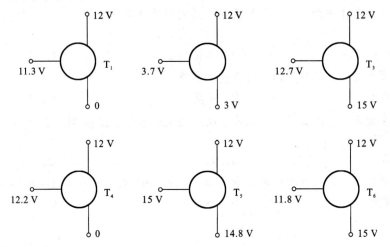

图 6-24

5. 现有两只稳压管，它们的稳定电压分别为 6 V 和 8 V，正向导通电压为 0.7 V。试问：

（1）若将它们串联相接，则可得到几种稳压值？各为多少？

（2）若将它们并联相接，则又可得到几种稳压值？各为多少？

# 模块七　基本放大电路

**学习目标**

- 掌握基本放大电路的组成及工作原理，了解放大电路的一些基本概念。
- 掌握基本放大电路的静态分析、图解分析法和微变等效电路分析法。
- 熟练掌握分压式偏置共发射极放大电路的静态分析和动态分析及其特点。
- 了解共发射极放大电路的静态分析和动态分析、掌握其特点。
- 掌握功率放大电路的功能特点，了解其功率分析。
- 了解多级放大电路的耦合方式。

　　基本放大电路是模拟电子技术的核心和基础，是本课程的重点内容之一。放大电路的功能在于将微弱的电信号加以放大，实现以较小能量对较大能量的控制。放大电路一般有电压放大电路和功率放大电路两种。电压放大电路以放大电压信号为主，不要求它输出大的功率，因此电压放大电路通常在小信号情况下工作。功率放大电路则不同，要求它能输出较大的功率，以便推动执行机构，因而它是在大信号情况下工作的。

## 7.1　共发射极放大电路

### 7.1.1　共发射极放大电路的组成

　　放大指的是将一个弱小的电信号，以最小的失真或满足技术指标规定的失真量，将其幅值增强到要求的数量。共发射极放大电路由放大器件、直流电源、偏置电路、输入电路和输出电路等部分组成，如图 7-1 所示。

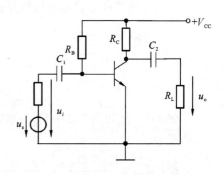

图 7-1　基本共发射极放大电路

　　图中三极管采用 NPN 型硅管，是放大电路的核心，具有电流放大作用，使 $I_C = \beta I_B$，基极电阻 $R_B$ 又称偏流电阻，和电源 $V_{CC}$ 一起给基极提供一个合适的基极直流 $I_B$，使三极管工作在特性曲线的线性部分，$R_C$ 为集电极负载电阻。当集电极电流受基极电流控制而发生变化时，流过负载电阻的电流会在集电极电阻 $R_C$ 上产生电压变化，从而引起 $U_{CE}$ 的变化，这个变化的电压就是输出电压 $u_o$，耦合电容 $C_1$、$C_2$ 起到“隔直通交”的作用，把信号源与放大电路之间，放大电路与负载之间的直流隔开。无输入信号时，晶体管的电压、电流都是直流分量；有输入信号时，三极管电压电流是直流分量与交流分量的叠加。

　　共发射极放大电路必须遵循以下原则，同时这三条原则也是判断一个电路是否具有放大作用的依据。

① 必须保证三极管工作在放大区，以实现放大作用。

② 元件的安排应保证信号能有效地传输，即有 $u_i$ 输入时，应有 $u_o$ 输出。

③ 元件参数的选择应保证输入信号能不失真地放大，否则，放大将失去意义。

### 7.1.2 共发射极放大电路的静态分析

1. 直流通路及画法

放大电路的直流等效电路即为直流通路，画直流通路的方法是：将电容视为开路，电感视为短路。如图 7-2（a）所示。

2. 静态工作点的估算

放大电路没有输入信号时的直流工作状态称为静态。由于 $U_{BEQ}$、$U_{CEQ}$、$I_{BQ}$、$I_{CQ}$ 的值对应着三极管输入特性曲线和输出特性曲线上某一点 $Q$，故称为放大电路的静态工作点，如图 7-2（b）所示。静态工作点选择的是否合适将会影响到动态时的放大效果。$I_B$ 值太小，静态工作点偏低，会引起截止失真；$I_B$ 值太大，静态工作点偏高，会导致饱和失真。

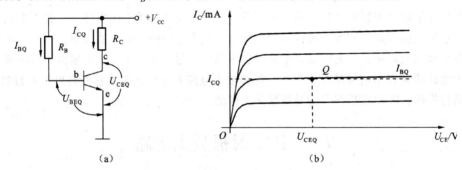

图 7-2 共发射极放大电路的静态分析

由直流通道可对 $Q$ 点进行估算：

$$I_{BQ} = \frac{V_{CC} - U_{BEQ}}{R_B}$$

$$I_{CQ} = \beta I_{BQ}$$

$$U_{CEQ} = V_{CC} - I_{CQ} R_C$$

**例 7-1** 已知图 7-2 中 $V_{CC} = 10\,\text{V}$，$R_B = 250\,\text{k}\Omega$，$R_C = 3\,\text{k}\Omega$，$\beta = 50$，求放大电路的静态工作点 $Q$。

**解：** $I_{BQ} = \dfrac{V_{CC} - U_{BEQ}}{R_B} = \dfrac{10 - 0.7}{250}\ \mu\text{A} \approx 37.2\ \mu\text{A}$

$I_{CQ} = \beta I_{BQ} = 50 \times 0.0372\ \text{mA} = 1.86\ \text{mA}$

$U_{CEQ} = V_{CC} - I_{CQ} R_C = (10 - 1.86 \times 3)\ \text{V} = 4.42\ \text{V}$

所以，$Q = \{I_{BQ} = 37.2\ \mu\text{A}\ \ I_{CQ} = 1.86\ \text{mA}\ \ U_{CEQ} = 4.42\ \text{V}\}$。

设置静态工作点相当于用 $U_{BEQ}$ 将 $u_i$ 实际电压升高，避开输入特性曲线的死区部分，而让三极管工作在输入特性曲线的近似为线性的部分,使 $u_i$ 在整个周期内不会进入截止区。

### 3. 图解法分析静态工作点

在晶体管的特性曲线上直接作图分析放大电路工作情况的方法,称为图解法。如图 7-3 所示,做 $U_{CE}=V_{CC}-I_C R_C$ 的直流负载线,计算出 $I_{BQ}$,找出静态工作点 $Q$,从图中读取 $I_{CQ}$ 及 $U_{CEQ}$。

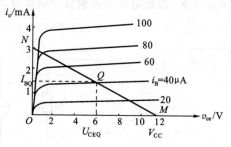

图 7-3 图解法分析静态工作点

静态工作点 $Q$ 设置得不合适时,将对放大电路的性能造成影响。若 $Q$ 点偏高,当 $i_b$ 按正弦规律变化时,$Q$ 进入饱和区,造成 $i_c$ 和 $u_{ce}$ 的波形与 $i_b$(或 $u_i$)的波形不一致,输出电压 $u_o$ 的负半周出现平顶畸变,称为饱和失真,如图 7-4 所示;若 $Q$ 点偏低,则 $Q$ 进入截止区,输出电压 $u_o$ 的正半周出现平顶畸变,称为截止失真,如图 7-5 所示。饱和失真和截止失真统称为非线性失真。

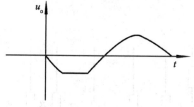

图 7-4 放大电路饱和失真

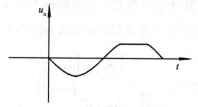

图 7-5 放大电路截止失真

## 7.1.3 共发射极放大电路的动态分析

### 1. 交流通路及画法

共发射极放大电路的交流通路的画法是:将电容视为短路,电感视为开路,电压源视为短路,其余元件不变。共发射极放大电路的交流等效图如图 7-6 所示。

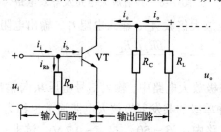

图 7-6 基本放大电路的交流通路

### 2. 三极管的微变等效

三极管各极电压和电流的变化关系,在较大范围内是非线性的。如果三极管工作在小信号情况下,信号只是在静态工作点附近小范围变化,三极管特性可看成是近似线性的,可用一个线性电路来代替，这个线性电路就称为三极管的微变等效电路，如图 7-7 所示。

当 $u_{BE}$ 有一微小变化 $\Delta U_{BE}$ 时，基极电流变化 $\Delta I_B$，两者的比值称为三极管的动态输入电阻，即 $r_{be}$。

输出特性曲线在放大区域内可认为呈水平线，集电极电流的微小变化 $\Delta i_c$ 仅与基极电流的微小变化 $\Delta i_b$ 有关，而与电压 $u_{CE}$ 无关，故集电极和发射极之间可等效为一个受 $i_b$ 控制的电流源，即 $i_c = \beta i_b$。

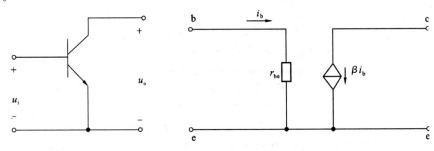

图 7-7 三极管的微变等效电路

$$r_{be} \approx r_{bb'} + (1+\beta)r_e \approx 300 + (1+\beta)\frac{26}{I_{EQ}}$$

3. 应用微变等效电路进行动态分析

共射放大电路及其微变电路如图 7-8 所示。

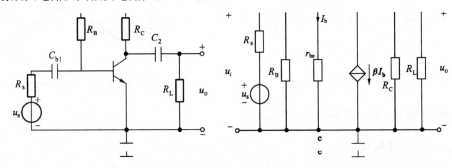

（a）基本共射放大电路图　　　　（b）微变等效电路

图 7-8 共射放大电路及等效电路

动态特性的分析包括电压放大倍数 $A_u$、输入电阻 $r_i$、输出电阻 $r_o$ 的计算。

$$A_u = \frac{u_o}{u_i} = -\frac{\beta R_c /\!/ R_L}{r_{be}} \qquad r_i = R_B /\!/ r_b \qquad r_o = R_C$$

综上分析可知，在共发射极放大电路中，输入信号电压 $u_i$ 与输出电压 $u_o$ 频率相同，相位相反，幅值得到放大，因此这种单级的共发射极放大电路通常也称为反相放大器。

例 7-1 在图 7-9 所示电路中，$\beta = 50$，$U_{BE} = 0.7$ V，试求：（1）静态工作点参数 $I_{BQ}$、$I_{CQ}$、$U_{CEQ}$；（2）计算动态指标 $A_u$、$r_i$、$r_o$ 的值。

解：（1）求静态工作点参数

$$I_{BQ} = \frac{V_{CC} - 07}{R_B} = \frac{12 - 0.7}{280 \times 10^3} \approx 0.04 \text{ mA} = 40 \text{ μA}$$

$$I_{CQ} = \beta I_{BQ} = 50 \times 0.04 \times 10^{-3} \text{ A} = 2 \text{ mA}$$

$$U_{CEQ} = V_{CC} - I_{CQ} R_C = (12 - 2 \times 10^{-3} \times 3 \times 10^3) \text{ V} = 6 \text{ V}$$

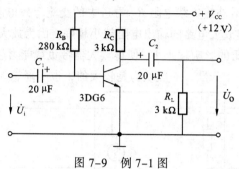

图 7-9　例 7-1 图

（2）计算动态指标

$$r_{be} = 300 + \frac{(1+\beta) \cdot 26}{I_{EQ}} = (300 + \frac{51 \times 26}{2}) \text{ } \Omega = 963 \text{ } \Omega \approx 0.96 \text{ k}\Omega$$

$$A_u = \frac{-\beta R'_L}{r_{be}} = \frac{-50 \times (3 // 3) \text{ k}\Omega}{0.96 \text{ k}\Omega} = -78.1$$

$$r_i = R_B // r_{be} \approx r_{be} = 0.96 \text{ k}\Omega$$

$$r_o \approx R_C = 3 \text{ k}\Omega$$

## 7.1.4　基本放大电路的主要性能指标

1. 放大倍数

（1）电压放大倍数

放大电路的电压放大倍数定义为输出电压与输入电压之比，即 $A_u = \dfrac{u_o}{u_i}$

（2）电流放大倍数

放大电路的电流放大倍数定义为输出电流与输入电流之比，即 $A_i = \dfrac{i_o}{i_i}$

2. 输入电阻和输出电阻

（1）输入电阻

输入电阻为

$$r_i = \frac{u_i}{i_i}$$

从输入端看进去，有一个等效电阻向信号源吸取能量，此电阻为输入电阻，如图 7-10 所示。输入电阻 $r_i$ 的大小决定了放大电路从信号源吸取电流的大小。为了减轻信号源的负担，总希望 $r_i$ 越大越好。另外，较大的输入电阻 $r_i$，也可以降低信号源内阻 $R_S$ 的影响，使放大电路获得较高的输入电压。在共发射极放大电路中，由于 $R_B$ 比 $r_{be}$ 大得较多，$r_i$ 近似等于 $r_{be}$，一般在在几百欧至几千欧，因此是比较低的，即共射放大器输入电阻不理想。

（2）输出电阻

输出电阻为

$$r_o = \frac{u_o}{i_o}$$

从放大器输出端(不包括外接负载电阻 $R_L$)看进去的交流等效电阻叫输出电阻,如图 7–10 所示。对负载而言,总希望放大电路的输出电阻越小越好。因为放大器的输出电阻 $r_o$ 越小,负载电阻 $R_L$ 的变化对输出电压的影响就越小,使得放大器带负载能力越强。共发射极放大电路中的输出电阻 $r_o$ 在几千欧至几十千欧,一般认为是较大的,也不理想。

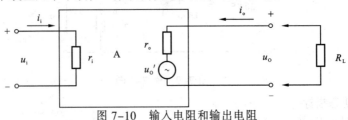

图 7–10  输入电阻和输出电阻

（3）通频带

放大器对信号的放大倍数 $A_u$ 与频率 $f$ 的关系,称为放大器的频率特性,也可叫做放大器的频率响应。将此关系用曲线表示,即称为放大器的幅频特性曲线,如图 7–11 所示。

在中频区,电压放大倍数最大且为常数 $A_{um}$。

在低频区,放大倍数急剧下降,下降到 $A_{um}$ 的 0.707 倍时的频率 $f_L$ 称为下限截止频率。

在高频区,电压放大倍数也急剧下降,下降到 $A_{um}$ 的 0.707 倍时的频率 $f_H$ 称为上限截止频率。

上限截止频率 $f_H$ 与下限截止频率 $f_L$ 的差值称为放大电路的通频带 $f_{BW}$,即 $f_{BW} = f_H - f_L$,一般要求放大器的通频带宽些为好。

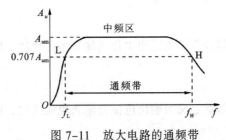

图 7–11  放大电路的通频带

# 7.2  分压式偏置电路

## 7.2.1  分压式偏置电路的结构及稳定工作点的原理

三极管的静态工作点会受到温度的影响,温度升高,$U_{BE}$ 减小,$\beta$ 增大,$I_C$ 增大,静态工作点发生漂移,这种现象称为温漂,为了克服温漂,引入分压式偏置电路。

1. 电路结构

分压式偏置电路如图 7–12 所示,与固定偏置电路相比多接了 3 个元件,即 $R_{B2}$、$R_E$、$C_E$。电路中,$R_E$ 上并联的电容 $C_E$ 应足够大,对信号而言,其容抗很小,几乎接近于短路。这样,放大器的增益就不会因 $R_E$ 的接入而下降。$I_{EQ}$ 只与电源电压和偏置电阻有关、也不受三极管参数和温度变化的影响,所以静态工作点是稳定的,即使更换了三极管,静态工作点也能基本保持稳定。

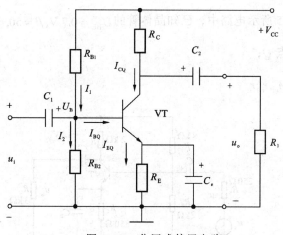

图 7-12　分压式偏置电路

**2. 稳定工作点的原理**

静态时，通过负反馈电阻 $R_E$ 的引入，分压式偏置电路能够起到稳定静态输入电压 $U_{BE}$，抑制温漂的作用，其抑制温漂的过程可描述为：

温度 $\uparrow$（或 $\beta \uparrow$）$\longrightarrow I_{CQ} \uparrow \longrightarrow I_{EQ} \uparrow \longrightarrow U_E = I_{EQ}R_E \uparrow$

$I_{CQ} \downarrow \longleftarrow I_{BQ} \downarrow \longleftarrow U_{BEQ} \downarrow \longleftarrow \quad U_B$ 不变

### 7.2.2　静态工作点的计算

分压式偏置电路的直流通路，如图 7-13 所示。

调整 $R_{B1}$、$R_{B2}$ 使 $I_1 \approx I_2 \gg I_B$，则

$$U_{BQ} = \frac{R_{B2}}{R_{B1} + R_{B2}} V_{CC}$$

$$I_{EQ} = \frac{U_{BQ} - U_{BEQ}}{R_E}$$

$$I_{CQ} \approx I_{EQ}$$

$$I_{BQ} = \frac{I_{CQ}}{\beta}$$

$$U_{CEQ} = V_{CC} - I_{CQ}(R_C + R_E)$$

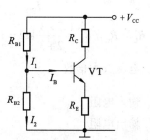

图 7-13　分压式偏置电路直流通路

### 7.2.3　电压放大倍数的计算

分压式偏置电路的动态等效如图 7-14 所示，其动态及分析为

$$A_u = \frac{u_o}{u_i} = \frac{-\beta i_b R_L'}{i_b r_{be}} = -\beta \frac{R_L'}{r_{be}}$$

$$r_i = \frac{u_i}{i_i} = R_{B1} /\!/ R_{B2} /\!/ r_{be}$$

$$r_o = R_C$$

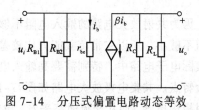

图 7-14　分压式偏置电路动态等效

**例 7-2**  在图 7-15 所示电路中，已知晶体管的 $U_{BE} = 0.7$ V，$\beta = 50$，$r_{bb'} = 300$ Ω。

① 计算静态工作点 $Q$；

② 计算动态参数 $A_u$，$r_i$，$r_o$。

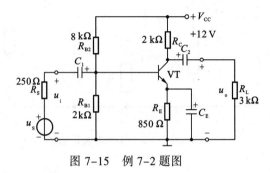

图 7-15   例 7-2 题图

**解：**（1）计算静态工作点

$$U_{BQ} = \frac{R_{B1}}{R_{B1} + R_{B2}} V_{CC} = \frac{2}{2+8} \times 12 \text{ V} = 2.4 \text{ V}$$

$$I_{CQ} = I_{EQ} = \frac{U_{BQ} - U_{BE}}{R_E} = \frac{2.4 - 0.7}{0.85} \text{ mA} = 2 \text{ mA}$$

$$I_{BQ} = \frac{I_{CQ}}{\beta} = \frac{2}{50} \text{ mA} = 0.04 \text{ mA}$$

$$U_{CEQ} = U_{CC} - I_{CQ}(R_C + R_E) = (12 - 2 \times 2.85) \text{ V} = 6.3 \text{ V}$$

（2）计算动态参数

$$r_{be} = r_{bb'} + (1+\beta)\frac{26 \text{ mV}}{I_{EQ}} = (300 + 51 \times \frac{26}{2}) \text{ Ω} = 0.963 \text{ kΩ}$$

$$R'_L = R_C /\!/ R_L = \frac{2 \times 3}{2+3} \text{ kΩ} = 1.2 \text{ kΩ}$$

电压放大倍数 $\qquad A_u = -\beta \frac{R'_L}{r_{be}} = -50 \times \frac{1.2}{0.963} \approx -62.3$

输入电阻 $\qquad r_i = R_{B1} /\!/ R_{B2} /\!/ r_{be} = 2 /\!/ 8 /\!/ 0.963 \approx 0.60 \text{ kΩ}$

输出电阻 $\qquad r_o = R_C = 2 \text{ kΩ}$

# 7.3   共集电极放大电路

因为共射放大电路的输入电阻不够大，所以它从信号源索取的电流比较大；又因为其输出电阻不够小，所以它带负载能力比较差，即当负载电阻变化时，输出电压变化比较大。然而，在实际电子电路中，特别需要高输入电阻和低输出电阻，基本共集电极放大电路就具备了上述两大特点。共集电极放大电路如图 7-16 所示，它是由基极输入信号，发射极输出信号，故也称射极输出器。而从交流通路来看，电源 $V_{CC}$ 对交流信号相当于短路，所以集电极成为输入和输出回路的公共端，故称共集电极放大电路。

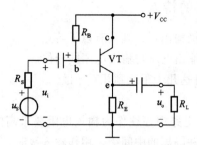

图 7-16 共集电极放大电路

## 7.3.1 静态分析

基本共集电极放大电路的直流通路如图 7-17 所示。

$$I_{BQ} = (V_{CC} - U_{BEQ})/[R_B + (1+\beta)R_E]$$
$$I_{CQ} = \beta I_{BQ}$$
$$U_{CEQ} = V_{CC} - I_{CQ}R_E$$

## 7.3.2 动态分析

基本共集电极放大电路的动态电路如图 7-18 所示。

1. 电压放大倍数

$$A_u = \frac{u_0}{u_i} = \frac{(1+\beta)i_b(R_E // R_L)}{i_b r_{be} + (1+\beta)i_b(R_E // R_L)}$$
$$= \frac{(1+\beta)R_L^{'}}{r_{be} + (1+\beta)R_L^{'}} \leqslant 1$$
$$R_L^{'} = R_E // R_L$$

2. 输入电阻 $r_i$

$$r_i = \frac{u_i}{i_i} = \frac{u_i}{\dfrac{u_i}{R_B} + \dfrac{u_i}{r_{be} + (1+\beta)R_L^{'}}} = R_B //[r_{be} + (1+\beta)R_L^{'}]$$

3. 输出电阻 $r_o$

$$r_o = R_E // \frac{(r_{be} + R_s^{'})}{1+\beta} \qquad R_s^{'} = R_s // R_B$$

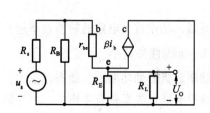

图 7-17 共集电极放大器直流通路          图 7-18 共集电极放大电路交流等效电路

### 7.3.3 共集电极放大电路的特点

共集电极放大电路又称射极输出器，其具有以下特点：

① 电压放大倍数 $A_u \approx 1$，输出电压与输入电压同相位。

② 输入电阻很高，一般可达几十千欧到几百千欧。

③ 输出电阻小。

共集电极放大电路在电子电路中往往作为输入电阻要求高的输入级或要求带负载能力强的输出级，或者作为阻抗转换和隔离的中间级。用作输入级时，其高的输入电阻可以减轻信号源的负担，提高放大器的输入电压。用作输出级时，其低的输出电阻可以减小负载变化对输出电压的影响，并易于与低阻负载相匹配，向负载传送尽可能大的功率。

# 7.4　功率放大电路

放大电路放大的本质是能量的控制和转换，是在输入信号作用下，通过放大电路将直流电源的能量转换成负载所获得的能量，使负载从电源获得的能量大于信号源所提供的能量。因此，电子电路放大的基本特征是功率放大，即负载上总是获得比输入信号大得多的电压或电流，有时兼而有之。这样，在放大电路中必须存在能够控制能量的元件，即有源元件，如晶体管和场效应管等。

## 7.4.1 功率放大电路的特点

功率放大通常位于多级放大电路的最后一级，其任务是将前级电路放大后的电压信号再进行功率放大，以足够大的输出功率推动执行机构工作，功率放大电路的输入信号和输出信号都较大，工作在大信号状态，它工作的动态范围大。

对功率放大电路的要求如下：

### 1. 输出功率大

作为放大电路的最后一级，功率放大电路要实现对负载电路的驱动，就必须具有足够大的输出功率。为了得到足够大的输出功率，三极管工作时的电压和电流应尽可能接近极限参数。

### 2. 效率高

功率放大电路是利用晶体管的电流控制作用，把电源的直流功率转换成交流信号功率输出，由于晶体管有一定的内阻，所以它会有一定的功率损耗。我们把负载获得的功率 $P_O$ 与电源提供的功率 $P_E$ 之比定义为功率放大电路的转换效率 $\eta$，用公式表示为

$$\eta = \frac{P_O}{P_E} \times 100\%$$

显然，功率放大电路的转换效率越高越好。

### 3. 非线性失真小

功率放大器的功率大、动态范围大，由晶体管的非线性引起的失真也大。因此提高输出功率与减少非线性失真是有矛盾的，但是依然要设法尽可能减小非线性失真。

### 4．散热良好

由于三极管工作在接近极限参数的状态下，所以应具有良好的散热条件，以避免长期工作时烧坏元器件。

目前常用的低频功率放大器按照功放管所设静态工作点的不同可分为甲类、乙类、甲乙类等。

甲类功放的电流导通角为 360°，即在输入正弦信号的整个周期内，功率管都有集电极电流流通。甲类功放管效率很低，只有 30% 左右，最高不超过 50%，但输出波形失真小。

乙类功放管的电流导通角为 180°，它的基极静态偏置电流等于 0，只导通半个周期，效率高，最高可达 78.5%，但会产生交越失真。

甲乙类功放管的电流导通角介于 180° 与 360° 之间，导通时间比半个周期稍大而不足整个周期，介于甲类和乙类之间，其效率接近乙类功放管的效率，可以克服交越失真。

## 7.4.2　双电源乙类互补对称功率放大电路(OCL)

双电源互补对称电路又称无输出电容电路(OCL 电路)，其电路图如图 7-19 所示。

### 1．电路的结构特点

它由一对特性相同的 NPN、PNP 互补三极管组成，采用正、负两组电源供电，输入输出端不加隔直电容，当电路对称时，输出端的静态电位等于零，这种电路又称为 OCL 互补功率放大电路。

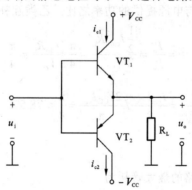

图 7-19　OCL 放大电路

### 2．电路的工作原理

静态时，$VT_1$ 和 $VT_2$ 均截止。当输入信号处于正半周时，且幅度远大于三极管的开启电压，此时 NPN 型三极管 $VT_1$ 导通，PNP 型三极管 $VT_2$ 截止，有电流 $i_{c1}$ 由上到下通过负载 $R_L$。当输入信号处于负半周时，且幅度远大于三极管的开启电压，此时 PNP 型三极管 $VT_2$ 导通，NPN 型三极管 $VT_1$ 截止，有电流 $i_{c2}$ 由下到上通过负载 $R_L$。因为 $VT_1$、$VT_2$ 晶体管都只在半个周期内工作，故称为乙类放大。

当输入信号很小时，达不到三极管的开启电压，三极管不导电。因此在正、负半周交替过零处会出现一些非线性失真，这个失真称为交越失真。

### 3．乙类互补对称功率放大电路功率参数分析计算

（1）输出功率

$$P_{\mathrm{O}} = \frac{I_{\mathrm{cm}}}{\sqrt{2}} \cdot \frac{U_{\mathrm{cem}}}{\sqrt{2}} = \frac{1}{2} I_{\mathrm{cm}} U_{\mathrm{cem}}$$

$$= \frac{1}{2} I_{\mathrm{cm}}^{2} R_{\mathrm{L}} = \frac{1}{2} \frac{U_{\mathrm{om}}^{2}}{R_{\mathrm{L}}}$$

（2）直流电源提供的功率

乙类互补对称功率放大电路直流电源提供的功率为 $P_{\mathrm{V}} = I_{\mathrm{CM}} V_{\mathrm{CC}} = \frac{2}{\pi} \cdot \frac{U_{\mathrm{om}}}{R_{\mathrm{L}}} \cdot V_{\mathrm{CC}}$

当 $U_{\mathrm{om}} = V_{\mathrm{CC}}$ 时 $P_{\mathrm{V,max}} = \frac{2}{\pi} \cdot \frac{V_{\mathrm{CC}}^{2}}{R_{\mathrm{L}}}$

（3）每只管子平均管耗 $P_{\mathrm{T1}}$、$P_{\mathrm{T2}}$

$$P_{\mathrm{T1}} = P_{\mathrm{T2}} = \frac{1}{2}(P_{\mathrm{V}} - P_{\mathrm{o}}) = \frac{1}{2}\left(\frac{2}{\pi} \cdot \frac{U_{\mathrm{om}}}{R_{\mathrm{L}}} \cdot V_{\mathrm{CC}} - \frac{1}{2}\frac{U_{\mathrm{om}}^{2}}{R_{\mathrm{L}}}\right)$$

$$= \frac{1}{R_{\mathrm{L}}}\left(\frac{U_{\mathrm{om}}}{\pi} V_{\mathrm{CC}} - \frac{1}{4} U_{\mathrm{om}}^{2}\right)$$

当 $U_{\mathrm{om,max}} \approx V_{\mathrm{CC}}$ 时，$P_{\mathrm{T1}} = P_{\mathrm{T2}} = \frac{V_{\mathrm{CC}}}{R_{\mathrm{L}}} \frac{4-\pi}{4\pi} \approx 0.137 P_{\mathrm{o,max}}$

（4）效率

电路的效率是指输出功率与电源提供的功率之比。乙类互补对称功率放大电路的效率为

$$\eta = \frac{P_{\mathrm{o}}}{P_{\mathrm{V}}} = \frac{\frac{1}{2} I_{\mathrm{cm}}^{2} R_{\mathrm{L}}}{\frac{2 V_{\mathrm{CC}} I_{\mathrm{cm}}}{\pi}} = \frac{\pi}{4} \cdot \frac{I_{\mathrm{cm}} R_{\mathrm{L}}}{V_{\mathrm{CC}}} = \frac{\pi}{4} \cdot \frac{V_{\mathrm{cem}}}{V_{\mathrm{CC}}}$$

在 $U_{\mathrm{om,max}} \approx V_{\mathrm{CC}}$ 时，$\eta = \frac{P_{\mathrm{om}}}{P_{\mathrm{V}}} = \frac{I_{\mathrm{cm}} V_{\mathrm{CC}}}{2} \Big/ \frac{2 V_{\mathrm{CC}} I_{\mathrm{cm}}}{\pi} = \frac{\pi}{4} \approx 78.5\%$

（5）最大管耗 $P_{\mathrm{T1,max}}$

乙类互补对称功率放大电路的最大管耗为

$$P_{\mathrm{T1}} = \frac{1}{\pi^{2}} \frac{V_{\mathrm{CC}}^{2}}{R_{\mathrm{L}}} \approx 0.2 P_{\mathrm{o,max}}$$

每只管子最大管耗为 $0.2 P_{\mathrm{om}}$

（6）选管原则

集电极最大允许功耗：　　$P_{\mathrm{CM}} > 0.2 P_{\mathrm{om}}$

最大耐压为

$$U_{\mathrm{(BR)CEO}} > 2 V_{\mathrm{CC}}$$

集电极最大允许电流：$I_{\mathrm{CM}} > V_{\mathrm{CC}} / R_{\mathrm{L}}$

需要注意的是：若功放管出现 c、e 击穿短路时，电源将直接加到负载 $R_{\mathrm{L}}$ 两端，使 $R_{\mathrm{L}}$ 上有很大电流流过，可能导致负载烧毁。所以在实际应用中一般都加有保护措施，比如给负载 $R_{\mathrm{L}}$ 串接熔断器 FU 等。

# 7.5　多级放大器

## 7.5.1　级间耦合的几种方式

常见多级放大器级间耦合方式有阻容耦合、变压器耦合和直接耦合三种。

### 1. 阻容耦合

通过电容和下一级的输入电阻连接起来，实现级间信号，能量传递的方式称为阻容耦合，如图 7-21 所示。

这种耦合方式只能传输交流信号。由于耦合电容的"隔直通交"作用，各级直流电路互不相通，每一级的静态工作点相互独立而互不影响。

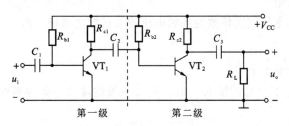

图 7-21　阻容耦合的两级放大器

### 2. 变压器耦合

将前后级放大器之间用变压器连接，实现信号、能量传输的方式称为变压器耦合。如图 7-2 所示，它适用于电路要求进行阻抗变换的场合。

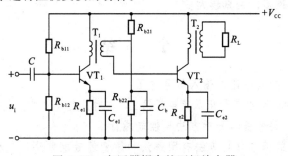

图 7-22　变压器耦合的两级放大器

这种耦合方式各级静态工作点仍相互独立互不影响，且还能实现级间的阻抗变换。但耦合元件笨重、成本高且不能集成，故使用范围日渐缩小。

### 3. 直接耦合

将前一级输出端与后一级输入端直接(或经过电阻)连接，以实现信号和能量的传输，这种耦合方式称为直接耦合，如图 7-23 所示。

这种耦合方式在信号传输过程中无能量损耗，更主要的是能放大直流信号，所以又称直流放大器。它便于集成，但前后级的静态工作点相互影响，为设计、调试和维修带来困难。

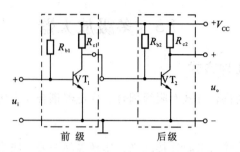

图 7-23　直接耦合的两级放大器

## 7.5.2　多级放大器的性能指标

（1）电压放大倍数

多级放大器总的电压放大倍数为各级电压放大倍数之乘积，即

$$A_u = A_{u1} \cdot A_{u2} \dots A_{un}$$

（2）输入电阻和输出电阻

第一级的输入电阻为总的输入电阻，最后一级的输出电阻为多级放大器的输出电阻，即

$r_i = r_1, r_o = r_n$。

（3）通频带

多级放大器的级数越多，低频段和高频段的放大倍数下降越快，通频带就越窄。

（4）非线性失真

多级放大器级数越多，失真越大。

# 小　　结

1. 共发射极电压放大电路的输入信号电压

交制 $u_i$ 从基极输入，输出信号 $u_o$ 从集电极输出，发射极是公共端。发射结正偏，集电结反偏。

2. 三级管放大电路的基本分析方法和性能指标

三级管放大电路的基本分析方法有图解法和微变等效电路法（又称小信号模型分析法）。放大电路的性能指标要经过静态分析和动态分析来确定。

① 静态分析可用放大电路的直流通路来确定，目的是确定静态工作点。静态工作点由静态值 $I_B$、$I_C$ 和 $U_{CE}$ 确定，静态工作点很容易受外界条件的影响而变动。影响因素主要来自环境温度的变化。

② 动态分析是在静态值确定后分析电压和电流交流分量的传输情况，动态分析的目的是确定放大电路的动态性能指标 $A_u$、$R_i$ 及 $R_o$ 等。动态分析可用小信号模型分析法(微变等效电路法)和图解法。

3. 分压式共射放大电路

分压式共射放大电路能够起到稳定静态工作点的作用，其基本分析方法与基本共射放大电路相同。

4．共集电极放大电路

共集电极放大电路又称射极跟随器。共集电极放大电路具有输入电阻高、输出电阻低、电压放大倍数近似为 1、输出与输入同相位的特点。常常被用做多级放大电路的输入级。也常用来作为多级放大电路的输出级。

5．功率放大器的主要性能指标

功率放大器的主要性能指标是：在不失真的情况下能输出足够大的信号功率、能量转换效率要高、非线性失真要小和工作安全可靠。

6．多级放大电路常用的耦合方式

多级放大电路常用的耦合方式有阻容耦合、直接耦合和变压器耦合三种。

# 习　题

## 一、判断题

1．现测得两个共射放大电路空载时的电压放大倍数均为 −100,将它们连成两级放大电路,其电压放大倍数应为 10 000。　　　　　　　　　　　　　　　　　　　　　　　（　　）

2．阻容耦合多级放大电路各级的 $Q$ 点相互独立,它只能放大交流信号。　　　　（　　）

3．直接耦合多级放大电路各级的 $Q$ 点相互影响,它只能放大直流信号。　　　　（　　）

4．只有直接耦合放大电路中晶体管的参数才随温度而变化。　　　　　　　　　（　　）

5．互补输出级应采用共集或共漏接法。　　　　　　　　　　　　　　　　　　（　　）

6．在功率放大电路中,输出功率愈大,功放管的功耗愈大。　　　　　　　　　　（　　）

7．功率放大电路的最大输出功率是指在基本不失真情况下,负载上可能获得的最大交流功率。　　　　　　　　　　　　　　　　　　　　　　　　　　　　　　　　　（　　）

## 二、选择题

1．当信号频率等于放大电路的 $f_L$ 或 $f_H$ 时,放大倍数的值约下降到中频时的(　　)。

　　A．0.5 倍　　　　　　　　　B．0.7 倍　　　　　　　　　C．0.9 倍

即增益下降(　　)。

　　A．3dB　　　　　　　　　　B．4dB　　　　　　　　　　C．5dB

2．功率放大电路的转换效率是指(　　)。

　　A．输出功率与晶体管所消耗的功率之比

　　B．最大输出功率与电源提供的平均功率之比

　　C．晶体管所消耗的功率与电源提供的平均功率之比

3．直接耦合放大电路存在零点漂移的原因是(　　)。

　　A．电阻阻值有误差　　　　　　　　　　　　B．晶体管参数的分散性

　　C．晶体管参数受温度影响　　　　　　　　　D．电源电压不稳定

## 三、综合题

1．分别改正图 7-24 所示各电路中的错误,使它们有可能放大正弦波信号。要求保留电路原来的共射接法和耦合方式。

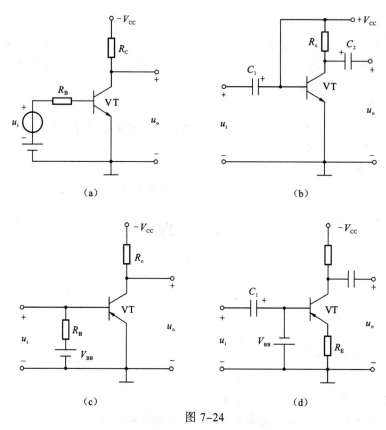

图 7-24

2. 电路如图 7-25 所示，晶体管的 $\beta = 80$，$r_{bb'} = 300\,\Omega$。分别计算 $R_L = \infty$ 和 $R_L = 3\ \text{k}\Omega$ 时的 $Q$ 点、$A_u$、$R_i$ 和 $R_o$。

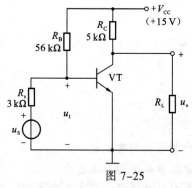

图 7-25

3. 已知图 7-26 所示电路中晶体管的 $\beta = 100$，$r_{be} = 1\,\text{k}\Omega$。

(1) 现已测得静态管压降 $U_{CEQ} = 6\,\text{V}$，估算 $R_b$ 约为多少千欧；

(2) 若测得 $u_i$ 和 $u_o$ 的有效值分别为 $1\,\text{mV}$ 和 $100\,\text{mV}$，则负载电阻 $R_L$ 为多少千欧？

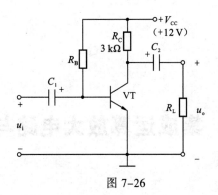

图 7-26

4. 设图 7-27 所示各电路的静态工作点均合适,分别画出它们的交流等效电路,并写出 $A_u$、$R_i$ 和 $R_o$ 的表达式。

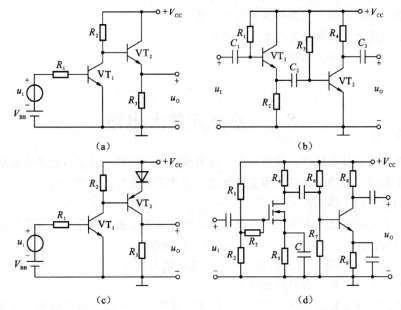

图 7-27

5. 在图 7-28 所示电路中,已知 $V_{CC} = 15V$,$VT_1$ 和 $VT_2$ 的饱和管压降 $|U_{CES}| = 2V$,输入电压足够大。求解:

(1) 最大不失真输出电压的有效值;

(2) 负载电阻 $R_L$ 上电流的最大值;

(3) 最大输出功率 $P_{om}$ 和效率 $\eta$ 。

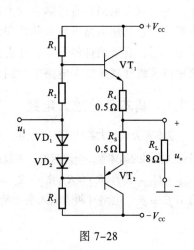

图 7-28

# 模块八　集成运算放大电路与负反馈

## 学习目标

- 掌握差分放大电路抑制温漂的原理，了解其主要技术指标。
- 了解和熟悉集成运算放大器的组成及其图形符号。
- 掌握集成运放的理想化条件及其分析方法。
- 掌握集成运放的线性应用及其工作原理。
- 了解集成运放的简单非线性应用。

## 8.1　差分式放大电路

在自动控制和测量系统中，需将温度、压力等非电物理量经传感器转换成电信号，这类信号一般变化很缓慢，利用阻容耦合和变压器耦合方式不可能传输和放大这种信号，必须采用直接耦合方式的直流放大器来放大。

直接耦合方式的多级放大器不会造成直流信号传输的损失，但存在以下两个问题。

① 各级静态工作点相互影响，设计、调试比较困难。

② 存在温度漂移问题，在直接耦合放大电路的输入端短路（$u_i = 0$）时，输出电压却不为零，这种现象称零点漂移（或温度漂移）。

当直接耦合电路级数很多时，温漂会很严重，甚至会"淹没"有用信号，使放大器不能工作。差分放大电路是直接耦合放大电路的一种基本形式，它利用电路参数对称性和发射极电阻负反馈作用，有效地抑制温漂，在直接耦合放大电路中以及线性集成放大电路中得到广泛应用。

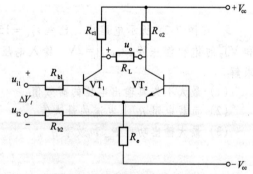

图 8-1　基本差分式放大器

### 8.1.1　基本差分放大电路

基本差分式放大器如图 8-1 所示。图中 $VT_1$，$VT_2$ 是特性相同的晶体管，电路对称，参数也对称。如：$U_{BE1} = U_{BE2}$　$R_{c1} = R_{c2} = R_c$，$R_{b1} = R_{b2} = R_b$，$\beta_1 = \beta_2 = \beta$。电路有两个输入端和两个输出端。

## 8.1.2　工作原理

① 当 $u_{i1} = u_{i2} = 0$ 时，即静态时，由于电路完全对称：$I_{c1} = I_{c2} = I_o/2$，$R_{c1}I_{c1} = R_{c2}I_{c2}$，$U_O = V_{c1} - V_{c2} = 0$ 即输入为 0 时，输出也为 0。

② 加入差模信号时，即 $u_{i1} = -u_{i2} = u_i/2$，从电路看 $v_{B1}$ 增大使得 $i_{B1}$ 增大，使 $i_{C1}$ 增大，使得 $v_{C1}$ 减小；$v_{B2}$ 减小使得 $i_{B2}$ 减小，又使得 $i_{C2}$ 减小，使得 $v_{C2}$ 增大。由此可推出：$u_o = v_{c1} - v_{c2} = 2v_{c1}$，每个变化量 $v$ 不等于 0，所以有信号输出。

若在输入端加共模信号，即 $u_{i1} = u_{i2}$，由于电路的对称性和恒流源偏置，理想情况下 $v_0 = 0$，无输出。

这就是所谓"差分"的意思，即两个输入端之间有差别，输出端才有变动。

## 8.1.3　抑制零点漂移的原理

在差分电路中，无论是温度的变化，还是电流源的波动都会引起两个三极管的 $i_C$ 及 $v_C$ 的变化。这个效果相当于在两个输入端加入了共模信号，在理想情况下，$v_o$ 不变，从而抑制了零漂。

凡是对差放两管基极作用相同的信号都是共模信号。常见的有：

① $u_{i1}$ 不等于 $-u_{i2}$，信号中含有共模信号；

② 干扰信号(通常是同时作用于输入端)；

③ 零点漂移。

实际情况下，要做到两管完全对称和理想恒流源是比较困难的，但输出漂移电压也将大为减小。综上分析，放大差模信号，抑制共模信号是差放的基本特征。通常情况下，我们感兴趣的是差模输入信号，对于这部分有用信号，希望得到尽可能大的放大倍数；而共模输入信号通常反映由于温度变化产生的漂移信号或随输入信号一起进入放大电路的某种干扰信号。对于这样的共模输入信号我们希望尽量地加以抑制，不予放大传送。

## 8.1.4　主要技术指标的计算

1. 静态工作点的估算

差分放大电路的直流等效如图 8-2 所示。

$$I_{E1} = I_{E2} = (V_{EE} - U_{BE})/2R_e$$

$$I_{B1} = I_{B2} = I_{E1}/(1+\beta)$$

$$U_{CE1} = U_{CE2} \approx V_{CC} + V_{EE} - (R_C + 2R_e)I_{E1}$$

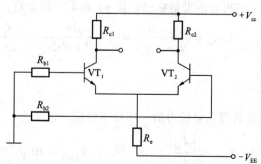

图 8-2　差分放大电路的直流等效

2. 差模电压增益和输入、输出电阻

差放电路有两个输入端和两个输出端，输入可分为单端输入和双端输入方式。同样，输出也分双端输出和单端输出方式。组合起来，有四种连接方式：双端输入双端输出、双端输入单端输出，单端输入双端输出，单端输入单端输出。

（1）双端输出方式

只要是双端输出，不管是单入还是双入，其 $A_{ud}$、$r_i$、$r_o$ 都是一样的。

$$A_{ud} = -\frac{\beta R_L^{'}}{r_{be}} \ (R_L^{'} = R_C \,/\!/\, \frac{R_L}{2})$$

$$r_i = 2(r_{be} + R_b)$$

$$r_o = 2R_C$$

（2）单端输出方式

只要是单端输出，不管是单入还是双入，其 $A_{ud}$、$r_i$、$r_o$ 也是一样的。

$$A_{ud} = \frac{1}{2} A_{u1} = -\frac{1}{2} \frac{\beta R_L^{'}}{r_{be}} \ (\ R_L^{'} = R_C \,/\!/\, R_L \ )$$

$$r_i = 2(r_{be} + R_b)$$

$$r_o = R_c$$

3. 共模电压增益

（1）双端输出时的电压增益 $A_{uc}$

因为 $u_{i1} = u_{i2}$，此时变化量相等，即 $v_{c1} = v_{c2}$，因此

$$A_{uc} = \frac{u_{oc}}{u_{ic}} = \frac{u_{oc1} - u_{oc2}}{(u_{i1} + u_{i2})/2} \approx 0$$

实际上，电路完全对称是不容易的，但即使这样，$A_{uc}$ 也很小，放大电路的抑制共模能力还是很强的。

（2）单端输出的电压增益 $A_{uc}$

对于共模信号，因为两边电流同时增大或同时减小、因此在 e 极处得到的是两倍的 $i_e$。$V_e = 2i_e R_e$，这相当于每个三极管的发射极分别接 $2R_e$ 电阻。因此有

$$A_{uc} = \frac{u_{oc1}}{u_{ic}} = \frac{u_{oc2}}{u_{ic}} = \frac{-\beta R_c}{r_{be} + (1+\beta)2r_o} \approx -\frac{R_c}{2r_o}$$

4. 共模抑制比 $K_{CMR}$

$K_{CMR}$ 是衡量差放抑制共模信号能力的一项技术指标。定义为

$$K_{CMR} = \left| \frac{A_{ud}}{A_{uc}} \right| \qquad \text{或} \qquad K_{CMR} = 20\lg \left| \frac{A_{ud}}{A_{uc}} \right| \text{dB}$$

$A_{ud}$越大，$A_{uc}$越小、则共模抑制能力越强，放大器的性能越优良，所以$K_{CMR}$越大越好。

理想情况下：双端输出的$K_{CMR} = \infty$

单端输出的共模抑制比为

$$K_{CMR} = \left| \frac{A_{ud}}{A_{uc}} \right| = \frac{\beta R_C}{2r_{be}} \cdot \frac{2r_o}{R_C} = \frac{\beta r_o}{r_{be}}$$

双端输出电路的总输出电压为

$$u_0 = A_{ud}u_{id} + A_{uc}u_{ic} \approx A_{ud}u_{id}$$

单端输出电路的总输出电压为

$$u_o = A_{ud1}u_{id} + A_{uc1}u_{ic} = A_{ud1}u_{id}\left(1 + \frac{A_{uc1}u_{ic}}{A_{ud1}u_{id}}\right) = A_{ud1}u_{id}\left(1 + \frac{u_{ic}}{K_{CMR}u_{id}}\right)$$

# 8.2 集成电路运算放大器

运算放大器实际上就是一个高增益的多级直接耦合放大器，由于它最初主要用作模拟计算机的运算放大，故至今仍保留这个名字。集成运算放大器简称为集成运放，是利用集成工艺，将运算放大器的所有元件集成制作在同一块硅片上，然后再封装在管壳内。随着电子技术的飞速发展，集成运放的各项性能不断提高，目前，它的应用领域已大大超出了数学运算的范畴。使用集成运放，只需另加少数几个外部元件，就可以方便地实现很多电路功能。可以说，集成运放已经成为模拟电子技术领域中的核心器件之一。

所有元件都是在同一硅片上，在相同的条件下，采用相同的工艺流程制造，因而各元件参数具有同向偏差，性能比较一致。这是集成电路特有的优点，利用这一优点恰恰可以制造像差动放大器那样的对称性要求很高的电路。实际上，集成电路的输入级几乎都无例外地采用差动电路，以便充分利用电路对称性，使输出的零漂得到较好的抑制。

由于电阻元件是由硅半导体的体电阻构成的，高阻值电阻在硅片上占用面积很大，难以制造，而制作晶体管在硅片上所占面积较小。例如，一个 5 kΩ电阻所占用硅片的面积约为一个三极管所占面积的三倍。所以，常采用三极管恒流源代替所需要的高值电阻。

集成电路工艺不宜制造几十微微法以上的电容，更难以制造电感元件。为此，若电路确实需要大电容或电感，只能靠外接来解决。由于直接耦合可以减少或避免使用大电容及电感，所以集成电路中基本上都采用直接耦合方式。

集成电路中需用的二极管也常用三极管的发射极来代替，只要将三极管的集电极与基极短接即可。这样做的原因主要是这样制作的"二极管"的正向压降的温度系数与同类型三极管$U_{BE}$的温度系数非常接近，提高了温度补偿性能。由此可见，集成电路在设计上与分立元件电路有很大差别，这在分析集成电路的结构和功能时应当予以注意。

## 8.2.1 基本集成电路运算放大器

1. 集成运放的基本组成框图和符号

如图 8-4 所示集成运放的内部电路可分为输入级、偏置电路、中间级及输出级四个部分。输入级由差动放大器组成，它是决定整个集成运放性能的最关键一级，不仅要求其零漂小，还要求其输入电阻高，输入电压范围大，并有较高的增益等。偏置电路用来向各放大级提供合适的静态工作电流,决定各级静态工作点。在集成电路中，广泛采用镜像电流源电路作为各级的恒流偏置。

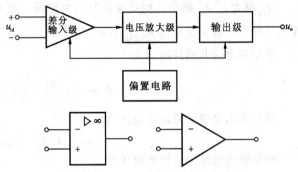

图 8-4　集成运放的基本组成框图和符号

中间级主要是提供足够的电压放大倍数，同时承担将输入级的双端输出在本级变为单端输出，以及实现电位移动等任务。输出级主要是给出较大的输出电压和电流，并起到将放大级与负载隔离的作用。常用的输出级电路形式是射极输出器和互补对称电路，有些还附加有过载保护电路。图 8-5 为国产第二代通用型集成运放 F007 的电路原理图，对各部分电路的功用作以分析。

电路共有九个对外引线端：②、③为信号输入端，⑥为信号输出端，在单端输入时，②和⑥相位相反，③和⑥相位相同，故称②为反相输入端，③为同相输入端；⑦和④为正、负电源端；①和⑤为调零端；⑧和⑨为（消除寄生自激振荡的）补偿端。

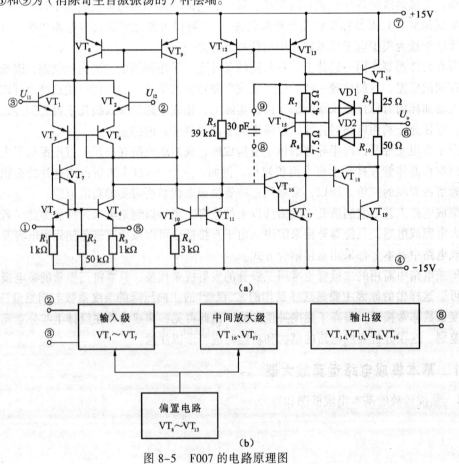

图 8-5　F007 的电路原理图

### 2. 输入级

输入级的性能好坏对提高集成运放的整体质量起着决定性作用。很多性能指标，如输入电阻、输入电压（包括差模电压、共模电压）范围、共模抑制比等，主要由输入级的性能来决定。

在图 8-5 中，$VT_1 \sim VT_7$ 以及 $R_1$、$R_2$、$R_3$ 组成 F007 的输入级。其中，$VT_1 \sim VT_4$ 组成共集—共基复合差动放大器（$VT_1$、$VT_2$ 为共集电路，$VT_3$、$VT_4$ 为共基电路），构成整个运放的输入电路。

### 3. 偏置电路

在集成运放中，为了减少静耗、限制温升，必须降低各管的静态电流。而集成工艺本身又限制了大阻值偏置电阻的制作，因此，集成运放多采用恒流源电路作为偏置电路。这样既可使各级工作电流降低，又可使各级静态电流稳定。F007 中采用的恒流源电路是"镜像电流源"及"微电流源"电路。

图 8-5 所示给出了 F007 的偏置电路，由 $VT_8 \sim VT_{13}$ 以及 $R_4$、$R_5$ 组成。

### 4. 中间级

中间级是由 $VT_{16}$、$VT_{17}$ 组成的复合管共射放大电路，其输入电阻大，对输入级的影响小；其集电极负载为有源负载（由恒流源 $VT_{13}$ 组成），而 $VT_{13}$ 的动态电阻很大，加之放大管的 $\beta$ 很大，因此中间级的放大倍数很高。

### 5. 输出级

F007 的输出级主要由三部分电路组成，由 $VT_{14}$、$VT_{18}$、$VT_{19}$ 组成的互补对称电路，由 $VT_{15}$、$R_7$、$R_8$ 组成的 $U_{BE}$ 扩大电路，由 $VT_1$、$VT_2$、$R_9$、$R_{10}$ 组成的过载保护电路。

## 8.2.2 理想运算放大器

### 1. 理想运算放大器的主要技术指标

所谓理想运算放大器就是指集成运算放大器的各项技术指标理想化，这些指标主要有：

① $A_{ud} = \infty$；

② $r_{id} = \infty$；

③ $r_o = 0$；

④ $K_{CMR} = \infty$；

⑤ 带宽 $BW \to \infty$。

这些指标实际运算放大器是不可能达到的，但在实际分析运算放大器电路时，根据实际情况，采用理想化指标来分析，可简化分析的过程，得到的结果与实际测量的结果之间误差不大，所以，在实际分析运算放大器电路时，经常把运算放大器当成理想运算放大器来分析。

### 2. 理想运算放大器的电压传输特性

理想运算放大器的传输特性是指运算放大器的输出电压与输入电压的函数关系，如图 8-6 所示，包括线性区与非线性区两个部分。

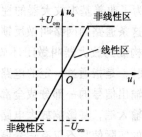

图 8-6 理想集成运放的电压传输特性

（1）集成运放的线性应用

集成运放工作在线性区的必要条件是引入深度负反馈。当集成运放工作在线性区时,具有两个重要特点：

① $A_{ud} \to \infty$,则 $u_+ \approx u_-$。

上式说明,同相端和反相端电压几乎相等,所以称为虚假短路,简称"虚短"。

② 由集成运放的输入电阻 $R_{id} \to \infty$,得 $i_+ = i_- \approx 0$。

上式说明,流入集成运放同相端和反相端的电流几乎为零,所以称为虚假断路,简称"虚断"。

（2）集成运放的非线性应用

当集成运放工作在开环状态或外接正反馈时，由于集成运放的 $A_{ud}$ 很大，只要有微小的电压信号输入，集成运放就一定工作在非线性区。其特点是：输出电压只有两种状态，不是正饱和电压 $+U_{om}$，就是负饱和电压 $-U_{om}$。

① 当同相端电压大于反相端电压，即 $u_+ > u_-$时，

$$u_o = +U_{om}$$

当反相端电压大于同相端电压，即 $u_+ < u_-$时，

$$u_o = -U_{om}$$

② 由集成运放的输入电阻 $R_{id} \to \infty$，得 $i_+ = i_- \approx 0$

综上所述,在分析具体的集成运放应用电路时,首先判断集成运放工作在线性区还是非线性区,再运用线性区和非线性区的特点分析电路的工作原理。

# 8.3　负反馈放大器

## 8.3.1　反馈的基本概念

### 1. 开环放大器

基本放大器具有单向性的特点，信号只有从输入到输出一条通路，不存在其他的通路，特别是没有从输出到输入的通路。这种放大器又称为开环放大器。

### 2. 闭环放大器

为了改善基本放大器的性能，从基本放大器的输出端到输入端引入一条反向的信号通路，构成这条通路的网络叫做反馈网络，这个反向传输的信号叫做反馈信号。由基本放大器和反馈网络构成的放大器叫做闭环放大器或反馈放大器。 所谓"反馈"，是指通过一定的电路形式（反馈网络），把放大电路输出信号的一部分或全部按一定的方式送回到放大电路的输入端，并影响放大电路的输入信号。这样，电路输入端的实际信号不仅有信号源直接提供的信号，还有输出端反馈回输入端的反馈信号。

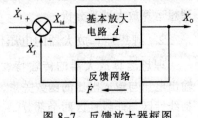

图 8-7　反馈放大器框图

### 3. 反馈放大器

任何反馈放大器都可以抽象为一个模型来分析,其基本放大器和反馈网络都具有单向性。图 8-7 中各函数之间的关系为:

$$\dot{X}_{id} = \dot{X}_i - \dot{X}_f \quad \dot{X}_o = \dot{A} \cdot \dot{X}_{id} \quad \dot{X}_f = \dot{F} \cdot \dot{X}_o$$

$$\dot{A} = \frac{\dot{X}_o}{\dot{X}_{id}} \qquad \dot{F} = \frac{\dot{X}_f}{\dot{X}_o} \qquad \dot{A}\dot{F} = \frac{\dot{X}_f}{\dot{X}_{id}}$$

上式中 $\dot{X}_{id}$ 为基本放大电路的输入信号, $\dot{X}_i$、$\dot{X}_o$ 分别为反馈放大电路的输入、输出信号, $\dot{X}_f$ 为反馈网络的输出信号, $\dot{A}$ 为基本放大电路的增益, $\dot{F}$ 为反馈网络的传输系数, $\dot{A}\dot{F}$ 称为环路增益。若用 $\dot{A}_f$ 表示反馈放大电路的增益,则有

$$\dot{A}_f = \frac{\dot{X}_o}{\dot{X}_i} = \frac{\dot{A}\dot{X}_{id}}{\dot{X}_{id} + \dot{X}_f} = \frac{\dot{A}}{1 + \dfrac{\dot{X}_f}{\dot{X}_{id}}} = \frac{\dot{A}}{1 + \dot{A}\dot{F}}$$

上式中 $1 + \dot{A}\dot{F}$ 称为放大电路的反馈深度,它是衡量反馈程度的一个重要指标。

当 $|1 + \dot{A}\dot{F}| > 1$ 时,则 $\dot{A}_f < \dot{A}$

即引入反馈后,增益减少了,这种反馈称为负反馈。

当 $|1 + \dot{A}\dot{F}| < 1$ 时,则 $\dot{A}_f > \dot{A}$

即引入反馈后,增益增大了,这种反馈称为正反馈。正反馈虽然可以提高放大电路的增益,但性能不稳定,一般很少用。

当 $|1 + \dot{A}\dot{F}| = 0$ 时,则 $\dot{A}_f \to \infty$

这就是说,放大电路在没有输入信号时,也有输出信号,称为放大电路的自激。

当 $1 + \dot{A}\dot{F} \gg 1$ 时,有 $1 + \dot{A}\dot{F} \approx \dot{A}\dot{F}$, $\dot{A}_f \approx \dfrac{1}{\dot{F}}$,则为深度负反馈。

## 8.3.2 反馈的判断

### 1. 有无反馈的判断

若放大电路中存在反馈通路,并由此影响了放大器的净输入,则表明电路引入了反馈。反之,则表明无反馈。

### 2. 正负反馈的判断

集成运放正负反馈的判断一般采用瞬时极性法判断,具体判断方法为,先规定输入信号在某一时刻的极性,然后逐级判断电路中各个相关点的电位的极性,从而得到输出信号的极性,根据输出信号的极性判断出反馈信号的极性,若反馈信号使净输入信号增强,就是正反馈,若反馈信号使净输入信号减小,就是负反馈。

3. 电压与电流反馈的判断

电压与电流反馈的判断可应用短路法，将放大器输出端的负载短路，若反馈不存在就是电压反馈，否则就是电流反馈。

4. 串联反馈与并联反馈的判断

相加法：若放大器的净输入信号 $u_d$ 是输入电压信号 $u_i$ 与反馈电压信号 $u_f$ 之差，则为串联反馈。若放大器的净输入信号 $i_d$ 是输入电流信号 $i_i$ 与反馈电流信号 $i_f$ 之差，则为并联反馈。

### 8.3.3　4 种类型的负反馈组态

负反馈的 4 种组态有电压串联负反馈、电流并联负反馈、电压并联负反馈、电压串联负反馈。

1. 电压串联负反馈

电压串联负反馈的电路如图 8-8 所示，其具体判别方法为

① 瞬时极性法判别电路的反馈为负反馈：

② 将负载电阻短路，无反馈信号，所以为电压反馈。

③ 净输入电压信号是输入电压信号与反馈电压信号的差值，所以为串联反馈。

2. 电流并联负反馈

电流并联负反馈的电路如图 8-9 所示，其具体判别方法为

① 用瞬时极性法判别电路的反馈为负反馈。

② 将负载电阻短路，有反馈信号，所以为电流反馈。

③ 净输入电流信号是输入电流电流信号与反馈信号的差值，所以为并联反馈。

所以该电路反馈形式为电流并联负反馈。

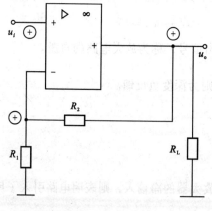

图 8-8　电压串联负反馈

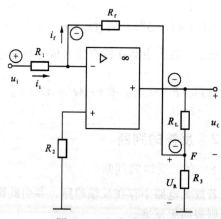

图 8-9　电流并联负反馈

3. 电压并联负反馈

电压并联负反馈，电路如图 8-10 所示，该电路的反馈极性和反馈组态的判断与上述方法类似。

4. 电流串联负反馈

电流串联负反馈电路如图 8-11 所示，该电路的反馈极性和反馈组态的判断与上述方法类似。

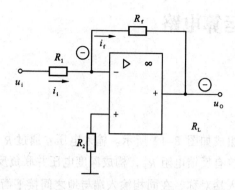

图 8-10 电压并联负反馈

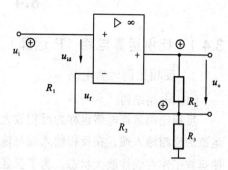

图 8-11 电流串联负反馈

### 8.3.4　负反馈对放大电路性能的改善

**1. 提高增益的稳定性**

稳定性是放大电路的重要指标之一。在输入一定的情况下，放大电路由于各种因素的变化，输出电压或电流会随之变化，因而引起增益的改变。引入负反馈，可以稳定输出电压或电流，进而使增益稳定。引入负反馈以后，增益的稳定度提高了 $1+\dot{A}\dot{F}$ 倍

**2. 扩展通频带**

从本质上说，频带限制是由于放大电路对不同频率的信号呈现出不同的放大倍数而造成的。负反馈具有稳定闭环增益的作用，因而对于频率增大（或减小）引起的放大倍数下降，同样具有稳定作用。也就是说，它能减小频率变化对闭环增益的影响，从而展宽闭环增益的通频带。

**3. 对输入、输出电阻的影响**

① 串联负反馈使输入电阻增加，串联负反馈使输入电阻增大 $1+\dot{A}\dot{F}$ 倍。

② 并联负反馈使输入电阻减小，并联负反馈使输入电阻减小 $1+\dot{A}\dot{F}$ 倍。

③ 电压负反馈使输出电阻减小电压负反馈使输出电阻减小 $1+\dot{A}\dot{F}$ 倍。

④ 电压负反馈使输出电阻增大电流负反馈使输出电阻增大 $1+\dot{A}\dot{F}$ 倍。

**4. 减少非线性失真**

由于放大器均存在非线性传输特性，特别是输入信号幅度较大的情况下，放大器可能工作到它的传输特性的非线性部分，使输出波形产生非线性失真。引入负反馈后，可以使这种失真减少。

在深度负反馈的情况下有

$$|1+\dot{A}\dot{F}| \gg 1 \qquad A_f \approx \frac{1}{\dot{F}}$$

上式表明：负反馈放大器的增益与基本放大器的增益无关，所以电压放大器的闭环传输特性可以近似用一条直线表示，在同样输出电压幅度的情况下，斜率（即增益）下降了，增益随输入信号的大小而改变的程度大为减小，这说明输出与输入之间几乎呈线性关系，即减少了非线性失真。

# 8.4　信号运算电路

## 8.4.1　比例运算电路（P运算）

### 1. 反相比例运算电路

（1）电路结构

反相比例运算电路也称为反相放大器，电路组成如图 8-12 所示。输入电压 $u_i$ 通过 $R_1$ 接到运放的反相输入端，在反相输入端与输出端之间接有反馈电阻 $R_f$，构成深度电压并联负反馈，使运放工作在线性放大状态。为了保证运放的输入端对称，在同相输入端与地之间接平衡电阻 $R_2$，且 $R_2 = R_1 /\!/ R_f$。

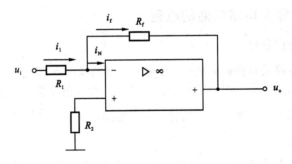

图 8-12　反相比例运算电路

（2）闭环电压放大倍数 $A_{uf}$

由虚短及虚断原则有

$$i_1 = i_f$$

$$i_1 = \frac{u_i}{R_1} \qquad i_f = \frac{0 - u_o}{R_f} = -\frac{u_o}{R_f}$$

$$\frac{u_i}{R_1} = -\frac{u_o}{R_f} \qquad A_{uf} = -\frac{R_f}{R_1} \qquad u_o = -\frac{R_f}{R_1} u_i$$

输出电压与输入电压成比例关系，且相位相反。电路的闭环电压放大倍数由反馈电阻 $R_f$ 和输入电阻 $R_1$ 的比值决定，与运放的参数无关。

当 $R_1 = R_f = R$ 时，$u_o = -\dfrac{R_f}{R_1} u_i = -u_i$，输入电压与输出电压大小相等，相位相反，称为反相器。$R_2$ 为平衡电阻，等于 $R_1$ 和 $R_f$ 的并联。

### 2. 同相比例运算电路

（1）电路结构

同相比例运算电路如图 8-13 所示，输入信号 $u_i$ 经 $R_2$ 送到同相输入端，输出信号经反馈电阻 $R_f$ 反馈到反相输入端。

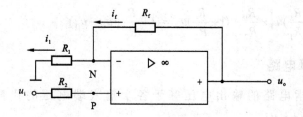

图 8-13　同相比例运算电路

（2）闭环电压放大倍数 $A_{uf}$

$$u_+ = u \quad u_i \approx u_- = u_o \frac{R_1}{R_1 + R_f}$$

$$A_{uf} = \frac{u_o}{u_i} = 1 + \frac{R_f}{R_1}$$

$$u_o = (1 + \frac{R_f}{R_1})u_i$$

　　同相比例运算放大器的闭环电压放大倍数与集成运放本身的参数无关，只与 $R_f$ 和 $R_1$（或 $R_2$）的取值有关。

　　为了使输入端的阻抗平衡，同相输入端电阻 $R_2$ 的取值为 $R_2 = R_1 // R_f$。

　　**例 8-1**　求图 8-14 所示电路的 $u_i$ 和 $u_o$ 的运算关系式。

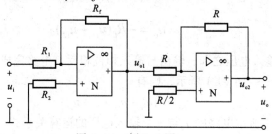

图 8-14　例 8-1 图

　　**解：** 由于两运放为理想运放，输入电流为零，在 $R_2$ 和 $\frac{R}{2}$ 上没有压降，故运放反相输入端仍为"虚地"。

$$\begin{cases} \dfrac{u_i}{R_1} = \dfrac{-u_{o1}}{R_f} \\ \dfrac{u_{o1}}{R} = \dfrac{-u_{o2}}{R} \end{cases} \Rightarrow \begin{cases} u_{o2} = \dfrac{R_f}{R_1}u_i \\ u_{o1} = -\dfrac{R_f}{R_1}u_i \end{cases}$$

$$u_o = u_{o2} - u_{o1} = \frac{2R_f}{R_1}u_i$$

　　**例 8-2**　求图 8-15 所示电路中 $u_o$ 与 $u_{i1}$、$u_{i2}$ 的关系。

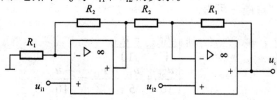

图 8-15　例 8-2 题图

解：$u_o = -(1+\dfrac{R_2}{R_1})u_{i1} \times \dfrac{R_1}{R_2} + (1+\dfrac{R_1}{R_2})u_{i2} = (1+\dfrac{R_1}{R_2})(u_{i2} - u_{i1})$

### 8.4.2 加法运算电路

加法运算是指电路的输出电压等于各个输入端电压的代数和。一般表达式为
$u_o = k_1 u_{i1} + k_2 u_{i2} + \cdots + k_n u_{in}$

图 8-16 为反相加法运算电路，该电路的实质是多端输入的电压并联负反馈电路。

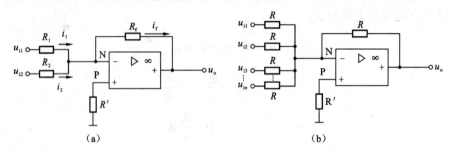

（a）　　　　　　　　　　　　　　（b）

图 8-16　反相加法运算电路

根据虚短、虚断原则，即 $u_+ = u_-, i_1 = 0$ 可得

$$u_o = -R_f(\frac{u_{i1}}{R_1} + \frac{u_{i2}}{R_2})$$

取 $R_1 = R_2 = R$，则 　　　　　$u_o = -R_f(u_{i1} + u_{i2})$

输出电压等于两输入电压之和，输出与输入相位相反，电路完成了反相求和运算。若电路有多路信号输入，如图 8-16（b）所示，则有

$$u_o = -(u_{i1} + u_{i2} + \ldots + u_{in})$$

**例 8-3** 求图 8-17 所示电路中 $u_o$ 与三个输入电压的运算关系式。

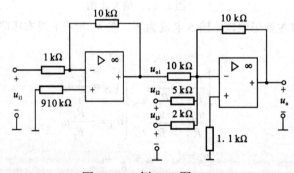

图 8-17　例 8-3 图

**解：** 由"虚短"、"虚断"可得

$$\begin{cases} \dfrac{u_{i1}}{1} = \dfrac{-u_{o1}}{10} \\ \dfrac{u_{o1}}{10} + \dfrac{u_{i2}}{5} + \dfrac{u_{i3}}{2} = \dfrac{-u_o}{10} \end{cases}$$

化简为 　　　　　　　　　　　　$u_o = 10u_{i1} - 2u_{i2} - 5u_{i3}$

### 8.4.3　减法电路

减法运算电路是指电路的输出电压与两个输入电压之差成正比，其电路如图 8-18 所示，由图可见，运放的同相输入端和反相输入端分别接有输入信号 $u_{I1}$ 和 $u_{I2}$，从电路结构上来看，它由同相比例运算电路和反相比例运算电路组合而成。

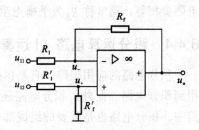

图 8-18　减法运算电路

可以利用叠加定理对电路进行求解：

$$u_{I2} = 0, u_{I1} 使 u_{01} = -\frac{R_f}{R_1}u_{I1}$$

$$u_{I1} = 0, u_{I2} 使 u_{02} = (1+\frac{R_f}{R_1})u_+$$

$$u_{02} = (1+\frac{R_f}{R_1})\frac{R_f'}{R_1'+R_f'}u_{I2}$$

一般

$$R_1 = R_1'; R_f = R_f'$$

$$u_0 = u_{01} + u_{02}$$
$$= R_f / R_1(u_{I2} - u_{I1})$$

若四个电阻均相同，则 $u_0 = u_{I2} - u_{I1}$

**例8-4**　电路如图8-19所示，已知各输入信号分别为 $u_{i1} = 0.5\,V$，$u_{i2} = -2\,V$，$u_{i3} = 1\,V$，$R_1 = 20\,k\Omega$，$R_2 = 50\,k\Omega$，$R_4 = 30\,k\Omega$，$R_5 = R_6 = 39\,k\Omega$，$R_{F1} = 100\,k\Omega$，$R_{F2} = 60\,k\Omega$ 试回答下列问题。

① 图中两个运算放大器分别构成何种单元电路？

② 求出电路的输出电压 $u_o$。

③ 试确定电阻 $R_3$ 的值。

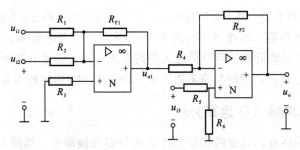

图 8-19　例题 8-4 图

**解：** ① 前运算放大器构成反相加法电路，后运算放大器构成减法运算电路。

② 对于多级的运放电路，计算时可采用分级计算方法。

$$u_{o1} = -\frac{R_{F1}}{R_1}u_{i1} - \frac{R_{F1}}{R_2}u_{i2} = \left(-\frac{100}{20}\times0.5 + \frac{100}{50}\times2\right)V = 1.5\,V$$

$$u_o = -\frac{R_{F2}}{R_4}u_{o1} + (1+\frac{R_{F2}}{R_4})\frac{R_6}{R_5+R_6}u_{i3} = \left(-\frac{60}{30}\times1.5 + 3\times\frac{1}{2}\times1\right)V = -1.5\,V$$

③ 电阻 $R_3$ 的大小不影响计算结果，但运算的输入级是差动放大电路，所以要求两个入端

电阻要相等，通常称 $R_3$ 为平衡电阻，其阻值为 $R_3 = R_1 /\!/ R_2 /\!/ R_{F1}$。

### 8.4.4 积分运算电路（I 运算）

积分电路的应用很广，它是模拟电子计算机的基本组成单元。在控制和测量系统中也常常用到积分电路。此外，积分电路还可用于延时和定时。在各种波形(矩形波、锯齿波等)发生电路中，积分电路也是重要的组成部分。电路如图 8-20 所示。

图中　$i_1 = \dfrac{u_1}{R_1}, i_F = -C\dfrac{\mathrm{d}u_o}{\mathrm{d}t}$

所以　$u_0 = -\dfrac{1}{R_1 C_f}\int u_i \mathrm{d}t + u_C(0)$

　　　$u_0 = -\dfrac{1}{R_1 \cdot C_f}\cdot \int u_i \mathrm{d}t$

时间常数　$\tau = R_1 C_f$，将积分电路图 8-20 与反相比例电路图 8-12 比较，可以看出基本积分电路也是在反相比例电路基础上演变而得（将 $R_f$ 换成 $C_f$ 即可），如果在积分电路的输入端加上一个阶跃信号则可发现 $u_o$ 随时间而直线上升，但增长方向与 $u_i$ 极性相反。增长速度正比于 $u_i$（输入电压的幅值）和 $1/\tau$。利用积分电路的上述特性，若输入信号是方波，则输出将是三角波。可见积分电路能将方波转换成三角波。

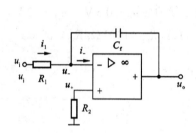

图 8-20　积分运算电路

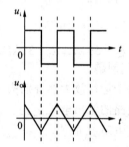

图 8-21　积分电路将方波转换为三角波信号

以上讨论的积分性能，均指理想情况而言。　实际的积分电路不可能是理想的，常常出现积分误差。主要原因是实际集成运放的输入失调电压、输入偏置电流和失调电流的影响。实际的 $C$ 存在漏电流等。情况严重时甚至不能正常工作。实际应用时要注意这些问题。

### 8.4.5 微分运算电路（D 运算）

微分是积分的逆运算。只要将积分电路中 $R_f$ 与 $C_f$ 互换即可，如图 8-22 所示。

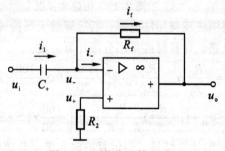

图 8-22　微分运算电路

$$i_1 = C_f \frac{\mathrm{d}u_1}{\mathrm{d}t}$$

因为　$u_- = 0$，虚短　$i_f = -\dfrac{u_0}{R_f}$

因为　$i_1 \approx i_f$，虚断

所以　$u_0 = -i_f R_f = -R_f C_f \dfrac{\mathrm{d}u_i}{\mathrm{d}t}$

　　　　$\tau = R_f C_f$　为时间常数

### 8.4.6　PID 运算的实际应用

　　PID 运算是比例积分微分运算的简称，在工业应用自动控制系统中，PID 运算被广泛应用于自动控制系统的调节器系统中，作为控制系统的常规运算方法。图 8-23 是模拟控制系统中串联式 PID 运算器的电路图，图中第一部分是由集成运算放大器 $IC_1$ 为中心元件构成的反相比例运算电路，第二部分是由集成运算放大器 $IC_2$、电容 $C_D$ 以及电阻 $R_D$、$R_1$、$R_2$ 构成的比例微分运算电路，第三部分是由集成运算放大器 $IC_3$、电容 $C_M$、$C_I$ 以及电阻 $R_I$、$R_I$ 构成的比例积分运算电路。通过对可调电阻 $R_4$、$R_D$、$R_I$ 的调节，可以实现对控制系统比例度、积分时间、微分时间等控制参数进行调节，进而调整系统的运算结果。

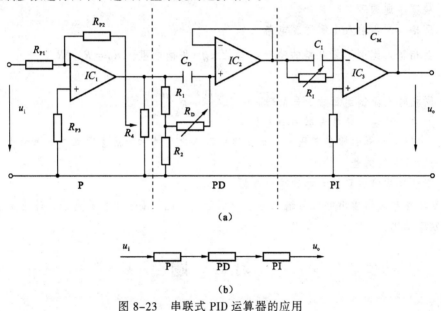

（a）

（b）

图 8-23　串联式 PID 运算器的应用

# 小　　结

#### 1．差分放大电路

　　差分放大电路是抑制零点漂移最有效的电路。差分放大电路的对称性和射极电阻或恒流源都能抑制共模信号而不影响差模信号的放大，从而使电路的零点漂移现象大大减小，而又保持了较高的差模信号放大倍数。

2．差分放大电路的输入、输出方式

差分放大电路具有四种输入、输出方式。双端输出的电压放大倍数与单管放大电路相同；单端输出的电压放大倍数是双端输出放大倍数的一半。单端输入与双端输入的电压放大倍数相同。

3．集成运放的内部电路组成

集成运放的内部电路可分为输入级、偏置电路、中间级及输出级4个部分。

4．反馈类型的判别

反馈类型的判别通常可采用"瞬时极性法"。

5．负反馈放大电路的连接方式

负反馈放大电路有四种基本连接方式。根据输出端反馈采样方式的不同，可以分为电压反馈或电流反馈。根据反馈信号与输入信号在放大电路输入端的联接方式不同，可以分为串联反馈和并联反馈。

6．负反馈对放大电路性能的影响

① 降低了放大电路的电压放大倍数。

② 提高了电压放大倍数的稳定性。

③ 减小非线性失真。

④ 改变输入电阻和输出电阻。

⑤ 展宽了通频带。

7．反相、同相输入比例运算电路

① 反相输入比例运算电路的输出 $u_o = -\dfrac{R_F}{R_1}u_i$　平衡电阻，$R_P = R_F // R_1$。

② 同相输入比例运算放大器的输出 $u_o = (1 + \dfrac{R_F}{R_1})u_i$。

8．加法、减法运算放大器的输出电压

加法运算放大器的输出电压为一定比例的输入电压的和。减法运算放大器的输出电压为一定比例的输入电压的差。

9．积分、微分运算放大器的输出电压

积分运算放大器输出电压与输入电压的积分成正比；微分运算放大器的输出电压与输入电压的微分成正比。

# 习　题

一、判断题

1．若放大电路的放大倍数为负，则引入的反馈一定是负反馈。　　　　　　　　（　　）

2．负反馈放大电路的放大倍数与组成它的基本放大电路的放大倍数量纲相同。　（　　）

3．若放大电路引入负反馈，则负载电阻变化时，输出电压基本不变。　　　　　（　　）

4．阻容耦合放大电路的耦合电容、旁路电容越多，引入负反馈后，越容易产生低频振荡。

　　　　　　　　　　　　　　　　　　　　　　　　　　　　　　　　　　　　（　　）

5．只要在放大电路中引入反馈，就一定能使其性能得到改善。　　　　　　　　（　　）

6．放大电路的级数越多，引入的负反馈越强，电路的放大倍数也就越稳定。　　（　　）

7．反馈量仅仅决定于输出量。　　　　　　　　　　　　　　　　　　　（　　）

8．既然电流负反馈稳定输出电流，那么必然稳定输出电压。　　　　　　（　　）

## 二、选择题

1．已知交流负反馈有 4 种组态：A．电压串联负反馈　B．电压并联负反馈　C．电流串联负反馈　D．电流并联负反馈，选择合适的答案填入下列空格内，只填入 A．B．C 或 D。

（1）欲得到电流–电压转换电路，应在放大电路中引入（　　　）；

（2）欲将电压信号转换成与之成比例的电流信号，应在放大电路中引入（　　　）；

（3）欲减小电路从信号源索取的电流，增大带负载能力，应在放大电路中引入（　　　）；

（4）欲从信号源获得更大的电流，并稳定输出电流，应在放大电路中引入（　　　）。

2．对于放大电路，所谓开环是指（　　　）。

A．无信号源　　　　　B．无反馈通路　　　　C．无电源　　　　　　D．无负载

而所谓闭环是指（　　　）。

A．考虑信号源内阻　　B．存在反馈通路　　　C．接入电源　　　　D．接入负载

3．在输入量不变的情况下，若引入反馈后（　　　），则说明引入的反馈是负反馈。

A．输入电阻增大　　　B．输出量增大　　　　C．净输入量增大　　D．净输入量减小

4．直流负反馈是指（　　　）。

A．直接耦合放大电路中所引入的负反馈

B．只有放大直流信号时才有的负反馈　　　　　C．在直流通路中的负反馈

5．交流负反馈是指（　　　）。

A．阻容耦合放大电路中所引入的负反馈

B．只有放大交流信号时才有的负反馈　　　　　C．在交流通路中的负反馈

6．为了稳定静态工作点，应引入（　　　）；为了稳定放大倍数，应引入（　　　）；为了改变输入电阻和输出电阻，应引入（　　　）；为了抑制温漂，应引入（　　　）；为了展宽频带，应引入（　　　）。

A．直流负反馈　　　　　B．交流负反馈

7．选择合适答案填入空内。

（1）为了稳定放大电路的输出电压，应引入（　　　）负反馈；

（2）为了稳定放大电路的输出电流，应引入（　　　）负反馈；

（3）为了增大放大电路的输入电阻，应引入（　　　）负反馈；

（4）为了减小放大电路的输入电阻，应引入（　　　）负反馈；

（5）为了增大放大电路的输出电阻，应引入（　　　）负反馈；

（6）为了减小放大电路的输出电阻，应引入（　　　）负反馈。

A．电压　　　　　　　　B．电流　　　　　　　C．串联　　　　　　D．并联

## 三、综合题

1．判断图 8-24 所示各电路中是否引入了反馈，是直流反馈还是交流反馈，是正反馈还是负反馈。设图中所有电容对交流信号均可视为短路。

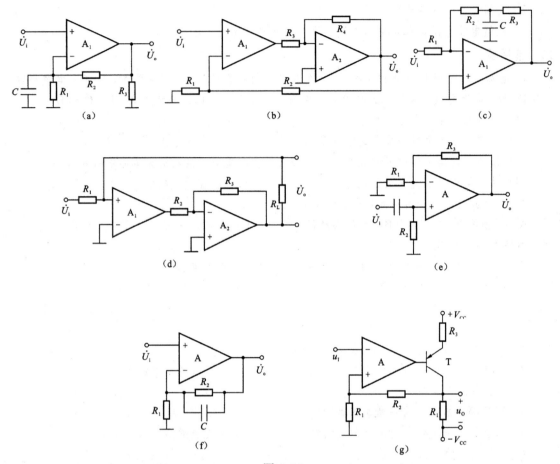

图 8-24

2. 图 8-25 所示电路参数理想对称，晶体管的 $\beta$ 均为 50，$r_{bb'} = 100\ \Omega$，$U_{BEQ} \approx 0.7$。试计算 RW 滑动端在中点时 $VT_1$ 管和 $VT_2$ 管的发射极静态电流 $I_{EQ}$，以及动态参数 $A_d$ 和 $R_i$。

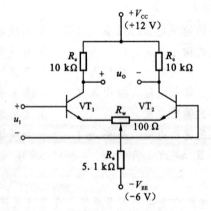

图 8-25

3. 试求图 8-22 所示各电路输出电压与输入电压的运算关系式。

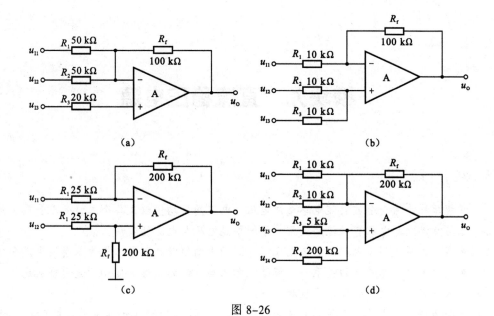

图 8-26

4.在图 8-27（a）所示电路中，已知输入电压 $u_I$ 的波形如图（b）所示，当 $t=0$ 时 $u_o=0$。试画出输出电压 $u_o$ 的波形。

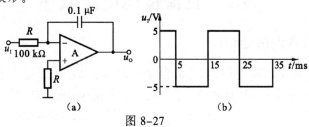

图 8-27

# 模块九  直流稳压电源

**学习目标**

- 掌握单相半波、全波整流电路整流电压、电流的平均值以及各个二极管承受最大反向电压与交流电源电压有效值的关系，了解整流电压与电流的波形。
- 掌握单相桥式整流电路中整流电压、电流的平均值以及各个二极管承受最大反向电压与交流电源电压有效值的关系，了解整流电压与电流的波形。能初步选用整流元件。
- 掌握电容滤波电路的基本原理和特点。
- 了解串联型集成稳压电路的组成和工作原理，了解 W7800 系列集成稳压电路的应用。

## 9.1  直流稳压电源概述

### 9.1.1  直流稳压电源的组成

在电子电路中，通常都需要电压稳定的直流电源供电，而生活中直接获取的多为 220V，50Hz 的交流电源，这就需要将交流电源转换为直流电源，实现这类变换的电路称为直流稳压电源，小功率稳压电源的组成如下图所示，它由电源变压器、整流电路、滤波电路和稳压电路四部分组成。

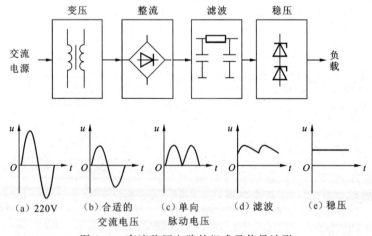

图 9-1  直流稳压电路的组成及信号波形

### 9.1.2  直流稳压电源主要性能参数

直流稳压电源的主要技术指标包括特性指标和质量指标。

1. 直流稳压电源的特性指标

直流稳压电源的特性指标主要有：额定输入电压、输出电流、输出电压范围等。

（1）额定输入电压

额定输入电压是指直流稳压电源正常工作的输入交流电压大小和频率。如 220 V/50 Hz。

（2）输出电流范围

输出电流范围是指直流稳压电源在正常工作条件下所允许输出的电流范围。如集成稳压器 LM317 构成的直流稳压电源，最小输出电流一般为 1.5 mA，最大输出电流一般为 1.5 A。

（3）输出电压范围

输出电压范围是指直流稳压电源能够稳定输出的直流电压范围。如固定 6 V、9 V、12 V、24 V 等。连续可调的直流电源可在一定范围内输出，如集成稳压器 LM317 构成的直流稳压电源的输出电压可在 1.25～37 V 内变化。

2. 直流稳压电源的质量指标

直流稳压电源的质量指标有：稳压系数、温度系数、输出电阻、纹波电压等。

（1）稳压系数 $r$

稳压系数 $r$ 是指当负载和环境温度不变时，输出电压的相对变化量与稳压电路的输入电压的相对变化量之比，即 $\gamma = \dfrac{\Delta u_O / u_O}{\Delta u_i / u_i}\bigg|_{\substack{\Delta I_O = 0 \\ \Delta T = 0}}$

（2）温度系数 $S_T$

温度系数 $S_T$ 是指在输入电压和负载电流均不变的情况下，单位温度变化所引起的输出电压变化，又称温度漂移。其反映温度变化对输出电压的影响；

$$S_T = \frac{\Delta V_O}{\Delta T}\bigg|_{\substack{\Delta V_i = 0 \\ \Delta I_O = 0}} \quad (\text{mV/℃})$$

（3）输出电阻 $R_O$

输出电阻 $R_O$ 是指在输入电压和温度系数不变的情况下，输出电压变化量和负载电流变化量之比。其反映负载电流变化对输出电压的影响；

$$R_O = \frac{\Delta V_O}{\Delta I_O}\bigg|_{\substack{\Delta V_i = 0 \\ \Delta T = 0}} \quad (\Omega)$$

（4）纹波电压

纹波电压是指稳压电路输出端交流分量的有效值，它表示输出电压的微小波动。可见，上述系数越小，输出电压越稳定。

# 9.2　整　流　电　路

利用二极管的单向导电性可以将交流电转换为直流电，这一过程称为整流，这种电路就称为整流电路。在电子设备中，大量的直流电都是采用这种整流方式实现的。常见的整流电路有半波整流电路和全波整流电路。

### 9.2.1 单相半波整流电路

#### 1. 电路结构

单相半波整流电路利用整流二极管的单向导电性,将交流电变成单向脉动直流电,图 9-2(a)为单相半波整流电路图,它由整流变压器 T、整流元件 VD(晶体二极管)、限流电阻 $R_0$ 以及负载电阻 $R_L$ 组成。

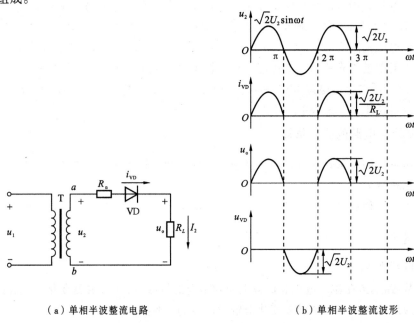

(a)单相半波整流电路　　　　　　　　(b)单相半波整流波形

图 9-2　单相半波整流电路及波形

#### 2. 工作原理

设交流电源 $u_1 = \sqrt{2}U_0 \sin \omega t$,经整流变压器输出 $u_2 = \sqrt{2}U \sin \omega t$,由于二极管具有单向导电性,所以在变压器二次线圈 $u_2$ 的正半周,其极性为上正下负,即 $a$ 点电位高于 $b$ 点电位,二极管正向导通,这时负载 $R_L$ 上的电压为 $u_0$,通过的电流为 $i_0$;在 $u_2$ 的负半周时,$a$ 点电位低于 $b$ 点电位,二极管反向截止,负载 $R_L$ 上没有电压,其波形如图 9-2(b)所示。

#### 3. 负载电压和电流计算

(1)整流输出电压平均值

$$U_0 = \frac{1}{2\pi} \int_0^\pi \sqrt{2} \sin \omega t \, d(\omega t) \approx 0.45U$$

(2)二极管平均电流

$$I_0 = 0.45 \frac{U}{R_L}$$

(3)二极管承受最大反向压降

$$U_{DRM} = U_m = \sqrt{2}\,U$$

### 9.2.2　单相全波整流电路

半波整流电路结构简单，但转换效率低，输出脉动大，纹波电压高。利用二次侧有中心抽头的变压器和两个二极管构成如下图所示的全波整流电路。从图中可见，正负半周都有电流流过负载，提高了整流效率。

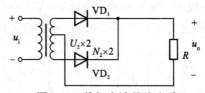

图 9-3　单相全波整流电路

全波整流的特点：输出电压 $u_o$ 高；脉动小；正负半周都有电流供给负载，因而变压器得到充分利用，效率较高。

负载电压和电流计算：

（1）整流输出电压平均值

$$U_0 = \frac{1}{2\pi} \int_0^{2\pi} \sqrt{2} U_2 \sin(\omega) t \mathrm{d}(\omega t) = 0.9 U_2$$

（2）整流输出平均电流

$$I_0 = 0.9 \frac{U_2}{R_L}$$

（3）二极管平均电流

$$I_D = \frac{I_0}{2} = 0.45 \frac{U_2}{R_L}$$

（4）二极管承受最大反向压降

$$U_{DRM} = 2\sqrt{2} U_2$$

### 9.2.3　单相桥式整流电路

#### 1. 电路结构

单相桥式整流电路结构如图 9-4 所示，T 表示电源变压器，作用是将交流电网电压 $u_1$ 变成整流电路要求的交流电压；$R_L$ 是直流供电的负载电阻；4 只整流二极管 $VD_1 \sim VD_4$ 依次接成电桥的形式，故称桥式整流电路。

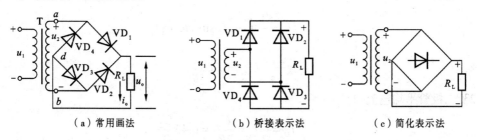

（a）常用画法　　　　（b）桥接表示法　　　　（c）简化表示法

图 9-4　单相桥式整流电路

## 2. 工作原理

在变压器副边线圈 $u_2$ 的正半周，其极性为上正下负，即 $a$ 点电位高于 $b$ 点电位，二极管 $VD_1$、$VD_3$ 导通，$VD_2$、$VD_4$ 截止，电流 $i_1$ 的通路是 $a \rightarrow VD_1 \rightarrow R_L \rightarrow VD_3 \rightarrow b$ 等效电路如图 9-4（a）图所示，这时，负载电阻 $R_L$ 上得到一个半波电压；在 $u_2$ 的负半周时，$a$ 点电位低于 $b$ 点电位，二极管 $VD_2$、$VD_4$ 导通，$VD_1$、$VD_3$ 截止，电流 $i_2$ 的通路是 $b \rightarrow VD_2 \rightarrow R_L \rightarrow VD_4 \rightarrow a$ 等效电路如图 9-5（b）图所示，同样，负载电阻 $R_L$ 上得到一个半波电压。单相桥式整流电路波形如图 9-6 所示。

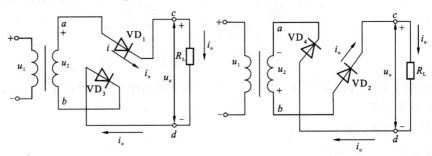

（a）正半周电流通路　　　　　　　　（b）负半周电流通路

图 9-5　桥式整流电路整流原理

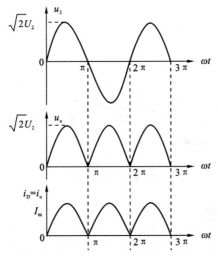

图 9-6　单相桥式整流波形

### 3. 负载电压和电流计算

（1）整流输出电压平均值

$$U_0 = \frac{1}{\pi} \int_0^{\pi} \sqrt{2}U \sin \omega t \mathrm{d}(\omega t)$$

$$= \frac{2\sqrt{2}}{\pi} U_2 = 0.9 U_2$$

（2）二极管平均电流

$$I_D = \frac{1}{2} I_0 = \frac{U_0}{2R_L} = 0.45 \frac{U_2}{R_L}$$

（3）二极管承受最大反向压降

$$U_{DRM} = U_m = \sqrt{2}U$$

# 9.3 滤波电路

经过整流电路后的输出电压已经是单相的直流电压，但是其中含有稳恒直流和正弦交流的成分，电压的大小仍有变化，这种直流电称为脉动直流电。对于某些工作(如蓄电池充电)，脉动电流已经可以满足要求，但是对于大多数电子设备，需要平滑的直流电，故整流电路后面都要接滤波电路，尽量减小交流成分，以减小整流电压的脉动程度，适合稳压电路的需要，这就是滤波。由此组成的电路称为滤波电路。

## 9.3.1 电容滤波电路

### 1. 电路结构

在整流电路的负载 $R_L$ 两端并联大电容器（一般为大容量电解电容），就构成了电容滤波电路。电容就称为滤波电容，如图 9-7（a）和图 9-8（a）所示。

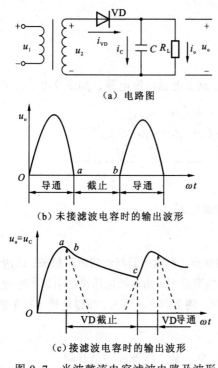

（a）电路图

（b）未接滤波电容时的输出波形

（c）接滤波电容时的输出波形

图 9-7 半波整流电容滤波电路及波形

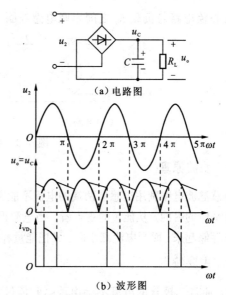

（a）电路图

（b）波形图

图 9-8 桥式整流电容滤波电路及波形

### 2. 滤波原理

如图 9-8 所示，图中整流二极管的连接同图 9-4。设电容两端初始电压为零，并假定 $t=0$ 时接通电路，$u_2$ 为正半周，当 $u_2$ 由零上升时，$VD_1$、$VD_3$ 导通，$C$ 被充电，同时电流经 $VD_1$、

VD$_3$ 向负载电阻供电。忽略二极管正向压降和变压器内阻，电容充电时间常数近似为零，因此 $u_o = u_c \approx u_2$，在 $u_2$ 达到最大值时，$u_c$ 也达到最大值，然后 $u_2$ 下降，此时，$u_c > u_2$，VD$_1$、VD$_3$ 截止，电容 $C$ 向负载电阻 $R_L$ 放电，由于放电时间常数 $\tau = R_L \cdot C$ 一般较大，电容电压 $u_2$ 按指数规律缓慢下降，当下降到 $|u_2| > u_c$ 时，VD$_2$、VD$_4$ 导通，电容 $C$ 再次被充电，输出电压增大，以后重复上述充放电过程。其输出电压波形近似为一锯齿波直流电压。

3. 主要特点

① 输出电压波形连续且比较平滑。

② 输出电压的平均值 $U_o$ 提高。

半波整流滤波电路 $U_o = U_2$。

全波（桥式）整流滤波电路 $U_o = 1.2U_2$。

空载时（输出端开路）$U_o = 1.4U_2$。

③ 整流二极管的导通时间比没接滤波电容时缩短。

④ 如果电容容量较大，充电时的充电电流较大，则电容容量按下式计算选择

$$C > 3 \cdot \frac{1}{2R_L f}$$

⑤ 输出电压 $u_o$ 受负载变化影响大。

### 9.3.2　电感滤波电路

1. 电路结构

在整流电路与负载 $R_L$ 之间串联电感线圈，就组成了电感滤波电路，如图 9-9（a）所示。

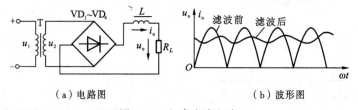

（a）电路图　　　　　　　（b）波形图

图 9-9　电感滤波电路

2. 滤波原理

电感滤波电路利用电感器两端的电流不能突变的特点，把电感器与负载串联起来，以达到使输出电流平滑的目的。从能量的观点看，当电源提供的电流增大（由电源电压增加引起）时，电感器 $L$ 把能量存储起来；而当电流减小时，又把能量释放出来，使负载电流平滑，所以电感 $L$ 有平波作用。

3. 主要特点

① 通过二极管的电流不会出现瞬时值过大的情况，对二极管的安全有利。

② $L$ 越大，$R_L$ 越小，滤波效果越好，但 $L$ 大会使电路体积大、笨重、成本增高。

③ 输出电压的平均值虽然比不滤波时提高，但比电容滤波输出的平均值低。电感滤波输出电压的平均值为 $U_o = 0.9U_2$。

可见，电感滤波电路适用于电流较大、负载较重的场合。

复式滤波电路是上述两种滤波器的组合，图 9-10 所示为专用复式滤波电路的组合方式。

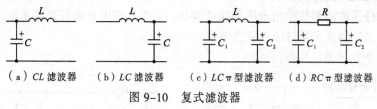

（a）CL 滤波器　　　（b）LC 滤波器　　　（c）LCπ型滤波器　　　（d）RCπ型滤波器

图 9-10　复式滤波器

# 9.4　稳　压　电　源

## 9.4.1　稳压管稳压电路

最简单的稳压电路由稳压管组成，如图 9-11 所示。从稳压管的特性可知利用稳压管的反向击穿特性，若能使稳压管始终工作在它的稳压区内，由于反向特性陡直，较大的电流变化，只会引起较小的电压变化，则 $U_0$ 基本稳定在 $U_z$ 左右。

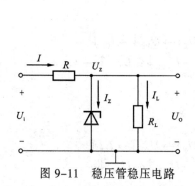

图 9-11　稳压管稳压电路

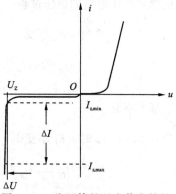

图 9-12　稳压管的反向伏安特性

当电网电压 $U_i$ 升高时，输出电压 $U_o$ 也要增加，致使稳压管的反向电压 $U_z$ 跟着增加，但 $U_z$ 的微小增加会使反向电流 $I_z$ 大幅度增加，于是流过限流电阻 $R$ 的电流 $I_R$ 明显增加。也就是说，限流电阻 $R$ 用自身的压降增加量 $\Delta U_R$ 补偿输入电压增加量 $\Delta U_i$，最终使输出电压增加量 $\Delta U_o$ 降低，$U_o$ 基本保持不变。此过程可表示为

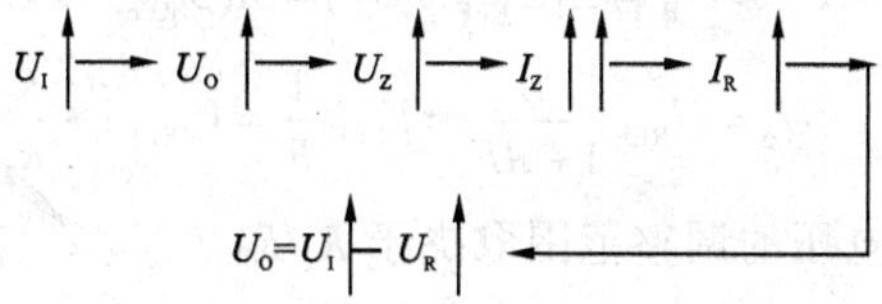

$$U_I \uparrow \longrightarrow U_o \uparrow \longrightarrow U_z \uparrow \longrightarrow I_z \uparrow \longrightarrow I_R \uparrow$$

$$U_o = U_I \downarrow U_R$$

反之亦然。

这种稳压电路的输出电压是不能调节的，负载电流变化范围较小，输出电阻较大，约几个欧姆到几十欧姆，因此稳压性能较差。但其电路结构简单，稳压电路仅适用于 $U_0$ 固定和要求不高的场合。

## 9.4.2　串联反馈式稳压电路

### 1. 电路组成

图 9-13 所示的电路是由运放组成的串联反馈式稳压电路。它由基准电压、比较放大、调

整管和取样电路四部分构成。

为了改进稳压性能和使输出电压可随意调节，可引入深度负反馈使输出电阻降低，引入可随意调节放大倍数的放大器以改变输出电压。

下面分几个方面进行分析：

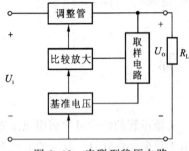
图 9-13　串联型稳压电路

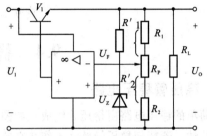
图 9-14　可调输出电压串联型稳压电路

串联反馈式稳压电路的稳压过程

（1）当 $U_I \uparrow \to U_o \uparrow$ 时（$R_L$ 不变）

$$U_O \uparrow \to U_F \uparrow \to U_{di} \downarrow (= U_Z - U_F) \to U_{BI} \downarrow \to I_{CI} \downarrow$$
$$U_O \downarrow \quad \leftarrow \quad U_O = U_I - U_{CEI} \downarrow \leftarrow U_{CEI} \uparrow \leftarrow$$

$\therefore$　$U_O$ 基本不变。

（2）当 $U_I \downarrow \to U_o \downarrow$ 时（$R_L$ 不变）

$$U_O \downarrow \to U_F \downarrow \to U_{di} \uparrow (= U_Z - U_F) \to U_{BI} \uparrow \to I_{CI} \uparrow$$
$$U_O \uparrow \quad \leftarrow \quad U_O = U_I - U_{CEI} \uparrow \leftarrow U_{CEI} \downarrow \leftarrow$$

$\therefore$　$U_O$ 基本不变。

串联反馈式稳压电路通过比较放大元件集成运算放大器对 $U_Z$ 与 $U_F$ 的偏差进行放大去控制调整元件 $V$，以实现对 $U_O$ 的自动控制。

其稳压范围为

$$U_o \approx U_B = A(U_{REF} - U_F) = A(U_{REF} - FU_o)$$
$$U_o = U_{REF} \frac{A}{1 + AF} \approx V_{REF} \frac{1}{F} = V_{REF}\left(1 + \frac{R_1}{R_2}\right)$$

可见，该稳压电路输出电压的调整范围取决于 $R_1/R_2$。

## 9.4.3　三端集成稳压器

集成稳压器是一种集成化的串联型稳压器。目前常用的是能够输出正或负电压的三端集成稳压器，三端集成稳压器又包括三端固定式集成稳压器和三端可调式集成稳压器他们的封装和引脚功能如图 9-15 和 9-16 所示。三端固定输出正电压的集成稳压器主要为 W78xx 系列，三端固定输出负电压的集成稳压器主要为 W79xx 系列，三端电压可调正电压集成稳压器主要为 W317，W117 系列，三端电压可调负电压集成稳压器主要为 W337，W137 系列。三端集成稳压器在应用时必须注意引脚功能，不能接错,否则电路将不能正常工作，甚至损坏集成电路。

三端集成稳压电路的外部只有三个端子：输入、输出和公共端。在三端稳压电源芯片内有过流、过热及短路保护电路。该种芯片具有使用安全可靠，接线简单，维护方便、价格低廉等优点，当前被广泛采用。

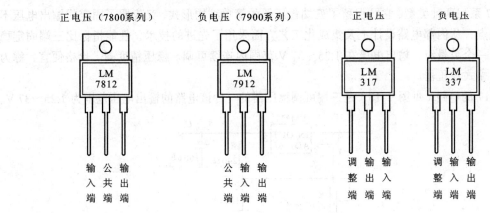

图 9-15　三端固定式封装和引脚功能　　图 9-16　三端可调式封装和引脚功能

**1. 三端固定集成稳压电路**

三端固定集成稳压电路的输出电压是固定的，常用的 CW7800/CW7900，W7800 系列输出正电压，其输出电压有 5、6、7、8、9、10、12、15、18、20 和 24V 共 11 个档次。该系列的输出电流分 5 档，7800 系列是 1.5 A，78M00 是 0.5 A，78 L00 和是 0.1 A，78T00 是 3 A，78H00 是 5 A。W7900 系列与 W7800 系列所不同的是输出电压为负值。

三端稳压器的工作原理与前述串联反馈式稳压电源的工作原理基本相同，由采样、基准、放大和调整等单元组成。集成稳压器只有三个引出端子，输入、输出和公共端。输入端接整流滤波电路，输出端接负载，公共端接输入、输出的公共连接点。为使它工作稳定，在输入和输出端与公共端之间并接一个电容。使用三端稳压器时注意一定要加散热器，否则是不能工作到额定电流。

图 9-17 为三端式集成稳压电路的典型应用，图中是 LM7805 和 LM7905 作为固定输出电压电路的典型接线图。正常工作时，输入、输出电压差 2~3 V。电容 $C_1$ 用来实现频率补偿，$C_2$ 用来抑制稳压电路的自激振荡，$C_1$ 一般为 0.33 μF，$C_2$ 一般为 1 μF。

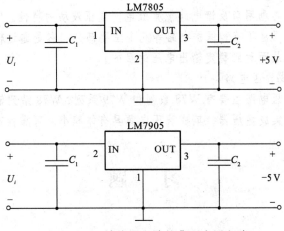

图 9-17　三端稳压电路的典型应用电路

## 2. 三端可调输出电压集成稳压器

三端可调输出电压集成稳压器是在三端固定式集成稳压器基础上发展起来的生产量大应用面广的产品，它也有正电压输出 LM117、LM217 和 LM317 系列、负电压输出 LM137、LM237 和 LM337 系列两种类型，它既保留了三端稳压器的简单结构形式，又克服了固定式输出电压不可调的缺点，从内部电路设计上及集成化工艺方面采用了先进的技术，性能指标比三端固定稳压器的高一个数量级，输出电压在 1.25～37 V 范围内连续可调。稳压精度高、价格便宜，称为第二代三端式稳压器。

LM317 的电路（见图 9-18）是三端可调稳压器的一种该电路的输出电压范围为 1.25～37 V。

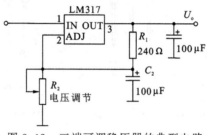

图 9-18　三端可调稳压器的典型电路

# 小　　结

### 1．单相桥式整流电路

单相桥式整流电路利用二极管的单向导电性，四只二极管接成电桥的形式，将交流电转换成脉动的直流电，整流电压的平均值 $U_0 = 0.9U$；整流电流的平均值 $I_0 = 0.9\dfrac{U}{R_L}$，流过每个二极管的平均电流值 $I_{DF} = \dfrac{1}{2}I_0$；每个二极管承受的最高反向电压 $U_{DRM} = \sqrt{2}U$。

### 2．滤波电路

滤波电路是在单相桥式整流电路的输出端和负载电阻之间并联一电容或串联一电感而构成的。滤波电路可以减小信号的交流成分，使之更适合稳压电路的需要。

### 3．串联型集成稳压电路

串联型集成稳压电路利用负反馈电路能克服电网电压波动的特性。它包括采样环节、基准电路、比较放大环节、调整环节和保护电路等几个主要部分。它是通过输出电压的变化来控制与负载串联的调整管，从而达到稳定输出电压的目的。

### 4．三端固定式集成稳压电路

三端固定式集成稳压电路主要有 W78 系列和 W79 系列。W78 系列输出正电压，W79 系列输出负电压，统称三端集成稳压器。集成稳压电源具有体积小、可靠性高、使用灵活、价格低廉等优点。

# 习　　题

## 一、判断题

1．直流电源是一种将正弦信号转换为直流信号的波形变换电路。　　　　　　　　（　　）

2．直流电源是一种能量转换电路，它将交流能量转换为直流能量。　　　　　（　　）

3．在变压器副边电压和负载电阻相同的情况下，桥式整流电路的输出电流是半波整流电路输出电流的2倍。（　　）因此，它们的整流管的平均电流比值为2:1。　　　　　（　　）

4．若$U_2$为电源变压器副边电压的有效值，则半波整流电容滤波电路和全波整流电容滤波电路在空载时的输出电压均为$\sqrt{2}U_2$。　　　　　（　　）

5．当输入电压$UI$和负载电流$IL$变化时，稳压电路的输出电压是绝对不变的。　　（　　）

6．在单相桥式整流电容滤波电路中，若有一只整流管断开，输出电压平均值变为原来的一半。　　　　　（　　）

7．整流电路可将正弦电压变为脉动的直流电压。　　　　　（　　）

8．电容滤波电路适用于小负载电流，而电感滤波电路适用于大负载电流。　　（　　）

9．因为串联型稳压电路中引入了深度负反馈，因此也可能产生自激振荡。　　（　　）

## 二、选择题

1．整流的目的是（　　）。

　　A．将交流变为直流　　　　　B．将高频变为低频　　　　　C．将正弦波变为方波

2．在单相桥式整流电路中，若有一只整流管接反，则（　　）。

　　A．输出电压约为$2U_D$　　　B．变为半波直流　　　　　C．整流管将因电流过大而烧坏

3．直流稳压电源中滤波电路的目的是（　　）。

　　A．将交流变为直流　　　　　B．将高频变为低频　　　　　C．将交、直流混合量中的交流成分滤掉

4．滤波电路应选用（　　）。

　　A．高通滤波电路　　　　　　B．低通滤波电路　　　　　　C．带通滤波电路

5．若要组成输出电压可调、最大输出电流为3 A的直流稳压电源，则应采用（　　）。

　　A．电容滤波稳压管稳压电路　　　　　　　B．电感滤波稳压管稳压电路

　　C．电容滤波串联型稳压电路　　　　　　　D．电感滤波串联型稳压电路

6．串联型稳压电路中的放大环节所放大的对象是（　　）。

　　A．基准电压　　　　　　　　B．采样电压　　　　　　　　C．基准电压与采样电压之差

## 三、综合题

1．电路如图9-19，变压器副边电压有效值为$2U_2$。

（1）画出$u_2$、$u_{D1}$和$u_o$的波形；

（2）求出输出电压平均值$U_{0(AV)}$和输出电流平均值$I_{L(AV)}$的表达式；

（3）二极管的平均电流$I_{D(AV)}$和所承受的最大反向电压$U_{DRM}$的表达式。

2．单相桥式电容滤波整流，交流电源频率$f = 20$ Hz，负载电阻$R_L = 40\ \Omega$，直流输出电压$U_0 = 20$ V，试确定选择整流二极管及滤波电容。

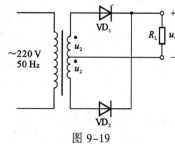

图9-19

# 模块十　逻辑门电路与组合逻辑电路

## 10.1　数字电路基础

电子电路按照所处理的电信号的不同，可分为两大类：一类是模拟电路，其所处理的电信号为在时间和幅值上都连续变化的模拟信号（如正弦波信号），它们是各种连续变化物理量（如声音、温度、速度等）的模拟，如图 10-1（a）所示。另一类是数字电路，其所处理的电信号是在时间和幅值上都是离散的脉冲信号，在电路中，数字信号往往表现为突变的电压或电流，如图 10-1（b）所示。

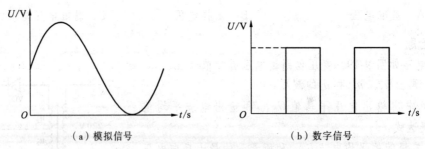

（a）模拟信号　　　　　　　　　　　（b）数字信号

图 10-1　模拟信号和数字信号波形

### 10.1.1　数字信号

**1. 数字信号的电平表示**

数字信号只有两个电平值，人们习惯称为高电平和低电平，用"1"和"0"来表示，如图 10-2 所示。

在实际电路中，高电平与低电平不是一个固定不变的数值，而是一个电压范围。数字电路在工作时只要求能可靠地区分"1"和"0"就可以，如图10-3所示。

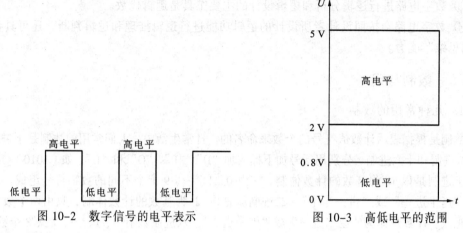

图 10-2 数字信号的电平表示

图 10-3 高低电平的范围

### 2. 数字信号的正、负逻辑表示

在数字电路中有两种逻辑体制，分别是正逻辑体制和负逻辑体制。

正逻辑体制规定：高电平为逻辑 1，低电平为逻辑 0，如图 10-4 所示。

负逻辑体制规定：低电平为逻辑 1，高电平为逻辑 0。

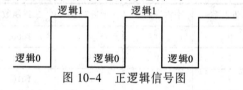

图 10-4 正逻辑信号图

### 3. 数字信号的波形

数字信号是在高电平和低电平两个状态之间作阶跃式变化的信号，它有两种波形形式，分别是电平型和脉冲型。

电平型是在一个节拍内用高电平代表 1、低电平代表 0。

脉冲型是在一个节拍内用有脉冲代表 1、无脉冲代表 0，如图 10-5 所示。

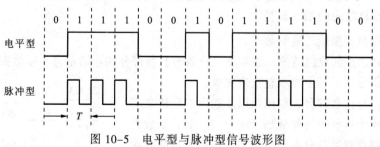

图 10-5 电平型与脉冲型信号波形图

## 10.1.2 数字电路的特点

传递与处理数字信号的电子电路称为数字电路。数字电路与模拟电路相比主要有下列特点：

① 数字电路的工作信号是脉冲信号（开关信号），在时间和数值上是不连续的，在电路上是低电平和高电平，这两种状态用"0"和"1"表示。

② 数字电路中注重的是输入信号状态（0 或 1）与输出信号状态（0 或 1）之间的逻辑关系。数字电路逻辑关系的表达方式有逻辑函数表达式、真值表、卡诺图和逻辑图等。

③ 数字电路进行逻辑分析和逻辑设计的主要工具是逻辑代数。

④ 数字电路会按照设计者所设计的逻辑功能进行逻辑推理和逻辑判断，还可具备一定的"逻辑思维"能力。

### 10.1.3 数制与码

#### 1. 几种常用的数制

数制是根据表示计数值符号的个数来命名的。日常生活中，人们常用的数制是十进制、二进制、八进制和十六进制，分别用括号加下标或加"D"、"B"、"O"和"H"，如（1010）$_2$ 或 1010B。

十进制是以 10 为基数的计数体制，它由 0、1、…、9 十个不同的数字符号组成。其计数规律为"逢十进一"或"借一当十"。二进制就是以 2 为基数的计数体制，只由两个数字符号 0 和 1 组成。计数规律为"逢二进一"或"借一当二"。八进制数有 0、1、…、7 共 8 个数字符号，计数规律为"逢八进一"或"借一当八"。十六进制数有 0、…、9、A、B、C、D、E、F 共 16 个数字符号，计数规律为"逢十六进一"或"借一当十六"。

不同的数制之间是相互联系的，它们之间的对照关系如表 10-1 所示。

表 10-1　几种进制数之间的对应关系

| 十进制数 | 二进制数 | 八进制数 | 十六进制数 | 十进制数 | 二进制数 | 八进制数 | 十六进制数 |
|---|---|---|---|---|---|---|---|
| 0 | 0 | 0 | 0 | 8 | 1000 | 10 | 8 |
| 1 | 1 | 1 | 1 | 9 | 1001 | 11 | 9 |
| 2 | 10 | 2 | 2 | 10 | 1010 | 12 | A |
| 3 | 11 | 3 | 3 | 11 | 1011 | 13 | B |
| 4 | 100 | 4 | 4 | 12 | 1100 | 14 | C |
| 5 | 101 | 5 | 5 | 13 | 1101 | 15 | D |
| 6 | 110 | 6 | 6 | 14 | 1110 | 16 | E |
| 7 | 111 | 7 | 7 | 15 | 1111 | 17 | F |

#### 2. 不同数制之间的相互转换

（1）十进制数转换成二进制数

十进制数到二进制数的转换，通常要区分数的整数部分和小数部分，整数部分用除基逆序取余法，小数部分用乘基顺序取整法来完成。

**整数部分**：对整数部分，要用除以 2 逆序取余法来实现，其规则是用十进制数的整数部分除以 2，取其余数为转换后的二进制数整数部分的低位数字，再用所得的商除以 2，取其余数为转换后的二进制数高一位的数字，重复执行上述操作，直到商为 0，结束转换。

例 10-1　将十进制数 23 转换成二进制数。

解：用"除 2 逆序取余法"转换：

```
2 | 23  ……… 余1  b0  ↑
2 | 11  ……… 余1  b1  读
2 | 5   ……… 余1  b2  取
2 | 2   ……… 余0  b3  次
2 | 1   ……… 余1  b4  序
    0
```

$(23)_{10} = (10111)_2$

**小数部分**：对小数部分，要用乘2顺序取整法来实现，其规则是用十进制数的小数部分乘 2，取乘积的整数为转换后的二进制数的最高位数字，再用上一步乘积的小数部分乘 2，取新乘积的整数为转换后二进制小数低一位数字，重复上述操作，直至乘积部分为 0，或已得到的小数位数满足要求，结束转换。

| | | |
|---|---|---|
| 0.43×2 | | |
| 0.86 | → | 0 |
| 0.86×2 | | |
| 1.72 | → | 0 |
| 0.72×2 | | |
| 1.44 | → | 1 |
| 0.44×2 | | |
| 0.88 | → | 0 |
| 0.88×2 | | |
| 1.76 | → | 1 |

**例 10-2**　将十进制数 0.43，转换成二进制小数（假设要求小数点后取 5 位）。

**解**：用"乘 2 顺序取整法"转换：

$(0.43)_{10} = (0.01101)_2$

对小数进行转换的过程中，转换后的二进制已达到要求位数，而最后一次的乘积的小数部分不为 0，会使转换结果存在误差，其误差值小于求得的最低一位的位权。

对既有整数部分又有小数部分的十进制数，可以先将其整数部分转换为二进制数的整数部分，再将其小数部分转换为二进制的小数部分，然后将得到的两部分结果合并起来得到转换后的最终结果。

例如：$(23.43)_{10} = (10111.01101)_2$

参照上述方法，也可以将十进制数转换成八进制数和十六进制。

（2）二进制转换成十进制

按权展开求和值即可将二进制转换成十进制。

**例 10-3**　将二进制数 10011.101 转换成十进制数。

**解**：将每一位二进制数乘以位权，然后相加就可将其转换为十进制数。

$(10011.101)_2 = 1×2^4 + 0×2^3 + 0×2^2 + 1×2^1 + 1×2^0 + 1×2^{-1} + 0×2^{-2} + 1×2^{-3} = (19.625)_{10}$

（3）其他进制之间的转换

用"三位分组"法可将二进制数转换成八进制数。将每一位八进制数码转换成相应的三位二进制数，即可将八进制转换成二进制。用"四位分组"法可将二进制数转换成十六进制数。每一位十六进制数码转换成相应的四位二进制数，即可将十六进制转换为二进制。

3. 二进制代码

用以表示十进制数码、字母、符号等信息的一定位数的二进制数称为代码。用四位自然二进制码中的前 10 个数码来表示十进制数码，让各位的权值依次为 8、4、2、1，称为 8421 码；2421 码的权值依次为 2、4、2、1；余 3 码是一种无权码，由 8421 码每个代码加 0011 得到；格雷码是一种循环码，其特点是任意相邻的两个字码，仅有一位代码不同，其它位相同。常用二进制代码的对照关系见表 10-2 所示。

表 10-2　常用二进制代码关系对照表

| 十进制数 | 8421 码 | 余 3 码 | 格雷码 | 2421 码 |
|---|---|---|---|---|
| 0 | 0000 | 0011 | 0000 | 0000 |
| 1 | 0001 | 0100 | 0001 | 0001 |
| 2 | 0010 | 0101 | 0011 | 0010 |
| 3 | 0011 | 0110 | 0010 | 0011 |
| 4 | 0100 | 0111 | 0110 | 0100 |
| 5 | 0101 | 1000 | 0111 | 1011 |

续表

| 十进制数 | 8421 码 | 余 3 码 | 格雷码 | 2421 码 |
|---|---|---|---|---|
| 6 | 0110 | 1001 | 0101 | 1100 |
| 7 | 0111 | 1010 | 0100 | 1101 |
| 8 | 1000 | 1011 | 1100 | 1110 |
| 9 | 1001 | 1100 | 1101 | 1111 |
| 权 | 8421 | 无权码 | 无权码 | 2421 |

### 10.1.4  基本逻辑运算和逻辑门

逻辑代数是 1847 年由英国数学家乔治·布尔（George Boole）首先创立的，所以通常人们又称逻辑代数为布尔代数。逻辑代数与普通代数有着不同概念，逻辑代数表示的不是数的大小之间的关系，而是逻辑的关系，它仅有两种状态即 0 和 1，称为逻辑 0 状态和逻辑 1 状态。

逻辑代数的运算规则不同于普通代数的运算规则，它有三个最基本的逻辑运算为逻辑与、逻辑或和逻辑非，实现逻辑基本运算的电子电路称为逻辑门。

1. 逻辑与运算及与门

逻辑与又称逻辑乘，下面通过开关的工作状态加以说明逻辑与的运算。如图 10-6（a）所示，只有在 A 和 B 同时闭合下，灯泡 Y 才会亮。反之，任何一个开关 A（或 B）的闭合，灯泡 Y 都不会亮。开关 A 和 B 与灯泡 Y 之间的关系称为逻辑"与"关系。

把开关的状态（开启或关闭）视为自变量，灯的状态（亮或灭）视为因变量，它们之间存在有四种逻辑关系，如图 10-6（b）中所示。可以看出，当决定一件事情的所有条件全部具备时，该事件才发生；否则，该事件不会发生，这样的因果关系称为与逻辑关系。

用逻辑代数的表达式可写成 $Y = A \cdot B$（或 $Y = AB$），式中小圆点"·"表示 $A$、$B$ 的与运算，也表示逻辑乘。在不致引起混淆的前提下，"·"省略。

实现与逻辑运算的电路称为与门电路，其电路符号如图 10-6（c）所示。图中 $A$、$B$ 表示输入信号，输入信号可以有多个；$Y$ 表示输出信号，输出信号只能有一个。与门电路可用简单的二极管电路来实现，如图 10-7 所示电路。设输入信号 $A$ 和 $B$ 为 1 时的电平为高电平，为 0 时的电平为低电平。从电路中可看出，当 $A$ 和 $B$ 均为 1 时，才有 $Y$ 为 1（$Y$ 的输出电压约 3.7 V 或 3.3 V，为高电平）；当 $A$ 和 $B$ 有一个不为 1 时，都有 $Y$ 为 0（$Y$ 的输出电压 0.7 V 或 0.3 V，为低电平）。

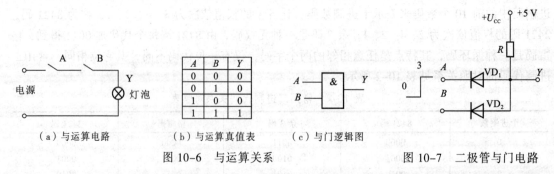

（a）与运算电路　　　（b）与运算真值表　　（c）与门逻辑图

图 10-6　与运算关系　　　　　　　图 10-7　二极管与门电路

2. 逻辑或运算及或门

如果决定某一事件发生的多个条件中，只要有一个或一个以上条件成立，事件便可发生，则称这种因果关系为逻辑或关系。或运算电路如图 10-8（a）所示。在 A 和 B 中至少有一个闭合的情况下，灯泡 Y 就会亮。对灯泡 Y 来说，开关 A 和 B 与灯泡 Y 之间的关系称为逻辑"或"关系。

把开关的状态（开启或关闭）视为自变量，灯的状态（亮或灭）视为因变量，它们之间存在有四种逻辑关系如图 10-8（b）表所示。逻辑或运算又称为逻辑加运算。

用逻辑代数的表达式可写成 $Y = A + B$，式中的"+"表示"或"运算。

实现逻辑或关系运算的电路称为或门电路，图 10-8（c）所示是逻辑或运算的或门符号。或门电路可用简单的二极管电路来实现，如图 10-9 电路。当 A 输入信号为 1，B 输入信号为 0 时，则 $A$ 端的电平比 $B$ 端高，二极管 $VD_1$ 优先导通，Y 输出端的电压是 2.3 V 或 2.7 V，Y 端为 1。此时，二极管 $VD_2$ 因承受反向电压而截止。当输入信号 $A$ 和 $B$ 均为 1 时，输出端 Y 为 1。当输入信号 $A$ 和 $B$ 均为 0 时，Y 输出端的电压为 $-0.7$ V 或 $-0.3$ V，Y 端为 0。

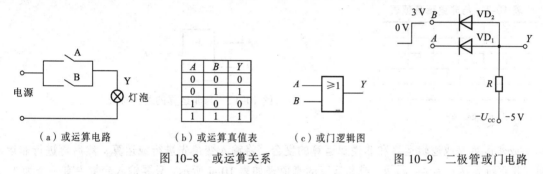

| $A$ | $B$ | $Y$ |
| --- | --- | --- |
| 0 | 0 | 0 |
| 0 | 1 | 1 |
| 1 | 0 | 0 |
| 1 | 1 | 1 |

（a）或运算电路　（b）或运算真值表　（c）或门逻辑图

图 10-8　或运算关系

图 10-9　二极管或门电路

### 3. 逻辑非运算和非门

如果某一事件的发生取决于条件的否定，即事件与事件发生的条件之间构成矛盾，则这种因果关系称为逻辑非。如图 10-10（a）所示，开关 A 不闭合，灯泡 Y 亮。开关 A 闭合，灯泡 Y 则灭。$A$ 与 $Y$ 之间的关系称为逻辑"非"关系。

用逻辑式可写成 $Y = \overline{A}$，式中的"—"表示"非"运算，读成 $Y$ 等于 $A$ 非。逻辑非关系如图 10-10（b）中表所示。图 10-10（c）所示是非逻辑运算的非门符号。

实现逻辑非关系运算的电路称为非门电路。非门电路可用简单的三极管电路来实现，如图 10-11 电路。非门电路只有一个输入端 $A$。当 $A$ 为 1 时，三极管 VT 导通，Y 端输出为 0；当 $A$ 为 0 时，三极管 VT 截止，Y 端输出为 1（输出电压接近 $U_{CC}$）。信号的高、低电平表示为"1"和"0"。"1"是"0"的反面，"0"也是"1"的反面。所以非门电路亦称为反相器。

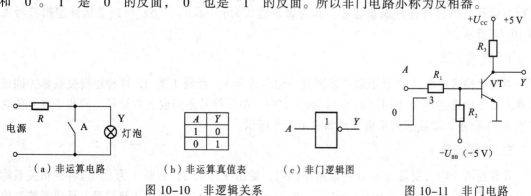

| $A$ | $Y$ |
| --- | --- |
| 1 | 0 |
| 0 | 1 |

（a）非运算电路　（b）非运算真值表　（c）非门逻辑图

图 10-10　非逻辑关系

图 10-11　非门电路

### 10.1.5 复合逻辑运算和逻辑门

在数字系统中，除了与运算、或运算、非运算之外，常常使用的逻辑运算还有一些是通过这三种运算派生出来的运算，这种运算通常称为复合逻辑运算，常见的复合逻辑运算有与非、或非、与或非、同或和异或等逻辑运算。

**1. 与非运算**

与非运算是逻辑与运算和非逻辑运算的复合，将输入变量先进行与运算，然后再进行非运算。其逻辑表达式为 $Y = \overline{A \cdot B}$。与非运算真值表如表 10-3 所示。只要输入变量中有一个为 0，输出就为 1。只有输入变量全部为 1 时，输出才为 0，这种运算关系称为与非运算。与非运算的逻辑符号如图 10-12 所示。

表 10-3 与非逻辑真值表

| $A$ | $B$ | $Y$ |
|-----|-----|-----|
| 0 | 0 | 1 |
| 0 | 1 | 1 |
| 1 | 0 | 1 |
| 1 | 1 | 0 |

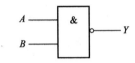

图 10-12 与非运算的逻辑符号

**2. 或非运算**

或非运算是或逻辑运算和非逻辑运算的复合，将输入变量先进行或运算，然后再进行非运算。其逻辑表达式为 $Y = \overline{A + B}$。或非运算的真值表如表 10-4 所示。只要输入变量中有一个为 1，输出就为 0。或者说，只有输入变量全部为 0 时，输出才为 1，这种运算关系称为或非运算。或非运算的逻辑符号如图 10-13 所示。

表 10-4 或非运算的真值表

| $A$ | $B$ | $Y$ |
|-----|-----|-----|
| 0 | 0 | 1 |
| 0 | 1 | 0 |
| 1 | 0 | 0 |
| 1 | 1 | 0 |

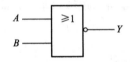

图 10-13 或非运算逻辑符号

**3. 与或非运算**

与或非运算是与逻辑运算和或非逻辑运算的复合。它是先将输入变量 $A$、$B$ 及 $C$、$D$ 分别进行与运算，然后再进行或非运算。其逻辑表达式为 $Y = \overline{A \cdot B + C \cdot D}$。与或非运算逻辑符号如图 10-14 所示。

**4. 同或运算**

当两个输入变量 $A$ 和 $B$ 值取值相同时，输出才为 1，否则 $Y$ 为 0，这种逻辑关系称为同或运算。其逻辑表达式为 $Y = A \odot B = \overline{A}\,\overline{B} + AB$，式中"$\odot$"符号是同或运算符号。同或运算真值表如表 10-5 所示。同或运算逻辑符号如图 10-15 所示。

**5. 异或运算**

只有当两个输入变量 $A$ 和 $B$ 的取值不同时，输出 $Y$ 才为 1，否则 $Y$ 为 0，这种逻辑关系称为异或运算。其逻辑表达式为 $Y = A \oplus B = A\overline{B} + \overline{A}B$，式中"$\oplus$"是异或运算符号。异或运算真值表如表 10-6 所示。异或运算逻辑符号如图 10-16 所示。

**表 10-5　同或运算真值表**

| A | B | Y |
|---|---|---|
| 0 | 0 | 1 |
| 0 | 1 | 0 |
| 1 | 0 | 0 |
| 1 | 1 | 1 |

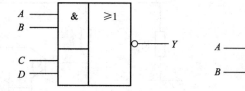

图 10-14　与或非运算逻辑符号　　图 10-15　同或运算逻辑符号

**表 10-6　异或运算真值表**

| A | B | Y |
|---|---|---|
| 0 | 0 | 0 |
| 0 | 1 | 1 |
| 1 | 0 | 1 |
| 1 | 1 | 0 |

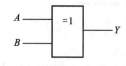

图 10-16　异或运算逻辑符号

由同或运算和异或运算的真值表可看出，同或运算和异或运算互为非运算，即有

$$A \odot B = \overline{A \oplus B}$$
$$A \oplus B = \overline{A \odot B}$$

由同或运算和异或逻辑的定义可以得出

$$A \odot B = \overline{A} \odot \overline{B}$$
$$A \oplus B = \overline{A} \oplus \overline{B}$$

# 10.2　集成逻辑门电路

逻辑门电路包括与门、或门、非门以及由它们组合成的与非门、或非门等门电路。常用的门电路有 TTL 门电路和 CMOS 门电路两种类型。

## 10.2.1　TTL 门电路

晶体管-晶体管逻辑门电路（Transistor-Transistor Logic），简称 TTL 门电路。TTL 门电路由双极型晶体三极管构成，它的特点是速度快，抗静电能力强，集成度低，功耗大，目前广泛应用于中、小规模集成电路。

1. TTL 与非门电路

（1）TTL 与非门电路的组成

如图 10-17 所示是 TTL 与非门电路图。它是由输入级、中间级和输出级三部分组成。

**输入级**：输入级由多发射极管 $T_1$ 和电阻 $R_1$ 组成。其作用是对输入变量 $A$、$B$、$C$ 实现逻辑与，所以它相当于一个与门。$T_1$ 的发射极为"与"门的输入端，集电极为"与"门的输出端。

**中间级**：中间级由 $VT_2$、$R_2$ 和 $R_3$ 组成。$VT_2$ 的集电极和发射极输出两个相位相反的信号，作为 $VT_3$ 和 $VT_4$ 的驱动信号。

**输出级**：输出级中 $VT_3$、$VT_4$ 复合管电路构成达林顿电路，这种电路形式称为推拉式电路，与电阻 $R_5$ 作为 $VT_5$ 的负载，不仅可降低电路的输出电阻，提高其负载能力，还可改善门电路输出波形，提高工作速度，其中，$R_5$ 为限流电阻，防止负载电流过大烧毁器件。

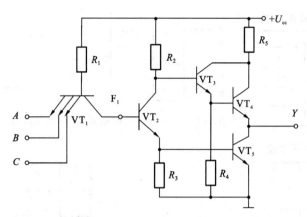

图 10-17　TTL 集成与门电路

（2）TTL 与非门电路的工作原理

当输入高电平时，$u_i$=3.6 V，$VT_1$ 处于倒置工作状态，集电结正偏，发射结反偏，$u_{B1}$=0.7×3=2.1 V，$VT_2$ 和 $VT_4$ 饱和，输出为低电平为 $u_o$=0.3 V。

当输入低电平时，$u_i$=0.3 V，$VT_1$ 发射结导通，$u_{B1}$=0.3 V+0.7 V=1 V，$VT_2$ 和 $VT_4$ 均截止，$VT_3$ 导通。输出高电平为 $u_o$=3.6 V。

综上所述，只有当输入全为 1 时，输出为 0；只要输入中有一个不为 1，则输出为 1。与非门的逻辑关系如表 10-7 所示。其逻辑关系式为 $Y = \overline{A \cdot B \cdot C}$。与非门的逻辑符号如图 10-18 所示。

表 10-7　与非门的真值表

| $A$ | $B$ | $C$ | $Y$ |
| --- | --- | --- | --- |
| 0 | 0 | 0 | 1 |
| 0 | 0 | 1 | 1 |
| 0 | 1 | 0 | 1 |
| 0 | 1 | 1 | 1 |
| 1 | 0 | 0 | 1 |
| 1 | 0 | 1 | 1 |
| 1 | 1 | 0 | 1 |
| 1 | 1 | 1 | 0 |

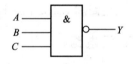

图 10-18　与非门的逻辑符号

（3）TTL 与非门的主要特性及特性参数

电压传输特性是指输出电压跟随输入电压变化的关系可用一条曲线定量表示，如图 10-19 所示。电压传输特性曲线共分四段。

AB 段：$u_i$<1.4 V，$u_Y$>保持高电平 3.6 V。$VT_5$ 截止，与非门处于截止状态。称为截止区；

BC 段：在 0.6 V≤$u_i$≤1.3 V 区间，$u_Y$ 随 $u_i$ 的增加而线性下降。称为线性区；

CD 段：当 1.3 V<$u_i$<1.4 V，$VT_3$ 和 $VT_4$ 趋向截止，

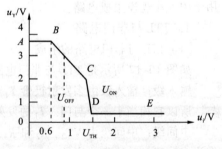

图 10-19　电压传输特性曲线

$VT_2$、$VT_5$ 导通趋向饱和。当 $u_i$=1.4 V 时，输出电平迅速下降到 0.3 V。这一段称为转折区；

DE 段：当 $u_i$>1.4 V，输出电平在 0.3 V。$VT_5$ 饱和导通，通常称与非门处于饱和状态。称此段为饱和区。

TTL 与非门的主要特性参数有：

① 输出高电平 $U_{OH}$=3.6 V。

② 输出低电平 $U_{OL}$=0.3 V。

③ 开门电平和关门电平在保证输出为额定低电平（0.3 V）的条件下，允许输入高电平的最低值称为开门电平 $U_{ON}$。一般认为开门电平 $U_{ON}$ 值≤1.8 V。在保证输出为额定高电平（3 V）的 90% 条件下，即 2.7 V，允许输入低电平的最高值称为关门电平 $U_{OFF}$。一般认为关门电平 $U_{OFF}$≥0.8 V。

④ 阈值电压（门槛电压）。阈值电压 $U_{TH}$ 是指：电压传输特性曲线的转折区所对应的输入电压，称为门槛电压、转折区输入电压是一个区域范围，常取 $U_{TH}$=1.4 V。

⑤ 扇出系数

扇出系数 $N_0$ 是指一个 TTL 与非门正常工作时能驱动同类门的最大数目。一般地 $N_0$≥8。

**2. 其他类型的 TTL 门电路**

（1）集电极开路的与非门（OC 门）

在数字系统中，常要求将几个与非门的输出并联实现与功能，即实现"线与"逻辑。如图 10-20 所示。上面讲到的普通 TTL 与非门，由于采用了推拉式输出电路，因此其输出电阻很低，使用时输出端不能长久接地或与电源短接。因此不能直接让输出端与总线相连，即不允许直接进行上述"线与"。

OC 门在使用时，应根据负载的大小和要求，合理选择外接电阻 $R_c$ 的数值，并将 $R_c$ 和电源 $U_{cc}$ 连接在 OC 门的输出端。

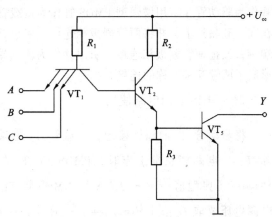

图 10-20　集电极开路的与非门电路图

（2）三态 TTL 门

普通门电路只有两种状态：逻辑 1 和逻辑 0。三态门是在普通门电路上增加控制端 EN 和控制电路组成的。图 10-21（a）电路中：当 EN 为 0 时，即是 VT₁ 相应的发射极电位为 0，VT₂ 和 VT₅ 截止。由于 Z 点是低电平，VD 导通，VT₂ 的集电极电平被钳位于 1 V 左右，使得 VT₃ 和 VT₄ 截止。此时，VT₅ 和 VT₄ 都截止，输出端呈现高阻状态。当 EN 为 1 时，Z 点为高电平，VD 截止不影响电路的工作。电路实现正常的与非门功能，三态门的电路符号如图 10-21（b）所示。

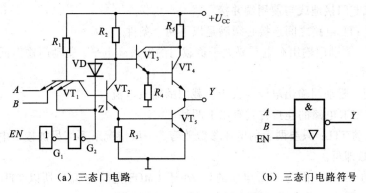

（a）三态门电路　　　　　　　　　　（b）三态门电路符号

图 10-21　三态 TTL 门电路

### 10.2.2　CMOS 门电路

MOS 集成逻辑门是采用 MOS 管作为开关元件的数字集成电路。它具有工艺简单、集成度高、抗干扰能力、功率低等优点，所以 MOS 集成门的发展十分迅速。MOS 门有 PMOS、NMOS、CMOS 三种类型，PMOS 电路工作速度低且采用负电压，不便与 TTL 电路相连；NMOS 电路工作速度比 PMOS 电路要高、集成度高、便于和 TTL 电路相连，但带电容负载能力较弱；COMS 电路又称互补 MOS 电路，它突出的优点是静态功耗低、抗干扰能力强、工作稳定性好、开关速度高，是性能较好且应用较广泛的一种电路。

1. CMOS 非门电路

CMOS 非门电路结构如图 10-22 所示。用增强型 NMOS 管作为驱动管 $T_1$，用增强型 PMOS 管作为负载管 $T_2$，制作在同一硅晶片上，并将两管栅极相连接，引出并作为输入端 $A$；又把两管漏极相连接，引出并作为输出端 $Y$。这样形成了两管互补对称的连接结构。

2. CMOS 非门电路使用

将驱动管 $T_1$ 的源极接地，负载管 $T_2$ 的源极接正电源 $U_{DD}$。电路能正常工作时，PMOS 管 $T_2$ 的开启电压

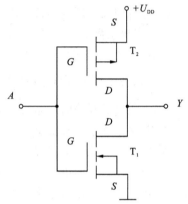

图 10-22　CMOS 非门电路

$U_{GD(th)} < 0$（典型值 $U_{GD(th)} = -2.4$ V）；NMOS 管 $T_1$ 开启电压 $U_{GD(th)} > 0$，（典型值 $U_{GD(th)} = 2.0$ V）；而电源电压要取 $U_{DD} > |U_{GD(th)}| + |U_{GD(th)}|$，一般取 $U_{DD} = 5V$。逻辑关系为 $Y = \overline{A}$。

### 10.2.3　使用数字集成电路应注意的问题

① 输出端的连接除特殊电路外，一般集成电路的输出端不允许直接接电源或接地，输出端也不允许并接使用。

② CMOS 电路的储电防护。由于 CMOS 电路为高输入阻抗器件，易感受静电高压，因此 CMOS 电路未被使用的输入端一定不能悬空。

③ 未被使用的输入端有以下两种处理方法。

a. 与门和与非门通过电阻接正电源或与使用端并接。

b. 或门和或非门接地或与使用端并接。

④ CMOS 和 TTL 电路之间连接必须满足以下两个条件。

a. 电平匹配。驱动门输出高电平要大于负载门的输入高电平；驱动门输出低电平要小于负载门的输入低电平。

b. 电流匹配。驱动门输出电流要大于负载门的输入电流。

⑤ CMOS 和 TTL 电路的连接方式有以下两种。

a. CMOS 驱动 TTL：只要两者的电压参数兼容，一般情况下不需另加接口电路，仅按电流大小计算扇出系数即可。

b. TTL 驱动 CMOS：因为 TTL 电路的 $U_{OH}$ 小于 CMOS 电路的 $U_{th}$，所以 TTL 一般不能直接驱动 CMOS 电路，需要电平变换电路。

# 10.3 逻辑函数

数字逻辑电路中输入输出间各自具有一定逻辑关系，需用逻辑代数来描述。逻辑代数是用来分析和设计逻辑电路的数学工具。

## 10.3.1 逻辑代数

逻辑量仅有 0 和 1，表示两个逻辑状态。逻辑变量用字母表示，仅有 0 和 1 两种取值。逻辑代数只有三个基本运算，分别是与运算、或运算和非运算。逻辑运算必须按照它的基本定律与法则来进行。

### 1. 逻辑运算的基本定律

基本公式是逻辑运算的基础，表 10-8 列出了逻辑运算的基本公式和常用公式，它们主要用于化简逻辑函数。

表 10-8　逻辑代数的基本公式和常用公式

| 公 式 名 称 | 公　　　　式 | |
| --- | --- | --- |
| 常量与变量公式 | $A \cdot 0 = 0$ | $A + 1 = 1$ |
| | $A \cdot 1 = A$ | $A + 0 = A$ |
| 同一律 | $A \cdot A = A$ | $A + A = A$ |
| 互补律 | $A \cdot \overline{A} = 0$ | $A + \overline{A} = 1$ |
| 交换律 | $A \cdot B = B \cdot A$ | $A + B = B + A$ |
| 结合律 | $A \cdot (B \cdot C) = (A \cdot B) \cdot C$ | $A + (B + C) = (A + B) + C$ |
| 分配律 | $A(B + C) = AB + AC$ | $A + BC = (A + B)(A + C)$ |
| 吸收律 1 | $(A + B)(A + \overline{B}) = A$ | $AB + A\overline{B} = A$ |
| 吸收律 2 | $A(A + B) = A$ | $A + AB = A$ |
| 吸收律 3 | $A(\overline{A} + B) = AB$ | $A + \overline{A}B = A + B$ |
| 多余项定律 | $(A + B)(\overline{A} + C)(B + C) = (A + B)(\overline{A} + C)$ | $AB + \overline{A}C + BC = AB + \overline{A}C$ |
| 求反律 | $\overline{AB} = \overline{A} + \overline{B}$ | $\overline{A + B} = \overline{A} \cdot \overline{B}$ |
| 否否律 | $\overline{\overline{A}} = A$ | |

**例 10-4**　证明：$A + \overline{A}B = A + B$

证明：由公式可得

左端$= (A + \overline{A}) \cdot (A + B) = 1 \cdot (A + B) = (A + B) =$右端

即　　$A + \overline{A}B = A + B$

### 2. 逻辑运算的三个规则

逻辑运算中还有三个基本规则，分别是代入规则、反演规则和对偶规则。它们和逻辑运算的基本定律一起构成了完整的逻辑运算体系，可以用来对逻辑函数进行描述、推导和变换。

（1）代入规则

任何一个含有变量 $A$ 的等式，如果将所有出现变量 $A$ 的地方都代之以一个逻辑函数 $F$，则等式仍然成立。

利用代入规则可以扩大逻辑代数等式的应用范围。

**例 10-5** 证明：$\overline{A+B+C}=\overline{A}\cdot\overline{B}\cdot\overline{C}$

**证明：** 由摩根定律知 $\overline{A+B}=\overline{A}\cdot\overline{B}$，若将等式两端的 $B$ 用 $B+C$ 代替可得

$$\overline{A+B+C}=\overline{A+(B+C)}=\overline{A}\cdot\overline{(B+C)}=\overline{A}\cdot\overline{B}\cdot\overline{C}$$

**例 10-6** 证明：$\overline{ABC}=\overline{A}+\overline{B}+\overline{C}$

**证明：** 由摩根定律知 $\overline{AB}=\overline{A}+\overline{B}$，若将等式两端的 $B$ 用 $B+C$ 代替可得

$$\overline{ABC}=\overline{A\cdot(BC)}=\overline{A}+\overline{BC}=\overline{A}+\overline{B}+\overline{C}$$

**2. 反演规则**

对于任意一个逻辑函数表达式 $F$，如果将 $F$ 中所有的 "·" 换为 "+"，所有的 "+" 换为 "·"，所有的 0 换为 1，所有的 1 换为 0，所有的原变量换为反变量，所有的反变量换为原变量，便得到 $\overline{F}$，这就是反演规则。利用反演规则可以很方便地求出反函数。

**例 10-7** 求逻辑函数 $F$ 的反函数

$$F=\overline{A+B+\overline{C+D}}\,(\overline{X}+\overline{Y})$$

**解：**（1）根据反演规则

$$\overline{F}=\overline{\overline{A}\cdot\overline{B}\cdot\overline{\overline{C}\cdot\overline{D}}}+X\cdot Y$$

（2）如果将 $\overline{A+B+\overline{C+D}}$ 作为一个整体，则

$$\overline{F}=A+B+\overline{C+D}+X\cdot Y$$

（3）如果将 $\overline{C+D}$ 作为一个变量，则

$$\overline{F}=\overline{\overline{A}\cdot\overline{B}\cdot(C+D)}+X\cdot Y$$

以上三式等效，但繁简程度不同。

**3. 对偶规则**

对于任意一个逻辑函数表达式 $F$，如果将 $F$ 中所有的 "·" 换为 "+"，所有的 "+" 换为 "·"；所有的 0 换为 1，所有的 1 换为 0，则得到一个新的函数表达式 $F'$，$F'$ 称为 $F$ 的对偶式。在证明或化简逻辑函数时，有时通过对偶式来证明或化简更方便。

**例 10-8** 求 $F=AB+\overline{A}C$ 的对偶式 $F'$。

**解：** 按对偶规则得

$$F'=(A+B)\cdot(\overline{A}+C)$$

**注意：** 逻辑代数中逻辑运算的规则是 "先括号，然后乘，最后加" 的运算优先次序。在以上三个规则应用时，都必须注意与原函数的运算顺序不变。

## 10.3.2 逻辑函数表示法

如果以逻辑变量作为输入，以运算结果作为输出，则输出与输入之间是一种函数关系，这种函数关系称为逻辑函数。任何一个具体的因果关系都可以用逻辑函数来描述它的逻辑功能。逻辑函数的描述方法有真值表、函数表达式、卡诺图和逻辑图。

**1. 真值表**

求出逻辑函数输入变量的所有取值下对应的输出值，并列成表格，称为真值表。

**例 10-9**　有 $A$、$B$、$C$ 三个输入信号，只有当 $A$ 为 1，且 $B$、$C$ 至少有一个为 1 时输出为 1，其余情况输出为 0，列出真值表。

**解：**$A$、$B$、$C$ 三个输入信号共有 8 种可能。对应每一个输入信号的组合均有一个确定输出。如表 10-9 所示。

表 10-9　例 10-9 的真值表

| $A$ | $B$ | $C$ | $Y$ |
| --- | --- | --- | --- |
| 0 | 0 | 0 | 0 |
| 0 | 0 | 1 | 0 |
| 0 | 1 | 0 | 0 |
| 0 | 1 | 1 | 0 |
| 1 | 0 | 0 | 0 |
| 1 | 0 | 1 | 1 |
| 1 | 1 | 0 | 1 |
| 1 | 1 | 1 | 1 |

**2. 逻辑函数表达式**

将输出变量和输入变量之间的关系写成与、或、非运算的组合式就得到逻辑函数表达式。将 $Y=1$ 的各乘积项做逻辑加，即 $Y = A\overline{B}C + AB\overline{C} + ABC = A(B+C)$。

**3. 逻辑图**

将逻辑函数表达式中各变量之间的与、或、非等逻辑关系用逻辑图形符号表示，即得到表示函数关系的逻辑图。例 10-9 的逻辑图如图 10-23 所示。

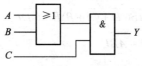

图 10-23　例 10-9 的逻辑图

## 10.3.3　逻辑函数的化简

在逻辑函数比较复杂的情况下，难以直接从变量中看出逻辑函数的结果，不直观。在直接从真值表中写出逻辑函数式并设计逻辑电路图之前，一般先需对逻辑函数式进行化简。逻辑函数的简化常用的有代数化简法和图解化简法（卡诺图法）。

对逻辑函数式进行化简时要将逻辑函数化简为最简"与-或表达式"。逻辑函数的最简"与-或表达式"的标准为：

① 与项最少，即表达式中"+"号最少。

② 每个与项中的变量数最少，即表达式中"·"号最少。

1. 代数化简法

逻辑代数化简法（公式化简法），是利用逻辑代数的公式、定理、法则进行运算和变换，以达到简化的目的。公式化简法常用如下一些方法。

（1）并项法

运用公式：$AB + A\bar{B} = A$ 消去 B 和 $\bar{B}$ 两个因子。

例 10-10　计算下式。

$Y_1 = A\bar{B}\overline{CD} + A\bar{B}CD = A$

$Y_2 = AB + ACD + \bar{A}\bar{B} + \bar{A}CD = A(\bar{B}+CD) + \bar{A}(\bar{B}+CD) = \bar{B}+CD$

$Y_3 = \bar{A}B\bar{C} + A\bar{C} + \bar{B}\bar{C} = \bar{A}B\bar{C} + \bar{C}(A+\bar{B}) = \bar{C}(\bar{A}B + \overline{\bar{A}B}) = \bar{C}$

$Y_4 = B\bar{C}D + BC\bar{D} + B\bar{C}\,\bar{D} + BCD = B\bar{C}(D+\bar{D}) + BC(\bar{D}+D) = B\bar{C} + BC = B$

或 $Y_4 = B\bar{C}D + BC\bar{D} + B\bar{C}\,\bar{D} + BCD = B(C\oplus D) + B(\overline{C\oplus D}) = B$

（2）吸收法

利用公式：$A + AB = A$ 消去 AB 项。

例 10-11　计算下式。

$Y_1 = (\overline{\bar{A}B} + C)ABD + AD = AD(\overline{\bar{A}B} + C)B + AD = AD$

$Y_2 = AB + AB\bar{C} + ABD + AB(\bar{C}+\bar{D}) = AB + ABD + AB(\bar{C}+\bar{D}) = AB + AB(\bar{C}+\bar{D}) = AB$

$Y_3 = A + \overline{\bar{A}\cdot\overline{BC}}\cdot(\bar{A} + \overline{BC} + D) + BC = A + BC + (A + BC)(\bar{A} + \overline{BC} + D) = A + BC$

（3）消项法

利用公式：$AB + \bar{A}C + BC = AB + \bar{A}C$ 消去 BC 项。

例 10-12　计算下式。

$Y_1 = AC + \overline{AB} + \bar{B} + \bar{C} = AC + \overline{AB} + \overline{BC} = AC + \overline{AB}$

$Y_2 = A\bar{B}C\bar{D} + \bar{A}E + BE + CDE = A\bar{B}C\bar{D} + (\bar{A}+B)E + CDE$

$= A\bar{B}C\bar{D} + \overline{\bar{A}B}E + CDE = A\bar{B}C\bar{D} + \overline{\bar{A}B}E$

（4）消因子法

利用公式：$A + \bar{A}B = A + B$，消去因子 $\bar{A}$。

例 10-13　计算下式。

$Y_1 = \bar{B} + ABC = \bar{B} + AC$

$Y_2 = A + \bar{A}CD + A\bar{B}\bar{C} = A + \bar{A}(CD + B\bar{C}) = A + CD + B\bar{C}$

$Y_3 = A\bar{B}\overline{CD} + \overline{AB\bar{C}} = \overline{AB\bar{C}} + D$

$Y_4 = AC + \bar{A}D + \bar{C}D = AC + (\bar{A}+\bar{C})D = AC + \overline{AC}D = AC + D$

（5）配项法

① 利用 $A + A = A$ 配项：

例 10-14　计算下式。

$Y = \bar{A}B\bar{C} + \bar{A}BC + ABC = \bar{A}B\bar{C} + \bar{A}BC + \bar{A}BC + ABC = \bar{A}B(\bar{C}+C) + BC(\bar{A}+A) = \bar{A}B + BC$

② 利用 $A+\overline{A}=1$ 配项：

**例 10-15** 计算下式。

$$Y = A\overline{B} + \overline{A}B + B\overline{C} + \overline{B}C = A\overline{B} + \overline{A}B(C+\overline{C}) + B\overline{C} + (A+\overline{A})\overline{B}C$$

$$= A\overline{B} + \overline{A}BC + \overline{A}B\overline{C} + B\overline{C} + A\overline{B}C + \overline{A}\overline{B}C$$

$$= A\overline{B}(1+C) + B\overline{C}(1+\overline{A}) + (\overline{A}BC + \overline{A}\overline{B}C) = A\overline{B} + B\overline{C} + \overline{A}C$$

化简时应灵活运用以上方法。

**2. 逻辑函数的卡诺图化简法**

（1）逻辑函数的最小项及其性质

① 最小项：如果一个函数的某个乘积项包含了函数的全部变量，其中每个变量都以原变量或反变量的形式出现，且仅出现一次，则这个乘积项称为该函数的一个标准积项，通常称为最小项。3 个变量 A、B、C 可组成 8 个最小项：

$$\overline{A}\overline{B}\overline{C}、\overline{A}\overline{B}C、\overline{A}B\overline{C}、\overline{A}BC、A\overline{B}\overline{C}、A\overline{B}C、AB\overline{C}、ABC$$

② 最小项的表示方法：通常用符号 $m_i$ 来表示最小项。下标 $i$ 的确定：把最小项中的原变量记为 1，反变量记为 0，当变量顺序确定后，可以按顺序排列成一个二进制数，则与这个二进制数相对应的十进制数，就是这个最小项的下标 $i$。3 个变量 $A$、$B$、$C$ 的 8 个最小项可以分别表示为：

$$m_0 = \overline{A}\overline{B}\overline{C}、m_1 = \overline{A}\overline{B}C、m_2 = \overline{A}B\overline{C}、m_3 = \overline{A}BC$$

$$m_4 = A\overline{B}\overline{C}、m_5 = A\overline{B}C、m_6 = AB\overline{C}、m_7 = ABC$$

③ 最小项的性质：任意一个最小项，只有一组变量取值使其值为 1；任意两个不同的最小项的乘积必为 0；全部最小项的和必为 1。

（2）用卡诺图表示逻辑函数

① 卡诺图的构成：将逻辑函数真值表中的最小项重新排列成矩阵形式，并且使矩阵的横方向和纵方向的逻辑变量的取值按照格雷码的顺序排列，这样构成的图形就是卡诺图。图 10-24 分别是 2 变量、3 变量、4 变量的卡诺图。

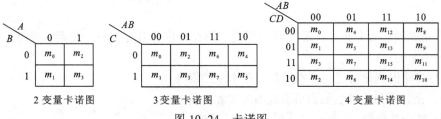

图 10-24　卡诺图

卡诺图的特点是任意两个相邻的最小项在图中也是相邻的（相邻项是指两个最小项只有一个因子互为反变量，其余因子均相同，又称为逻辑相邻项）。

两个相邻最小项可以合并消去一个变量，逻辑函数化简的实质就是相邻最小项的合并。

例如：$m_5 + m_4 = A\overline{B}C + A\overline{B}\overline{C} = A\overline{B}(C+\overline{C}) = A\overline{B}$

$m_{12} + m_8 = AB\overline{C}\overline{D} + A\overline{B}\overline{C}\overline{D} = A\overline{C}\overline{D}$

② 逻辑函数在卡诺图中的表示

逻辑函数是以真值表或者以最小项表达式给出：在卡诺图上那些与给定逻辑函数的最小项相对应的方格内填入 1，其余的方格内填入 0（或为空）。

逻辑函数以一般的逻辑表达式给出：先将函数变换为与或表达式，然后在卡诺图上与每一个乘积项所包含的那些最小项（该乘积项就是这些最小项的公因子）相对应的方格内填入 1，其余的方格内填入 0。

③ 卡诺图的性质

任何两个标 1 的相邻最小项，可以合并为一项，并消去一个变量；任何 4 个（$2^2$ 个）标 1 的相邻最小项，可以合并为一项，并消去 2 个变量；任何 8 个（$2^3$ 个）标 1 的相邻最小项，可以合并为一项，并消去 3 个变量。

**例 10-16** 用卡诺图表示逻辑函数 $Y = \overline{(A+D)(B+\overline{C})}$。

**解**：原逻辑函数可写成

$Y = \overline{A}\,\overline{D} + \overline{B}C$

用卡诺图表示该逻辑函数为：

| CD\AB | 00 | 01 | 11 | 10 |
|---|---|---|---|---|
| 00 | 1 | 1 | 0 | 0 |
| 01 | 0 | 0 | 0 | 0 |
| 11 | 1 | 0 | 0 | 1 |
| 10 | 1 | 1 | 0 | 1 |

（3）用卡诺图化简逻辑函数

用卡诺图化简逻辑函数一般可分为三步进行：首先是画出函数的卡诺图；然后是画卡诺圈合并最小项；最后根据方格卡诺圈写出最简与或表达式。

在画卡诺圈合并最小项时应注意以下几个问题：

① 画在一个卡诺圈内的 1 方格数必须是 $2^m$ 个（m 为大于等于 0 的整数）；

② 画在一个卡诺圈内的 $2^m$ 个 1 方格必须排列成方阵或矩阵；

③ 圈数尽可能少；圈尽可能大；

④ 卡诺图中所有"1"都要被圈，且每个"1"可以多次被圈；每个圈中至少要有一个"1"只圈 1 次。

⑤ 一般来说，合并最小项圈 1 的顺序是先圈没有相邻项的 1 格，再圈两格组、四格组、八格组……。

在进行考诺图化简时还应注意的是，最小项的圈法不只一种，所以得到的各个乘积项组成的与或表达式也各不相同，哪个是最简的，要经过比较、检查才能确定。有时，不同圈法得到的与或表达式都是最简形式，即一个函数的最简与或表达式不是唯一的。

**例 10-17** 求 $F = m(1, 3, 4, 5, 10, 11, 12, 13)$ 的最简与或式。

**解**：

① 画出 $F$ 的卡诺图，如图 10-25 所示。

② 画圈。按照最小项合并规律，将可以合并的最小项分别圈起来。

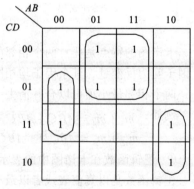

图 10-25　例 10-17 的卡诺图

③ 写出最简与或式。

$$F = B\overline{C} + \overline{ABD} + \overline{A}\overline{BC}$$

# 10.4 组合逻辑电路

数字逻辑电路按照逻辑功能和结构特点的不同可以分为两大类。一类为组合逻辑电路，这类电路的输出状态仅取决于该时刻的输入状态，而与电路原来所处的状态无关；另一类为时序逻辑电路，这一类电路的输出状态不仅与输入状态有关，而且还与电路原来的状态有关。

## 10.4.1 组合逻辑电路的分析

组合逻辑电路是数字电路的基础，它通常是由与门、或门、与非门、或非门等几种逻辑门电路组合而成，组合逻辑电路的分析是根据已知的组合逻辑电路，确定其输入与输出之间的逻辑关系，验证和说明此电路逻辑功能的过程。

组合逻辑电路的分析一般按以下步骤进行：

① 根据给定的逻辑电路图，写出输出端的逻辑函数表达式。

② 对所得到的表达式进行化简和变换，得到最简式。

③ 根据最简式列出真值表。

④ 分析真值表，确定电路的逻辑功能。

**例 10-18** 试分析组合逻辑电路的功能，电路如图 10-26 所示。

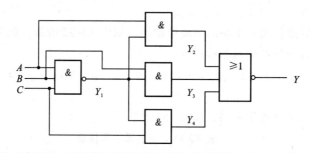

图 10-26 例 10-18 的逻辑图

**解：** 由上图可以写出输出变量 $Y$ 与输入变量 $A$、$B$、$C$ 之间的函数式为

$$Y_1 = \overline{ABC}$$
$$Y_2 = AY_1 = A\overline{ABC}$$
$$Y_3 = BY_1 = B\overline{ABC}$$
$$Y_4 = CY_1 = C\overline{ABC}$$
$$Y = \overline{Y_2 + Y_3 + Y_4} = \overline{A\overline{ABC} + B\overline{ABC} + C\overline{ABC}}$$
$$= \overline{(A + B + C)\overline{ABC}}$$
$$= \overline{\overline{A + B + C}} + ABC$$
$$= \overline{A}\,\overline{B}\,\overline{C} + ABC$$

表 10-10　例 10-18 的真值表

| 输　　　　入 | | | 输　　出 |
|---|---|---|---|
| A | B | C | Y |
| 0 | 0 | 0 | 1 |
| 0 | 0 | 1 | 0 |
| 0 | 1 | 0 | 0 |
| 0 | 1 | 1 | 0 |
| 1 | 0 | 0 | 0 |
| 1 | 0 | 1 | 0 |
| 1 | 1 | 0 | 0 |
| 1 | 1 | 1 | 1 |

从真值表可以看出，三个输入量 $A$、$B$、$C$ 同为 1 或同为 0 时，输出为 1，否则为 0，所以该电路的逻辑功能是用来判断输入信号是否相同的，所以也称为"一致判别电路"。

### 10.4.2　加法器

1. 半加器

半加器的真值表如表 10-11 所示。表中的 A 和 B 分别表示被加数和加数输入，S 为本位和输出，C 为向相邻高位的进位输出。由真值表可直接写出输出逻辑函数表达式：

$$S = \overline{A}B + A\overline{B} = A \oplus B \qquad\qquad C = AB$$

可见，可用一个异或门和一个与门组成半加器，如图 10-27 所示。如果想用与非门组成半加器，则将上式用代数法变换成与非形式为

$$S = \overline{A}B + A\overline{B} = \overline{A}B + A\overline{B} + A\overline{A} + B\overline{B} = A(\overline{A}+\overline{B}) + B(\overline{A}+\overline{B}) = A \cdot \overline{AB} + B \cdot \overline{AB} = \overline{\overline{A \cdot \overline{AB}} \cdot \overline{B \cdot \overline{AB}}}$$

$$C = AB = \overline{\overline{AB}}$$

由此画出用与非门组成的半加器，如图 10-27 所示。

表 10-11　半加器的真值表

| 输　　　　入 | | 输　　　　出 | |
|---|---|---|---|
| 被加数 A | 加数 B | 和数 S | 进位数 C |
| 0 | 0 | 0 | 0 |
| 0 | 1 | 1 | 0 |
| 1 | 0 | 1 | 0 |
| 1 | 1 | 0 | 1 |

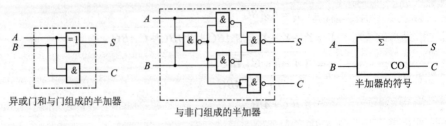

异或门和与门组成的半加器　　　与非门组成的半加器　　　半加器的符号

图 10-27　半加器的组成和半加器的符号

### 2. 全加器

在多位数加法运算时，除最低位外，其他各位都需要考虑低位送来的进位。全加器就具有这种功能。全加器的真值表如表 10-12 所示。表中的 $A_i$ 和 $B_i$ 分别表示被加数和加数输入，$C_{i-1}$ 表示来自相邻低位的进位输入。$S_i$ 为本位和输出，$C_i$ 为向相邻高位的进位输出。

**表 10-12　全加器的真值表**

| 输　　入 | | | 输　　出 | |
| --- | --- | --- | --- | --- |
| $A_i$ | $B_i$ | $C_{i-1}$ | $S_i$ | $C_i$ |
| 0 | 0 | 0 | 0 | 0 |
| 0 | 0 | 1 | 1 | 0 |
| 0 | 1 | 0 | 1 | 0 |
| 0 | 1 | 1 | 0 | 1 |
| 1 | 0 | 0 | 1 | 0 |
| 1 | 0 | 1 | 0 | 1 |
| 1 | 1 | 0 | 0 | 1 |
| 1 | 1 | 1 | 1 | 1 |

由真值表直接写出 $S_i$ 和 $C_i$ 的输出逻辑函数表达式，再经代数法化简和转换得

$$S_i = \overline{A_i}\,\overline{B_i}C_{i-1} + \overline{A_i}B_i\overline{C_{i-1}} + A_i\overline{B_i}\,\overline{C_{i-1}} + A_iB_iC_{i-1}$$
$$= \overline{(A_i \oplus B_i)}C_{i-1} + (A_i \oplus B_i)\overline{C_{i-1}} = A_i \oplus B_i \oplus C_{i-1}$$
$$C_i = \overline{A_i}B_iC_{i-1} + A_i\overline{B_i}C_{i-1} + A_iB_i\overline{C_{i-1}} + A_iB_iC_{i-1}$$
$$= A_iB_i + (A_i \oplus B_i)C_{i-1}$$

根据上式画出全加器的逻辑电路如图 10-28（a）所示。图 10-28（b）所示为全加器的逻辑符号。

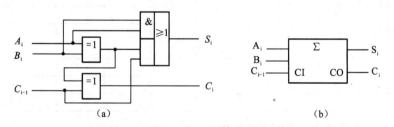

图 10-28　全加器的逻辑电路及逻辑符号

### 3. 多位数加法器

要进行多位数相加，最简单的方法是将多个全加器进行级联，称为串行进位加法器。图 10-29 所示是 4 位串行进位加法器，从图中可见，两个 4 位相加数 $A_3A_2A_1A_0$ 和 $B_3B_2B_1B_0$ 的各位同时送到相应全加器的输入端，进位数串行传送。全加器的个数等于相加数的位数。最低位全加器的 $C_{i-1}$ 端应接 0。

串行进位加法器的优点是电路比较简单，缺点是速度比较慢。因为进位信号是串行传递，图 10-29 中最后一位的进位输出 $C_3$ 要经过四位全加器传递之后才能形成。如果位数增加，传输延迟时间将更长，工作速度更慢。为了提高速度，人们又设计了一种多位数快速进位（又称超前进位）的加法器。所谓快速进位，是指加法运算过程中，各级进位信号同时送到各位全加器的进位输入端。现在的集成加法器，大多采用这种方法。

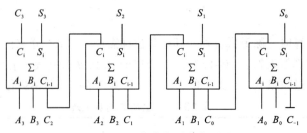

图 10-29  4 位串行进位加法器

### 10.4.3  编码器

所谓编码，就是把二进制数码"0"和"1"按一定的规律组合起来，使每组数码都表示一定的含义的过程。例如，车管部门给每辆车一个车牌号，电信部门给每个用户一个号码等都是进行编码。能够实现编码功能的组合逻辑电路称为编码器。8421BCD 码（10 线–4 线）编码器，是一种二–十进制编码器，它能将十进制数 0、1、2、…、9 转换为 8421BCD 码。10 线是指输入的逻辑变量有 10 个，分别用 $A_0 \sim S_9$ 来表示，4 线是指编码器的输出代码是四位的 BCD 码，用 $Y_0 \sim Y_3$ 来表示（其中 $Y_3$ 为最高位）。其真值表如表 10-13 所示。

表 10-13  8421BCD 码简化真值表

| 十 进 制 数 | 输 入 | 输 出 | | | |
|---|---|---|---|---|---|
| | | $Y_3$ | $Y_2$ | $Y_1$ | $Y_0$ |
| 0 | $A_0$ | 0 | 0 | 0 | 0 |
| 1 | $A_1$ | 0 | 0 | 0 | 1 |
| 2 | $A_2$ | 0 | 0 | 1 | 0 |
| 3 | $A_3$ | 0 | 0 | 1 | 1 |
| 4 | $A_4$ | 0 | 1 | 0 | 0 |
| 5 | $A_5$ | 0 | 1 | 0 | 1 |
| 6 | $A_6$ | 0 | 1 | 1 | 0 |
| 7 | $A_7$ | 0 | 1 | 1 | 1 |
| 8 | $A_8$ | 1 | 0 | 0 | 0 |
| 9 | $A_9$ | 1 | 0 | 0 | 1 |

根据真值表可以写出输出逻辑函数表达式为

$$Y_3 = A_8 + A_9 = \overline{\overline{A_8} \cdot \overline{A_9}}$$
$$Y_2 = A_4 + A_5 + A_6 + A_7 = \overline{\overline{A_4} \cdot \overline{A_5} \cdot \overline{A_6} \cdot \overline{A_7}}$$
$$Y_1 = A_2 + A_3 + A_6 + A_7 = \overline{\overline{A_2} \cdot \overline{A_3} \cdot \overline{A_6} \cdot \overline{A_7}}$$
$$Y_0 = A_1 + A_3 + A_5 + A_7 + A_9 = \overline{\overline{A_1} \cdot \overline{A_3} \cdot \overline{A_5} \cdot \overline{A_7} \cdot \overline{A_9}}$$

根据逻辑表达式可画出此编码器的逻辑电路图，如图 10-30 所示。

### 10.4.4  译码器

译码是编码的逆过程，其作用是把某种代码翻译成一个相应的输出信号。能够实现译码功能的电

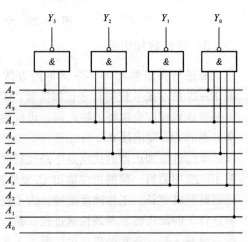

图 10-30  编码器的逻辑电路图

路称为译码器。目前译码器主要采用集成电路来构成。

### 1. 集成二进制译码器 74LS138

二进制译码器就是将输入的二进制代码译成相应的输出信号的电路。集成二进制译码器 74LS138 就是典型二进制译码器，它有 3 条输入线 $A_0$、$A_1$、$A_2$，用来输入 3 位二进制代码，有 8 条输出线 $\overline{Y_0} \sim \overline{Y_7}$，用来输出还原后的输出信号。74LS138 的逻辑符号和引脚图见图 10–31 所示。

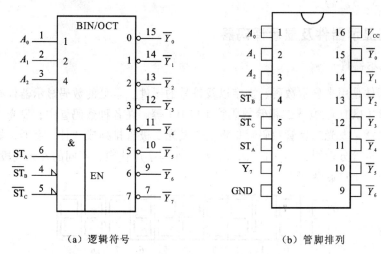

（a）逻辑符号　　　　　　　（b）管脚排列

图 10–31　74LS138 逻辑符号和引脚图

该译码器除了具有 3 路输入，8 路输出以外，还有三个选通端 $ST_A$、$\overline{ST_B}$、$\overline{ST_C}$（也称为使能端），这三个选通端组合起来共同控制译码器的工作。仅当 $ST_A=1$，$\overline{ST_B}=\overline{ST_C}=0$ 时，译码器正常工作进行译码，否则无论三者为何值，译码器 8 个输出端均输出高电平，不能进行译码工作。该译码器输出端输出低电平是有效的。译码器的真值表如表 10–15 所示。

表 10-15　74LS138 集成译码器的真值表

| 译 码 控 制 | | | 输 　 入 | | | 输 　 　 　 出 | | | | | | | |
|---|---|---|---|---|---|---|---|---|---|---|---|---|---|
| 6 | 4 | 5 | 3 | 2 | 1 | 15 | 14 | 13 | 12 | 11 | 10 | 9 | 7 |
| $ST_A$ | $\overline{ST_B}+\overline{ST_C}$ | | $A_2$ | $A_1$ | $A_0$ | $\overline{Y_0}$ | $\overline{Y_1}$ | $\overline{Y_2}$ | $\overline{Y_3}$ | $\overline{Y_4}$ | $\overline{Y_5}$ | $\overline{Y_6}$ | $\overline{Y_7}$ |
| 0 | × | | × | × | × | 1 | 1 | 1 | 1 | 1 | 1 | 1 | 1 |
| × | 1 | | × | × | × | 1 | 1 | 1 | 1 | 1 | 1 | 1 | 1 |
| 1 | 0 | | 0 | 0 | 0 | 0 | 1 | 1 | 1 | 1 | 1 | 1 | 1 |
| 1 | 0 | | 0 | 0 | 1 | 1 | 0 | 1 | 1 | 1 | 1 | 1 | 1 |
| 1 | 0 | | 0 | 1 | 0 | 1 | 1 | 0 | 1 | 1 | 1 | 1 | 1 |
| 1 | 0 | | 0 | 1 | 1 | 1 | 1 | 1 | 0 | 1 | 1 | 1 | 1 |
| 1 | 0 | | 1 | 0 | 0 | 1 | 1 | 1 | 1 | 0 | 1 | 1 | 1 |
| 1 | 0 | | 1 | 0 | 1 | 1 | 1 | 1 | 1 | 1 | 0 | 1 | 1 |
| 1 | 0 | | 1 | 1 | 0 | 1 | 1 | 1 | 1 | 1 | 1 | 0 | 1 |
| 1 | 0 | | 1 | 1 | 1 | 1 | 1 | 1 | 1 | 1 | 1 | 1 | 0 |

### 2. 集成二进制译码器 74LS138 的应用

可应用集成二进制译码器 74LS138 构成组合逻辑电路。

**例 10-19** 用集成二进制译码器 74LS138 实现逻辑函数 $L=AC+\bar{A}B$。

**解**：逻辑函数的最小项表达式为

$L=AC+\bar{A}B$

$\quad =AC(B+\bar{B})+\bar{A}B(C+\bar{C})$

$\quad =ABC+A\bar{B}C+\bar{A}BC+\bar{A}B\bar{C}$

$\quad =\Sigma m(2,3,5,7)$

### 10.4.5 数码显示器件及显示译码器

**1. 数码显示器件**

数码显示器件是用来显示数码、文字以及符号的器件。常见的数码显示器件有：荧光数码管、液晶数码管（LCD）、发光二极管数码管（LED）等。在各种数码管中，发光二极管数码管显示器应用很广泛。发光二极管数码管是将七个发光二极管排列成"日"字形，如图 10-32 所示，七个发光二极管分别用 $a$、$b$、$c$、$d$、$e$、$f$、$g$ 小写字母代表，不同的发光线段组合在一起，就能显示出相应的十进制数字。

图 10-32 发光二极管数码管

在发光二极管数码管中，七个发光二极管内部接法可分为共阴极和共阳极两种，分别如图 10-33 所示。在共阴极接法中，是把七个发光二极管的负极连接在一起，它们的正极用以输入电平信号。在 $a\sim g$ 引脚中，输入高电平的线段发光。在共阳极接法中，把各发光二极管的正极连接在一起，它们的负极用以输入电平信号。$a\sim g$ 引脚中，输入低电平的线段发光。控制不同的发光段，就可显示 $0\sim 9$ 不同的数字。

**2. 数字显示译码器**

显示译码器的作用就是将输入的代码译成驱动数码管的信号，使其显示出相应的十进制数码。下面以集成显示译码器 74LS48 为例说明显示译码器的使用方法。集成显示译码器 74LS48 的逻辑符号和引脚排列如图 10-34 所示。

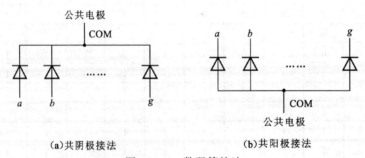

（a）共阴极接法　　　　　　　　（b）共阳极接法

图 10-33 数码管接法

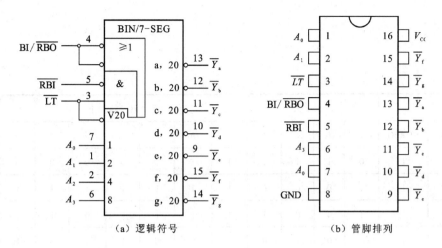

图 10-34 74LS48 的逻辑符号和引脚图

74LS48 所具有的逻辑功能如下：

① 译码功能。当 $\overline{LT}$ =1 时，译码器正常工作，根据输入的不同，译码显示输出。

② 消隐功能。当 $\overline{RBI}$ =0 时，输出为 0，显示器熄灭。

③ 灯测试功能。当 $\overline{LT}$ =0，BI/$\overline{RBO}$ = 1 时，输出全为 1，显示器的字段均点亮。该功能用于显示器测试，判别是否有损坏的字段。

④ 动态灭零功能。当 $\overline{LT}$ =1，$\overline{RBI}$ =0 时，无效 0 熄灭。

显示译码器 74LS48 真值表如表 10-16 所示。

表 10-16  显示译码器 74LS48 真值表

| | | | 输 入 | | | | 段 码 输 出 | | | | | | | 功 能 |
|---|---|---|---|---|---|---|---|---|---|---|---|---|---|---|
| $\overline{LT}$ | $\overline{RBI}$ | BI/$\overline{RBO}$ | $A_3$ | $A_2$ | $A_1$ | $A_0$ | $a$ | $b$ | $c$ | $d$ | $e$ | $f$ | $g$ | |
| 0 | × | 1 | × | × | × | × | 1 | 1 | 1 | 1 | 1 | 1 | 1 | 试灯 |
| × | × | 0 | × | × | × | × | 0 | 0 | 0 | 0 | 0 | 0 | 0 | 熄灯 |
| 1 | 0 | 1 | 0 | 0 | 0 | 0 | 0 | 0 | 0 | 0 | 0 | 0 | 0 | 灭 0 |
| 1 | 1 | 1 | 0 | 0 | 0 | 0 | 1 | 1 | 1 | 1 | 1 | 1 | 0 | 0 |
| 1 | × | 1 | 0 | 0 | 0 | 1 | 0 | 1 | 1 | 0 | 0 | 0 | 0 | 1 |
| 1 | × | 1 | 0 | 0 | 1 | 0 | 1 | 1 | 0 | 1 | 1 | 0 | 1 | 2 |
| 1 | × | 1 | 0 | 0 | 1 | 1 | 1 | 1 | 1 | 1 | 0 | 0 | 1 | 3 |
| 1 | × | 1 | 0 | 1 | 0 | 0 | 0 | 1 | 1 | 0 | 0 | 1 | 1 | 4 |
| 1 | × | 1 | 0 | 1 | 0 | 1 | 1 | 0 | 1 | 1 | 0 | 1 | 1 | 5 |
| 1 | × | 1 | 0 | 1 | 1 | 0 | 1 | 0 | 1 | 1 | 1 | 1 | 1 | 6 |

续表

| 输入 | | | | | | | 段 码 输 出 | | | | | | | 功 能 |
|---|---|---|---|---|---|---|---|---|---|---|---|---|---|---|
| $\overline{LT}$ | $\overline{RBI}$ | BI/$\overline{RBO}$ | $A_3$ | $A_2$ | $A_1$ | $A_0$ | $a$ | $b$ | $c$ | $d$ | $e$ | $f$ | $g$ | |
| 1 | × | 1 | 0 | 1 | 1 | 1 | 1 | 1 | 1 | 0 | 0 | 0 | 0 | 7 |
| 1 | × | 1 | 1 | 0 | 0 | 0 | 1 | 1 | 1 | 1 | 1 | 1 | 1 | 8 |
| 1 | × | 1 | 1 | 0 | 0 | 1 | 1 | 1 | 1 | 1 | 0 | 1 | 1 | 9 |
| 1 | × | 1 | 1 | 0 | 1 | 0 | 0 | 0 | 0 | 1 | 1 | 0 | 1 | c |
| 1 | × | 1 | 1 | 0 | 1 | 1 | 0 | 0 | 1 | 1 | 0 | 0 | 1 | ɔ |
| 1 | × | 1 | 1 | 1 | 0 | 0 | 0 | 1 | 0 | 0 | 0 | 1 | 1 | u |
| 1 | × | 1 | 1 | 1 | 0 | 1 | 1 | 0 | 0 | 1 | 0 | 1 | 1 | ℥ |
| 1 | × | 1 | 1 | 1 | 1 | 0 | 0 | 0 | 0 | 1 | 1 | 1 | 1 | t |
| 1 | × | 1 | 1 | 1 | 1 | 1 | 0 | 0 | 0 | 0 | 0 | 0 | 0 | 无显示 |

### 10.4.6　数据选择器和数据分配器

#### 1. 数据选择器

数据选择器又称多路选择器或者多路开关。它是一个多路输入、单端输出的组合逻辑电路，它能在控制信号作用下，从多路输入数据中，选择其中需要的一路并送往输出端。如图 10-35 所示为 4 选 1 数据选择器。

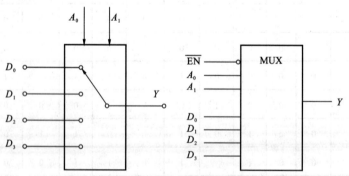

图 10-35　4 选 1 数据选择器

其中 $D_0 \sim D_3$ 为 4 路数据输入端，$A_1$、$A_0$ 是地址输入端，由 $A_1$、$A_0$ 的 4 种状态 00、01、10、11 分别控制四个与门的开闭。任何时刻只有一种 $A_1$、$A_0$ 的取值将一个与门打开，使对应的那一路输入数据通过，并从 $Y$ 端输出。$\overline{EN}$ 为使能端，低电平有效，当 $\overline{EN}=1$ 时，电路处于禁止状态；当 $\overline{EN}=0$ 时，数据选择器工作，根据 $A_1$、$A_0$ 的取值组合，从 $D_0 \sim D_3$ 中选一路数据输出，其真值表如表 10-17 所示。

表 10-17 4 选 1 数据选择器的真值表

| 输　入 | | | | 输　出 |
|---|---|---|---|---|
| 使 能 端 | 地 址 信 号 | | 数 据 | |
| $\overline{EN}$ | $A_1$ | $A_0$ | $D_i$ | $Y$ |
| 1 | × | × | × | 高 阻 |
| 0 | 0 | 0 | $D_0 \sim D_3$ | $D_0$ |
| 0 | 0 | 1 | $D_0 \sim D_3$ | $D_1$ |
| 0 | 1 | 0 | $D_0 \sim D_3$ | $D_2$ |
| 0 | 1 | 1 | $D_0 \sim D_3$ | $D_3$ |

## 2. 数据分配器

数据分配器的功能与数据选择器功能相反，它是将一路输入变为多路输出的逻辑电路。如图 10-36 所示为 4 路数据分配器，其中 $D$ 为数据输入端，$Y_0 \sim Y_3$ 为输出端，$A_1$、$A_0$ 为控制端或地址输入端，用以控制数据 $D$ 传送到不同的通道（$Y_0 \sim Y_3$）上去。当 $A_1 A_0 = 00$ 时，数据 $D$ 从 $Y_0$ 通道输出，有 $Y_0 = D$；当 $A_1 A_0 = 01$ 时，数据 $D$ 从 $Y_1$ 通道输出，有 $Y_1 = D$；当 $A_1 A_0 = 10$ 时，有 $Y_2 = D$；当 $A_1 A_0 = 11$ 时，$Y_3 = D$。

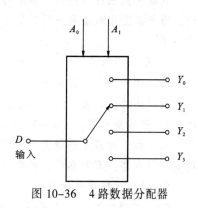

图 10-36 4 路数据分配器

# 小　结

### 1．最基本的逻辑关系

最基本的逻辑关系有三种：与、或、非。由最基本的逻辑关系组成与非、或非、与或非、同或和异或等常用的复合逻辑关系。

### 2．逻辑函数有四种表示方法

（1）真值表

真值表是将 $n$ 个输入变量的 $2^n$ 个状态及其对应的输出函数列成一个表格叫做真值表（或称逻辑状态表）。真值表的特点是直观、明了。

（2）逻辑表达式

逻辑表达式是通过与、或、非等运算把各个变量联系起来，表示逻辑函数。特别对于那些逻辑关系比较复杂，逻辑变量又多的逻辑问题，这是种简洁的表示方法，尤其便于利用公式进行逻辑运算和化简。

（3）逻辑图

按照逻辑表达式用对应的逻辑门符号连接起来就是逻辑图。逻辑图是一种比较接近工程实际的表示逻辑函数的方法，因为图中的逻辑单元符号通常就表示一个具体的电路器件，所以又称为逻辑电路图。

（4）卡诺图

卡诺图是逻辑函数的最小项方块图表示法，它用几何位置上的相邻性，形象地表示了组成逻辑函数的各个最小项之间在逻辑上的相邻性。卡诺图是化简逻辑函数的重要工具。

3．逻辑函数的化简

在分析或设计逻辑电路时，为使逻辑电路简单可靠，需要对逻辑函数进行化简，通常采用代数化简法和卡诺图化简法。

（1）代数化简法

就是利用基本公式和常用公式来化简逻辑函数。在逻辑函数为与-或表达式时常采用以下几种方法：吸收法、合并项法、消去法、配项法。通过化简，一个逻辑函数用最简与或式表示。

（2）卡诺图化简法

代数化简法技巧性强，要求对逻辑代数公式运用要十分熟练，显然这对初学者是比较困难的。而卡诺图化简法是一种简便直观、容易掌握、行之有效的方法，在数字逻辑电路中得到广泛应用。

4．逻辑门电路

输入和输出之间具有与、或、非逻辑关系的开关电路称为门电路。一个门电路的逻辑功能不仅从电路的结构看，而且还要区别是正逻辑还是负逻辑。没特别声明，通常都采用正逻辑。即"1"表示高电平，"0"表示低电平。

除了由三种基本逻辑关系组成的与门、或门和非门，还可由这三种基本门电路组成其他多种复合门电路，即与非门、或非门、与或非、同或门、异或门等。

5．组合逻辑电路的分析

组合逻辑电路的特点是任意时刻电路的输出状态只取决于该时刻输入逻辑变量取值的组合。组合逻辑电路分析的目的是确定它的逻辑功能，分析的步骤如下：

① 根据给定的逻辑电路写出逻辑表达式。

② 将逻辑表达式化简。

③ 根据最简式列出真值表。

④ 由真值表分析该电路的逻辑功能。

6．编码器

编码器是对输入信号进行编码。输出的是用若干个 0 和 1 按一定规律排列的代码。例如二-十进制编码器，输入信号是十个十进制数，输出的是对应的用四位二进制数按"8421"编码表示的代码。

7．译码器

译码是编码的逆过程，即是将代码所表示的信息翻译过来的过程。实现译码功能的电路称为译码器。最常用的 3/8 线译码器是 74LS138，输入三位二进制代码，输出对应的八个信号。

# 习　题

## 一、判断题

1．将 $(FF)_{16}$ 表示成 8421 码为 11111111。　　　　　　　　　　　　　　（　　）

2．二进制代码 0011 和 0010 都可以表示十进制数 2。　　　　　　　　　　　（　　）

3．74LS138 是常用的编码器芯片。　　　　　　　　　　　　　　（　　）

4．74LS148 是常用的现实译码器芯片。　　　　　　　　　　　　（　　）

5．74LS139 是常用的双 2/4 译码器芯片。　　　　　　　　　　　（　　）

6．与门、或门和非门称为最基本的逻辑门。　　　　　　　　　　（　　）

7．逻辑函数有真值表、逻辑表达式、逻辑图 、卡诺图四种表示方法。（　　）

8．TTL "与非门" 在使用时，可将多余的输入端悬空。　　　　　（　　）

9．CMOS 电路的多余输入端不允许悬空。　　　　　　　　　　　（　　）

10．组合逻辑电路电路有记忆功能。　　　　　　　　　　　　　　（　　）

## 二、选择题

1．由开关组成的逻辑电路如图 10-37 所示，设开关接通为 "1"，断开为 "0"，电灯亮为 "1"，电灯暗为 "0"，则该电路为（　　　）。

　　　A．与门　　　　　　　　B．或门　　　　　　　　C．非门

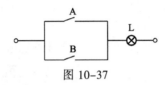

图 10-37

2．下列命题错误的是（　　　　）

　　　A．$A \cdot 0 = A$　　　　　B．$A \odot 1 = A$　　　　　C．$A + 1 = 1$　　　　　D．$A + A = A$

3．在如图 10-38 所示电路中要求输出 $F = B$，则 $A$ 为（　　　）。

　　　A．0　　　　　　　　B．1　　　　　　　　C．$\overline{B}$　　　　　　　　D．B

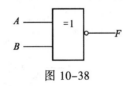

图 10-38

4．函数 $F = AB + A\overline{B}C$ 的最简与或式为（　　　）。

　　　A．$F = AB + C$　　　B．$F = AC + B$　　　C．$F = AB + AC$　　　D．$F = A\overline{B} + AC$

5．已知有两位二进制数 $A = 10$，$B = 11$，则 $A \oplus B = ($　　$)$，$A \odot B = ($　　$)$。

　　　A．01　　　　　　　　B．00　　　　　　　　C．11　　　　　　　　D．10

6．七段显示译码器是指（　　　）的电路。

　　　A．将二进制代码转换成 0~9 个数字　　　　　B．将 BCD 码转换成七段显示字形信号

　　　C．将 0~9 个数转换成 BCD 码　　　　　　　D．将七段显示字形信号转换成 BCD 码

## 三、综合题

1．将下列二进制数转为等值的十六进制数和等值的十进制数。

（1）$(10010111)_2$；　（2）$(1101101)_2$；　（3）$(0.01011111)_2$；　（4）$(11.001)_2$。

2．将下列十六进制数化为等值的二进制数。

（1）$(8C)_{16}$；　　　　（2）$(3D.8E)_{16}$；　　　（3）$(8F.DE)_{16}$。

3．已知逻辑函数的真值表如表 10-18 （a）、（b），试写出对应的逻辑函数式。

| | 表 10-18（a） | | | |
|---|---|---|---|---|
| M | N | P | O | Z |
| 0 | 0 | 0 | 0 | 0 |
| 0 | 0 | 0 | 1 | 0 |
| 0 | 0 | 1 | 0 | 0 |
| 0 | 0 | 1 | 1 | 1 |
| 0 | 1 | 0 | 0 | 0 |
| 0 | 1 | 0 | 1 | 0 |
| 0 | 1 | 1 | 0 | 1 |
| 0 | 1 | 1 | 1 | 1 |
| 1 | 0 | 0 | 0 | 0 |
| 1 | 0 | 0 | 1 | 0 |
| 1 | 0 | 1 | 0 | 0 |
| 1 | 0 | 1 | 1 | 1 |
| 1 | 1 | 0 | 0 | 1 |
| 1 | 1 | 0 | 1 | 1 |
| 1 | 1 | 1 | 0 | 1 |
| 1 | 1 | 1 | 1 | 1 |

| | 表 10-18（b） | | |
|---|---|---|---|
| A | B | C | Y |
| 0 | 0 | 0 | 0 |
| 0 | 0 | 1 | 1 |
| 0 | 1 | 0 | 1 |
| 0 | 1 | 1 | 0 |
| 1 | 0 | 0 | 1 |
| 1 | 0 | 1 | 0 |
| 1 | 1 | 0 | 0 |
| 1 | 1 | 1 | 0 |

4. 用逻辑代数的基本公式和常用公式将下列逻辑函数化为最简与或形式。

(1) $Y = A\bar{B} + B + \bar{A}B$

(2) $Y = A\bar{B}C + \bar{A} + B + \bar{C}$

(3) $Y = \overline{\bar{A}BC} + \overline{A\bar{B}}$

(4) $Y = A\bar{B}CD + ABD + A\bar{C}D$

(5) $Y = A\bar{B}\ (\bar{A}CD + \overline{AD} + \bar{B}\ \bar{C})\ (\bar{A} + B)$

(6) $Y = AC\ (\bar{C}D + \bar{A}B) + BC\ \overline{\overline{\bar{B} + AD + CE}}$

(7) $Y = A\bar{C} + ABC + AC\bar{D} + CD$

(8) $Y = A + (\overline{B + \bar{C}})(A + \bar{B} + C)\ (A + B + C)$

(9) $Y = B\bar{C} + AB\bar{C}E + \bar{B}(\overline{\bar{A}\ \bar{D}} + AD) + B\ (A\bar{D} + \bar{A}D)$

(10) $Y = AC + A\bar{C}D + A\bar{B}\ \bar{E}F + B\ (D \oplus E) + B\bar{C}D\bar{E} + B\bar{C}\ \bar{D}E + AB\bar{E}F$

5. 写出图 10-39 中各逻辑图的逻辑函数式，并化简为最简与或式。

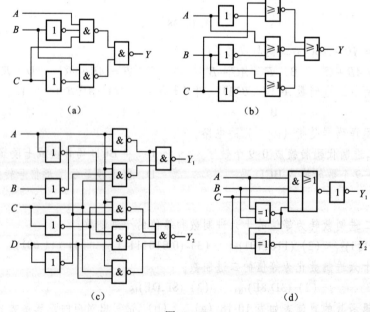

图 10-39

6. 用卡诺图化简法将下列函数化为最简与或形式。

(1) $Y = ABC + ABD + \overline{C}\,\overline{D} + A\overline{B}C + \overline{A}CD + A\overline{C}D$

(2) $Y = A\overline{B} + \overline{A}C + +BC + \overline{C}D$

(3) $Y = \overline{A}\,\overline{B} + B\overline{C} + \overline{A} + \overline{B} + ABC$

(4) $Y = \overline{A}\,\overline{B} + AC + +\overline{B}C$

(5) $Y = A\overline{B}\,\overline{C} + \overline{A}\,\overline{B} + \overline{A}D + C + BD$

7. 证明下列逻辑恒等式。

(1) $A\overline{B} + B + \overline{A}B = A + B$

(2) $(A + \overline{C})(B + D)(B + \overline{D}) = AB + B\overline{C}$

(3) $\overline{\overline{(A + B + \overline{C})}\,\overline{C}D} + (B + \overline{C})(A\overline{B}D + \overline{B}\,\overline{C}) = 1$

(4) $\overline{A}\,\overline{B}\,\overline{C}D + \overline{A}\,B\overline{C}D + A\overline{B}C\overline{D} + ABCD = \overline{A\overline{C} + \overline{A}C + B\overline{D} + \overline{B}D}$

(5) $\overline{A}(C \oplus D) + B\overline{C}D + AC\overline{D} + A\overline{B} \cdot \overline{C}D = C \oplus D$

8. 试画出用与非门和反相器实现下列函数的逻辑图。

(1) $Y = AB + BC + AC$

(2) $Y = (\overline{A} + B)(A + \overline{B})C + \overline{B}\,\overline{C}$

(3) $Y = \overline{AB\overline{C} + A\overline{B}C + \overline{A}BC}$

(4) $Y = \overline{ABC + (\overline{A\overline{B} + \overline{A}\,\overline{B} + BC})}$

9. 试画出用或非门反相器实现下列函数的逻辑图。

(1) $Y = \overline{A}BC + B\overline{C}$

(2) $Y = (A + C)(\overline{A} + B + \overline{C})(\overline{A} + \overline{B} + C)$

(3) $Y = (AB\overline{C} + \overline{B}C)\overline{D} + \overline{A}\,\overline{B}D$

(4) $Y = \overline{\overline{CD}\ \overline{BC}\ \overline{ABC}\ \overline{D}}$

10. 试说明在下列情况下，用万用表测量图 10-40 的 $u_{i2}$ 端得到的电压各为多少？图中的与非门为 74 系列的 TTL 电路，万用表使用 5 V 量程，内阻为 20 kΩ/V。

(1) $u_{i1}$ 悬空；

(2) $u_{i1}$ 接低电平（0.2 V）；

(3) $u_{i1}$ 接高电平（3.2V）；

(4) $u_{i1}$ 经 51Ω 电阻接地；

(5) $u_{i1}$ 经 10 kΩ 电阻接地。

11. 分析图 10-41 电路的逻辑功能，写出 Y1、Y2 的逻辑函数式，列出真值表，指出电路完成什么逻辑功能。

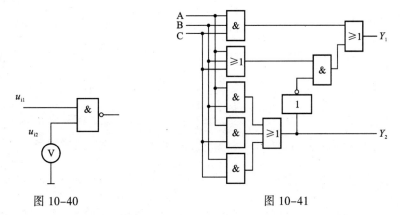

图 10-40　　　　　　　　　　　　　　　图 10-41

12. 用与非门设计四变量的多数表决电路。当输入变量 A、B、C、D 有 3 个或 3 个以上为 1 时输出为 1，输入为其他状态时输出为 0。

13. 有一水箱由大、小两台泵 $M_L$ 和 $M_S$ 供水，如图 10-42 所示。水箱中设置了 3 个水位检测元件 A、B、C。水面低于检测元件时，检测元件给出高电平；水面高于检测元件时，检测元件给出低电平。现要求当水位超过 C 点时水泵停止工作；水位低于 C 点而高于 B 点时 $M_S$ 单独工作；水位低于 B 点而高于 A 点时 $M_L$ 单独工作；水位低于 A 点时 $M_L$ 和 $M_S$ 同时工作。试用门电路设计一个控制两台水泵的逻辑电路，要求电路尽量简单。

14．试画出用 3 线 - 8 线译码器 74LS138 和门电路产生多输出逻辑函数的逻辑图（3 线 - 8 线译码器 74LS138 的逻辑图和引脚图如图 10-31 所示）

$$\begin{cases} Y_1 = AC \\ Y_2 = \overline{A}\overline{B}C + A\overline{B}\overline{C} + BC \\ Y_3 = \overline{B}\overline{C} + AB\overline{C} \end{cases}$$

15．人的血型有 A、B、AB、O 四种。输血时输血者的血型与受血者血型必须符合图 10-43 中用箭头指示的授受关系。试用数据选择器设计一个逻辑电路，判断输血者与受血者的血型是否符合上述规定。（提示：可以用两个逻辑变量的 4 种取值表示输血者的血型，用另外两个逻辑变量的 4 种取值表示受血者的血型。）

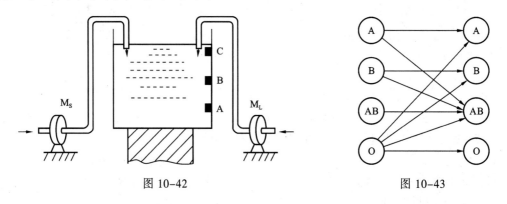

图 10-42　　　　　　　　　　　　　图 10-43

# 模块十一　触发器和时序逻辑电路

学习目标

- 掌握基本 $RS$ 触发器、同步 $RS$ 触发器、主从 $JK$ 触发器的电路组成、工作原理及其特性方程。
- 理解集成 $RS$ 触发器、集成 $JK$ 触发器及其它触发器。
- 掌握二进制计数器、十进制计数器的工作原理。
- 掌握如何构成任意进制计数器。
- 理解数据寄存器和移位寄存器的原理。
- 理解集成 555 定时器原理及其应用。

时序逻辑电路的输出状态不仅与输入状态有关，而且还与电路原来的状态有关。根据时序逻辑电路的输出状态转换是否同步可将时序电路分为同步时序电路和异步时序电路两大类。在同步时序逻辑电路中，所有触发器状态的变化都是在同一时钟信号操作下同时发生的，而在异步时序电路中，触发器状态的变化不是同时发生的。

## 11.1　触　发　器

触发器是能够存储一位二进制数码的电路，它是由门电路引入适当的反馈构成的。触发器在某一时刻的输出不仅和当时的输入状态有关，并且还与在此之前的电路状态有关。当输入信号消失后，触发器的状态被记忆，直到再输入信号后它的状态才可能变化。

触发器是最简单、最基本的时序逻辑电路，常用的时序逻辑电路寄存器、计数器等，通常都是由各类触发器构成的。

触发器的种类很多，根据组成的电路结构不同，可将触发器分为基本 $RS$ 触发器、同步 $RS$ 触发器、主从触发器和边沿触发器。根据逻辑功能的不同，可将触发器分为 $RS$ 触发器、$JK$ 触发器、$D$ 触发器、$T$ 触发器和 $T'$ 触发器。

### 11.1.1　基本 $RS$ 触发器

#### 1. 电路组成

将两个与非门的输入端与输出端交叉反馈连接就构成了基本 $RS$ 触发器，如图 11-1（a）所示。

电路中有两个输入端 $\overline{S_\mathrm{D}}$、$\overline{R_\mathrm{D}}$ 和两个输出端 $Q$、$\overline{Q}$，其中 $\overline{R_\mathrm{D}}$ 称为置 0 端，$\overline{S_\mathrm{D}}$ 称为置 1 端，字母上的非号表示低电平有效，两个输出端 $Q$ 和 $\overline{Q}$ 的状态是相反的，通常规定输出端 $Q$ 的状态为触发器的状态。如图 11-1（b）所示是基本 $RS$ 触发器的逻辑符号。

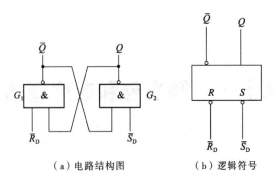

（a）电路结构图　　　　（b）逻辑符号

图 11-1　基本 $RS$ 触发器

### 2. 基本 $RS$ 触发器的工作原理

在数字电路中，触发器有两种可能的状态：0 态和 1 态，利用这两种状态可以存储一位二进制数码 0 或 1。当 $Q = 0$，$\overline{Q} = 1$ 时，称触发器处于 0 状态；当 $Q = 1$，$\overline{Q} = 0$ 时，称触发器处于 1 状态，即用 $Q$ 端的状态代表触发器的状态。

当 $\overline{R_D} = 0$，$\overline{S_D} = 1$ 时，触发器输出 $Q = 0$，$\overline{Q} = 1$，为复位状态。

当 $\overline{R_D} = 1$，$\overline{S_D} = 0$ 时，触发器输出 $Q = 1$，$\overline{Q} = 0$，为置位状态。

当 $\overline{R_D} = \overline{S_D} = 1$ 时，触发器的输出状态保持原来状态不变，为了区分两者，前者 $Q$ 用 $Q^n$ 表示，称为触发器现态；后者 $Q$ 用 $Q^{n+1}$ 表示，称为次态，即 $Q^{n+1} = Q^n$。

当 $\overline{R_D} = \overline{S_D} = 0$ 时，则强迫两个与非门的输出都为 1，这种情况禁止出现。

### 3. 基本 $RS$ 触发器的真值表

由上述分析可得出基本 $RS$ 触发器的真值表，如表 11-1 所示。

表 11-1　基本 $RS$ 触发器状态真值表

| $\overline{S_D}$ | $\overline{R_D}$ | $Q^n$ | $Q^{n+1}$ |
|---|---|---|---|
| 0 | 0 | 0 | 不定 |
| 0 | 0 | 1 | 不定 |
| 0 | 1 | 0 | 1 |
| 0 | 1 | 1 | 1 |
| 1 | 0 | 0 | 0 |
| 1 | 0 | 1 | 0 |
| 1 | 1 | 0 | 0 |
| 1 | 1 | 1 | 1 |

### 4. 基本 $RS$ 触发器的特性方程

据表 11-1 画出基本 $RS$ 触发器的真值表所对应的卡诺图如图 11-2 所示，并化简得

特性方程：$Q^{n+1} = \overline{\overline{S_D}} + \overline{R_D} \cdot Q^n$

约束条件：$\overline{S_D} + \overline{R_D} = 1$

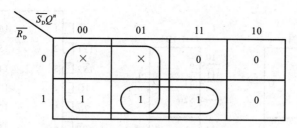

图 11-2 基本 $RS$ 触发器的卡诺图

**5. 基本 $RS$ 触发器的状态图**

状态图可直观反映出触发器状态转换条件与状态转换结果之间的关系，是时序逻辑电路分析中的重要工具之一。基本 $RS$ 触发器的状态图如图 11-3 所示。

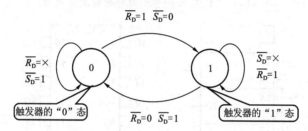

图 11-3 基本 $RS$ 触发器的状态图

**6. 基本 $RS$ 触发器的时序波形图**

基本 $RS$ 触发器的时序波形图如图 11-4 所示。

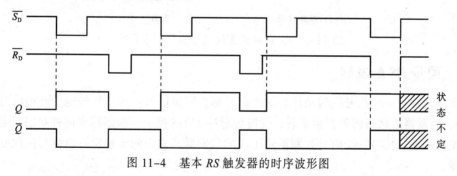

图 11-4 基本 $RS$ 触发器的时序波形图

**7. 集成基本 $RS$ 触发器**

常用的集成 $RS$ 触发器有 TTL 集成基本 $RS$ 触发器 74LS279 和 CMOS 集成 $RS$ 触发器 CC4043。

（1）TTL 集成的基本 $RS$ 触发器 74LS279

集成 $RS$ 触发器 74LS279 是在一个芯片上，集成了 4 个触发器，集成 $RS$ 触发器 74LS279 的逻辑符号和管脚排列如图 11-5 所示。

（2）CMOS 集成的 $RS$ 触发器 CC4044

CC4044 是 CMOS 型的集成 $RS$ 触发器芯片，其逻辑符号和管脚排列如图 11-6 所示。

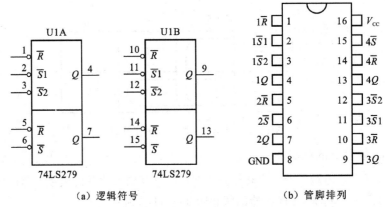

（a）逻辑符号　　　　　　　　（b）管脚排列

图 11-5　74LS279 的逻辑符号和管脚排列图

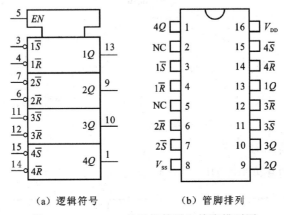

（a）逻辑符号　　　　　　（b）管脚排列

图 11-6　CC4044 的逻辑符号和管脚排列图

### 11.1.2　同步 $RS$ 触发器

要求触发器按一个信号同时动作，这个信号称为同步信号。同步信号是受外加的时钟脉冲 $CP$ 控制。触发器的状态何时发生翻转，受时钟脉冲 $CP$ 的控制，而翻转成何种状态，则取决于各自触发器的输入信号。受时钟控制同步工作的触发器，称为同步触发器也称可控触发器或钟控触发器。

#### 1. 电路组成与符号

同步 $RS$ 触发器的组成电路如图 11-7（a）所示，其逻辑符号如图 11-7（b）所示。电路在基本 $RS$ 触发器电路基础上增加了由 G3、G4 与非门构成的控制门。当输入控制信号 $CP$ 为 0 时，控制门被封锁；当 CP 为 1 时，控制门被打开。

输入信号 $\overline{S_{\mathrm{D}}}$、$\overline{R_{\mathrm{D}}}$ 直接送入基本 $RS$ 触发器，不受 CP 的控制。故 $\overline{R_{\mathrm{D}}}$ 称为直接复位端，$\overline{S_{\mathrm{D}}}$ 称为直接置位端，多用于建立电路的初始状态，正常工作时，应使这两个输入端处于高电平。

根据电路逻辑图可得出逻辑表达式为

$$Q^{n+1} = \overline{\overline{S \cdot CP} \cdot Q^n}$$

$$\overline{Q^{n+1}} = \overline{\overline{R \cdot CP} \cdot Q^n}$$

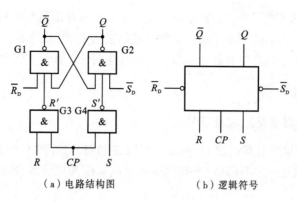

（a）电路结构图　　　　　（b）逻辑符号

图 11-7　同步 RS 触发器电路及逻辑图

### 2. 同步 RS 触发器工作原理

当 CP=0 时，G3、G4 门被封锁，输出均为 1。此时，不论输入信号 R、S 如何变化，触发器的状态保持不变。

当 CP=1 时，G3、G4 门解除封锁，触发器的次态 $Q^{n+1}$ 取决于输入信号 R、S 及电路的现态 $Q^n$。

### 3. 同步 RS 触发器的真值表

综合以上分析，可写出同步 RS 触发器的真值表，如表 11-2 所示。

表 11-2　同步 RS 触发器真值表

| 输 | 入 | | | 输 出 | | 功　能 |
|---|---|---|---|---|---|---|
| CP | R | S | $Q^n$ | $Q^{n+1}$ | | |
| 0 | × | × | × | $Q^n$ | | |
| 1 | 0 | 0 | 0 | 0 | | 保持 |
| 1 | 0 | 0 | 1 | 1 | | |
| 1 | 0 | 1 | 0 | 1 | | 置 1 |
| 1 | 0 | 1 | 1 | 1 | | |
| 1 | 1 | 0 | 0 | 0 | | 置 0 |
| 1 | 1 | 0 | 1 | 0 | | |
| 1 | 1 | 1 | 0 | × | | 禁止 |
| 1 | 1 | 1 | 1 | × | | |

### 4. 同步 RS 触发器的特性方程

把表 11-2 所示的逻辑功能用逻辑表达式表示出来，就可得到同步 RS 触发器的特性方程。

特性方程：$Q^{n+1} = S + \overline{R} \cdot Q^n$

约束条件：$RS = 0$

为了防止出现 R=S=1 使触发器输出状态不定，因此规定了约束条件 $RS=0$。

采用电平触发方式的钟控 RS 触发器存在"空翻"问题。所谓空翻，就是指在 CP=1 期间，若输入 RS 的状态发生多次变化，输出 Q 将随着发生多次变化。当触发器出现空翻现象时，一般就无法确切地判断触发器的状态了，由此造成触发器的使用受到限制。

为确保数字系统的可靠工作，要求触发器在一个 $CP$ 脉冲期间至多翻转一次，即不允许空翻现象的出现。为此，人们研制出了边沿触发方式的主从型 $JK$ 触发器和维持阻塞型的 $D$ 触发器等等。这些触发器由于只在时钟脉冲边沿到来时发生翻转，从而有效地抑制了空翻现象。

### 11.1.3 主从 $JK$ 触发器

#### 1. 主从 $JK$ 触发器电路组成及符号

主从 $JK$ 触发器的原理电路如图 11-8（a）所示，逻辑符号如图 11-8（b）所示。其中 $G_1 \sim G_4$ 构成主触发器，输入通过一个非门和 CP 控制端相连 $G_5 \sim G_8$ 构成从触发器，从触发器直接与 CP 控制端相连。

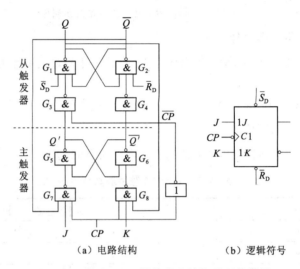

（a）电路结构　　　　　　　（b）逻辑符号

图 11-8　主从型 $JK$ 触发器的结构及逻辑符号

#### 2. 主从 $JK$ 触发器的工作原理

当 CP=1 时，主触发器被打开，可以接收输入信号 $J$、$K$，其输出状态由输入信号的状态决定；但由于 $\overline{CP} = 0$，从触发器被封锁，无论主触发器的输出状态如何变化，对从触发器均无影响，即触发器的输出状态保持不变。

当 CP 下降沿到来时，即 CP 由 1 变为 0 时，主触发器被封锁，无论输入信号如何变化，对主触发器均无影响，即在 CP=1 期间接收的内容被主触发器存储起来。同时 $\overline{CP}$ 由 0 变为 1，从触发器被打开，可以接收由主触发器送来的信号，触发器的输出状态由主触发器的输出状态决定。

在 CP=0 期间，由于主触发器保持状态不变，因此受其控制的从触发器的状态也即 $Q$、$\overline{Q}$ 的值当然不可能改变。

在时钟脉冲 $CP$ 下降沿到来时，其输出、输入端子之间的对应关系为：

① 当 $J=0$，$K=0$ 时，触发器无论现态如何，次态 $Q^{n+1} = Q^n$，保持功能；

② 当 $J=1$，$K=0$ 时，无论触发器现态如何，次态 $Q^{n+1} = 1$，置 1 功能；

③ 当 $J=0$，$K=1$ 时，无论触发器现态如何，次态 $Q^{n+1} = 0$；置 0 功能；

④ 当 $J=1$，$K=1$ 时，无论触发器现态如何，次态 $Q^{n+1} = \overline{Q^n}$，翻转功能。

结论：$JK$ 不同时，输出次态总是随着 $J$ 的变化而变化；$JK$ 均为 0 时，输出保持不变；$JK$

均为 1 时，输出发生翻转。

3. $JK$ 触发器的特性方程

$JK$ 触发器的特性方程为

$$Q^{n+1} = J\overline{Q}^n + \overline{K}Q^n$$

4. 集成 $JK$ 触发器

实际应用中大多采用集成 $JK$ 触发器。常用的集成芯片型号有下降沿触发的双 $JK$ 触发器 74LS112、上升沿触发的双 $JK$ 触发器 CC4027 和共用置 1、清 0 端的 74LS276 四 $JK$ 触发器等。

74LS112 芯片中包括两个 $JK$ 触发器，因此也称为双 $JK$ 触发器，采用边沿触发方式。74LS112 双 JK 触发器每片芯片包含两个具有复位、置位端的下降沿触发的 $JK$ 触发器，通常用于缓冲触发器、计数器和移位寄存器电路中。其管脚排列图如图 11-9 所示。

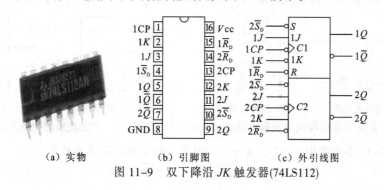

（a）实物　　　（b）引脚图　　　（c）外引线图

图 11-9　双下降沿 $JK$ 触发器(74LS112)

管脚排列图中的 $J$ 和 $K$ 是控制信号输入端；$Q$ 和 $\overline{Q}$ 是互非的输出端；CP 是时钟脉冲输入端；$\overline{S}_D$、$\overline{R}_D$ 是直接置 1 端和置 0 端；字符前面的数字是区分两个触发器的标志数字。双下降沿 $JK$ 触发器 74LS112 功能表如表 11-3 所示。

表 11-3　双下降沿 JK 触发器 74LS112 功能表

| 输　入 | | | | | 输　出 | | 功能说明 |
|---|---|---|---|---|---|---|---|
| $\overline{S}_D$ | $\overline{R}_D$ | CP | $J$ | $K$ | $Q^{n+1}$ | $\overline{Q}^{n+1}$ | |
| L | H | × | × | × | H | L | 异步置位 |
| H | L | × | × | × | L | H | 异步复位 |
| L | L | × | × | × | H | H | 禁止输入 |
| H | H | ↓ | L | L | $Q^n$ | $\overline{Q}^n$ | 状态保持 |
| H | H | ↓ | H | L | H | L | 同步置 1 |
| H | H | ↓ | L | H | L | H | 同步置 0 |
| H | H | ↓ | H | H | $\overline{Q}^n$ | $Q^n$ | 计数翻转 |
| H | H | H | × | × | $Q^n$ | $\overline{Q}^n$ | 状态保持 |

### 11.1.4　其他触发器

在双稳态触发器中，除了 $RS$ 触发器和 $JK$ 触发器外，根据电路结构和工作原理的不同，还有众多具有不同逻辑功能的触发器。根据实际需要，可将某种逻辑功能的触发器经过改接或附加一些门电路后，转换为另一种逻辑功能的触发器。$D$ 和 $T$ 触发器就是这样得到的。

**1．$D$ 触发器**

$D$ 触发器的组成和逻辑符号如图 11-10 所示。

通过图 11-10 不难看出 $J = D$；$K = \overline{D}$。因此 D 触发器的特征方程为

$$Q^{n+1} = J\overline{Q^n} + \overline{K}Q^n = D(\overline{Q^n} + Q^n) = D$$

**2．$T$ 触发器**

$T$ 触发器的组成和逻辑符号如图 11-11 所示。

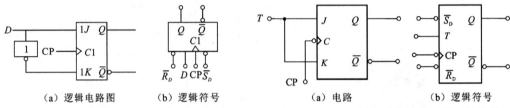

图 11-10　$D$ 触发器的构成及逻辑电路图　　　　图 11-11　$T$ 触发器的构成及其逻辑符号

通过图 11-11 不难看出 $J = T$；$K = T$。因此 $T$ 触发器的特征方程为

$$Q^{n+1} = J\overline{Q^n} + \overline{K}Q^n = T\overline{Q^n} + \overline{T}Q^n$$

**表 11-4　$T$ 触发器的功能表**

| T | $Q^{n+1}$ | 功能 |
|---|---|---|
| 0 | $Q^n$ | 保持 |
| 1 | $\overline{Q^n}$ | 翻转 |

$T$ 触发器具有保持和翻转两种功能。

**3．$T'$ 触发器**

如果让 $T$ 触发器的输入恒为 1，则 $T$ 触发器就成为 $T'$ 触发器，显然，$T'$ 触发器只具有翻转一种功能，因此，又把 $T'$ 触发器叫做"计数型触发器"。$T'$ 触发器的特征方程为：$Q^{n+1} = \overline{Q^n}$

将 $JK$ 触发器转换为 $T'$ 触发器的逻辑电路如图 11-12（a）图。

将 $D$ 触发器转换为 $T'$ 触发器的逻辑电路如图 11-12（b）图。

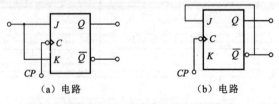

图 11-12　$T'$ 触发器电路图

# 11.2　计　数　器

计数器用以统计输入脉冲 $CP$ 个数的电路，也可用于分频、定时、产生节拍脉冲等。计数器主要由触发器构成，其种类很多，按计数进制可将计数器分为二进制计数器和非二进制计数器，其中非二进制计数器中最典型的是十进制计数器；按数字的增减趋势可分为加法计数器、减法计数器和加/减（可逆）计数器；按计数器中计数脉冲是否同步分为同步计数器和异步计数器。

## 11.2.1　二进制计数器

二进制计数器按二进制的规律累计脉冲个数，是构成其它进制计数器的基础。要构成 n 位二进制计数器，需用 $n$ 个具有计数功能的触发器。

### 1．4 位同步二进制加法计数器

每输入一个脉冲，就进行一次加 1 运算的计数器称为加法计数器。如图 11-13 所示，是用四个主从 $JK$ 触发器组成的一个四位二进制加法计数器的逻辑图。图 11-13 中各触发器的时钟脉冲输入端接同一计数脉冲 CP，显然，这是一个同步时序电路。

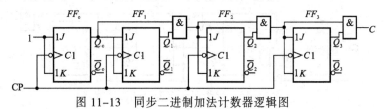

图 11-13　同步二进制加法计数器逻辑图

根据同步二进制加法计数器逻辑图可得驱动方程与输出方程为

驱动方程为
$$\begin{cases} J_0 = K_0 = 1 \\ J_1 = K_1 = Q_0^n \\ J_2 = K_2 = Q_1^n Q_0^n \\ J_3 = K_3 = Q_2^n Q_1^n Q_0^n \end{cases}$$
输出方程为　　$C = Q_3^n Q_2^n Q_1^n Q_0^n$

将各驱动方程代入 JK 触发器的特性方程，得各触发器的次态方程：

$$\begin{cases} Q_0^{n+1} = \bar{Q}_0^n \\ Q_1^{n+1} = \bar{Q}_1^n Q_0^n + Q_1^n \bar{Q}_0^n \\ Q_2^{n+1} = \bar{Q}_2^n Q_1^n Q_0^n + Q_2^n \bar{Q}_1^n + Q_2^n \bar{Q}_0^n \\ Q_3^{n+1} = \bar{Q}_3^n Q_2^n Q_1^n Q_0^n + Q_3^n \bar{Q}_2^n + Q_3^n \bar{Q}_1^n + Q_3^n \bar{Q}_0^n \end{cases}$$

根据状态转换过程可得状态转换图，如图 11-14 所示。

依此类推，同步 $n$ 位二进制递增计数器驱动方程为

$$\begin{cases} J_0 = K_0 = 1 \\ J_1 = K_1 = Q_0^n \\ J_2 = K_2 = Q_1^n Q_0^n \\ \vdots \\ J_{n-1} = K_{n-1} = Q_{n-2}^n Q_{n-3}^n \cdots Q_1^n Q_0^n \end{cases}$$

输出方程为

$$C = Q_{n-1}^n Q_{n-2}^n \cdots Q_1^n Q_0^n$$

可以实现任意位数的同步二进制递增计数器。

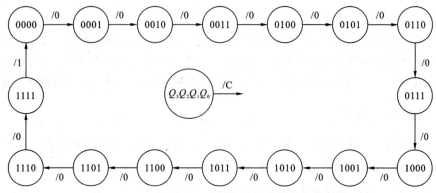

图 11-14　4 位同步二进制加法计数器状态转换图

### 2. 异步 4 位二进制减法计数器

4 个下降沿触发的 $JK$ 触发器构成的异步 4 位二进制减法计数器，如图 11-15 所示。

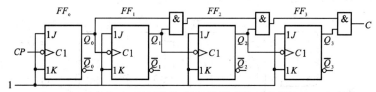

图 11-15　异步四位二进制减法计数器

在电路中所有 $JK$ 触发器都连接成了 $T'$ 触发器，可得到状态方程和时钟方程为

时钟方程为
$$\begin{cases} CP_0 = CP \\ CP_1 = Q_0 \\ CP_2 = Q_1 \\ CP_3 = Q_2 \end{cases}$$
状态方程为
$$\begin{cases} Q_0^{n+1} = \bar{Q}_0^n \\ Q_1^{n+1} = \bar{Q}_1^n \\ Q_2^{n+1} = \bar{Q}_2^n \\ Q_3^{n+1} = \bar{Q}_3^n \end{cases}$$

将时钟条件列在状态方程后面，写成如下形式：

$$\begin{cases} Q_0^{n+1} = \bar{Q}_0^n,\ CP\,下降沿有效 \\ Q_1^{n+1} = \bar{Q}_1^n,\ Q_0\,下降沿有效 \\ Q_2^{n+1} = \bar{Q}_2^n,\ Q_1\,下降沿有效 \\ Q_3^{n+1} = \bar{Q}_3^n,\ Q_2\,下降沿有效 \end{cases}$$

### 3. 集成二进制计数器

常见的 TTL 型集成 4 位同步二进制计数器 74LS161 与 74LS163 的功能和管脚完全相同，它们的区别在于前者是异步清零，后者是同步清零。在同步置零的计数器电路中，$\overline{CR}$ 出现低电平后要等 CP 信号到达时才能将触发器置零。而在异步置零的计数器电路中，只要 $\overline{CR}$ 出现低电平，触发器立即被置零，不受 CP 控制。74LS161 的功能表如表 11-5 所示，74LS161 的管脚排列图和逻辑功能示意图如图 11-16 所示。

表 11-5　74LS161 功能表

| 输　　　　　入 | | | | | | | | | 输　　　出 | | | |
| $C_R$ | $CP$ | $L_D$ | $EP$ | $ET$ | $D_3$ | $D_2$ | $D_1$ | $D_0$ | $Q_3$ | $Q_2$ | $Q_1$ | $Q_0$ |
|---|---|---|---|---|---|---|---|---|---|---|---|---|
| 0 | × | × | × | × | × | × | × | × | 0 | 0 | 0 | 0 |
| 1 | ↑ | 0 | × | × | $d$ | $c$ | $b$ | $a$ | $d$ | $c$ | $b$ | $a$ |
| 1 | ↑ | 1 | 0 | × | × | × | × | × | $Q_3$ | $Q_2$ | $Q_1$ | $Q_0$ |
| 1 | ↑ | 1 | × | 0 | × | × | × | × | $Q_3$ | $Q_2$ | $Q_1$ | $Q_0$ |
| 1 | ↑ | 1 | 1 | 1 | × | × | × | × | 状态码加 1 | | | |

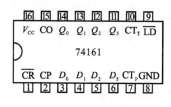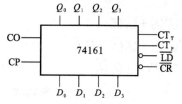

图 11-16　74LS161 的引脚图

（1）异步清零功能

当 $\overline{CR} = 0$ 时，无论其它输入端为何信号，计数器都将清零。

（2）同步并行置数功能

当 $\overline{CR} = 1$，$\overline{LD} = 0$ 的同时 CP 的上升沿到达，此时无论其他输入端为何信号，都将使并行数据 $D_0 \sim D_3$ 置入计数器。

（3）同步加法计数功能

当 $\overline{CR} = \overline{LD} = 1$ 且 $CT_P = CT_T = 1$，则计数器按照自然二进制数的递增顺序对 CP 的上升沿进行计数。

（4）保持功能

当 $\overline{CR} = \overline{LD} = 1$ 且 $CT_P = CT_T = 0$，则计数器将保持原来的状态不变。

## 11.2.2　十进制计数器

数字电路中采用二—十进制编码（BCD 码）进行十进制数计数的计数器称为十进制计数器或 BCD 码计数器。

### 1. 同步十进制加法计数器

同步十进制加法计数器的组成电路如图 11-17 所示。

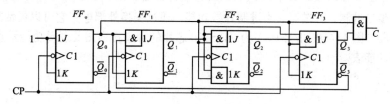

图 11-17　同步十进制加法计数器的组成电路

根据电路图可知其驱动方程：

$$\begin{cases} J_0 = K_0 = 1 \\ J_1 = \bar{Q}_3^n Q_0^n \ , \quad K_1 = Q_0^n \\ J_2 = K_2 = Q_1^n Q_0^n \\ J_3 = Q_2^n Q_1^n Q_0^n \ , \quad K_3 = Q_0^n \end{cases}$$

输出方程：

$$C = Q_3^n Q_0^n$$

求出状态方程：

$$\begin{cases} Q_0^{n+1} = \bar{Q}_0^n \\ Q_1^{n+1} = \bar{Q}_3^n \bar{Q}_1^n Q_0^n + Q_1^n \bar{Q}_0^n \\ Q_2^{n+1} = \bar{Q}_2^n Q_1^n Q_0^n + Q_2^n \bar{Q}_1^n + Q_2^n \bar{Q}_0^n \\ Q_3^{n+1} = \bar{Q}_3^n Q_2^n Q_1^n Q_0^n + Q_3^n \bar{Q}_0^n \end{cases}$$

经计算，求出同步十进制加法计数器状态图如图 11-18 所示。

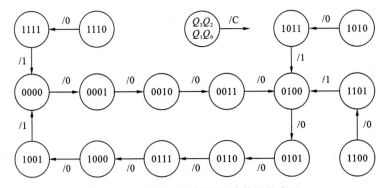

图 11-18　同步十进制加法计数器状态图

通过状态图可以证实该电路是一个按 8421BCD 码规律计数的同步十进制加法计数器，可以自启动。

## 2. 集成十进制计数器

常用的 TTL 型集成异步计数器芯片很多。这里介绍典型集成异步十进制计数器芯片 74LS290（74LS90 仅管脚排列不同）的逻辑功能及其应用。

74LS290 是常见的异步二-五-十进制计数器，也称十进制计数器。其内部电路如图 11-19（a）所示，它由 4 个触发器组成，其中由 $F_0$ 构成二进制计数器、由 $F_1$、$F_2$、$F_3$ 共同构成五进制计数器，能实现异步二进制、五进制、十进制计数功能。通过变换外部电路它可以灵活地组成其他各种进制的计数器。图 11-19（b）、（c）为 74LS290 芯片的管脚排列图及逻辑功能示意图，表 11-6 为 74LS290 的功能表。

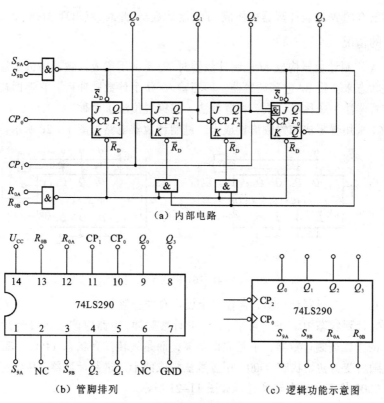

（a）内部电路

（b）管脚排列　　　　　　　（c）逻辑功能示意图

图 11-19　74LS290 芯片的管脚排列图及逻辑功能示意图

表 11-6　74LS290 功能表

| 输　　　入 | | | | | 输　　　出 | | | | 功　　　能 |
|---|---|---|---|---|---|---|---|---|---|
| $R_{0A} \cdot R_{0B}$ | $S_{9A} \cdot S_{9B}$ | CP | | | $Q_3$ | $Q_2$ | $Q_1$ | $Q_0$ | |
| | | $CP_0$ | $CP_1$ | 顺序 | | | | | |
| 1 | 0 | × | × | — | 0 | 0 | 0 | 0 | 异步置 0 |
| × | 1 | × | × | — | 1 | 0 | 0 | 1 | 异步置 9 |
| 0 | 0 | ↓ | ↓ | 0 | 0 | 0 | 0 | 0 | 2～5 进制计数 |
| | | | | 1 | 0 | 0 | 1 | 1 | |
| | | | | 2 | 0 | 1 | 0 | 0 | |
| | | | | 3 | 0 | 1 | 1 | 1 | |
| | | | | 4 | 1 | 0 | 0 | 0 | |
| | | | | 5 | 0 | 0 | 0 | 0 | |

## 11.2.3　任意进制计数器

利用触发器和门电路可以构成任意进制计数器，他们可以按照时序逻辑电路的分析方法进行分析。在实际工作中，出于降低成本考虑，主要利用集成计数器来构成任意进制计数器。集成计数器芯片有十进制、十六进制、7 位二进制、12 位二进制、14 位二进制等几种常见的计数进制类型。

假定利用已有的 $N$ 进制计数器来构成 $M$ 进制计数器。此时，就出现 $M<N$ 和 $M>N$ 两种情况。

### 1. $M<N$ 的情况

利用已有 $N$ 进制计数器构成 $M$ 进制计数器时，需要利用集成计数器的清零端或置数端让计数器跳跃某些状态来获得 $M$ 进制计数器，即当输入 $M$ 个计数脉冲后，它返回初始状态。实现跳跃的方法有置零法（或称复位法）和置数法（或称置位法）两种。

用 74LS161 采用置零法和置数法构成十二进制计数器电路如图 11-20 所示。

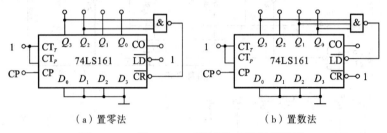

（a）置零法　　　　　　　　（b）置数法

图 11-20　用 74LS161 构成十二进制计数器

用归零法构成十二进制计数器，存在一个极短暂的过渡状态 1100。十二进制计数器从状态 0000 开始计数，计到状态 1011 时，再来一个 CP 计数脉冲，电路应该立即归零。然而用 74LS161 归零法所得到的十二进制计数器，不是立即归零，而是先转换到状态 1100，借助 1100 的译码使电路归零，随后变为初始状态 0000。用置数法构成的十二进制计数器，从状态 1011，经过一个 CP 后转到 0000 状态。状态转换过程如图 11-21 所示。

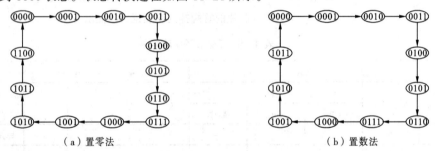

（a）置零法　　　　　　　　（b）置数法

图 11-21　计数过程的状态图

### 2. $M>N$ 的情况

利用已有 $N$ 进制计数器构成 $M$ 进制计数器时，因为 $M>N$，所以要采用多片 $N$ 进制计数器级联的方式来实现。如图 11-22 所示用两片十六进制计数器构成六十进制计数器。高位片计数到 3（0011）时，低位片所计数为 $16 \times 3=48$，之后高位片继续计数到 12（1100），与非门输出 0，将两片计数器同时清零。

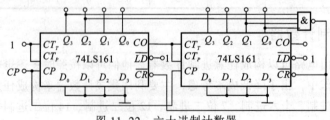

图 11-22　六十进制计数器

# 11.3　寄　存　器

寄存器是用来存放数据的电路，通常由具有存储功能的多位触发器构成。按照存取数据方式的不同，寄存器可分为数据寄存器和移位寄存器两大类。

数据寄存器只能并行输入和输出数据。移位寄存器中的数据可以在移位脉冲作用下依次左移或右移，数据既可以并行输入和输出，也可以串行输入和输出，而且还可以进行数据的串并转换，使用十分灵活。

寄存器的功能如下：

① 预置：在接收数据前对整个寄存器的状态置 0。

② 接收数据：在接收信号的作用下，将外部输入数据接收到寄存器中。

③ 保存数据：寄存器接收数据后，只要不出现置 0 或接收新的数据，寄存器应保持数据不变。

④ 输出数据：在输出信号的作用下，寄存器中的数据通过输出端输出。

## 11.3.1　数据寄存器

如图 11-23 所示为 4 位数据寄存器。CP 为下降沿有效的时钟脉冲信号，所有 $D$ 触发器的 CP 输入端连接在一起是同步数据寄存器。4 个 $D$ 触发器的复位端连接在一起，可同时置 0（清零）。数据寄存器正常工作时，清零脉冲为 1。$D_3$、$D_2$、$D_1$、$D_0$ 为寄存器的 4 个并行输入端，$Q_3$、$Q_2$、$Q_2$、$Q_0$ 为 4 个并行输出端。取数脉冲控制着 4 个与门的输出。

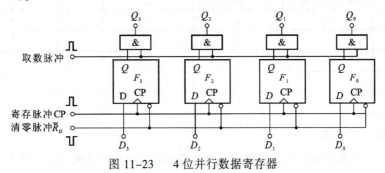

图 11-23　4 位并行数据寄存器

数据寄存器的工作原理如下：

### 1. 存放数据

无论寄存器中原来的内容是什么，只要寄存控制脉冲 $CP$ 上升沿到来，加在并行数据输入端的数据 $D_3 \sim D_0$，就立即被送入进寄存器中

### 2. 保存数据

CP 脉冲信号消失后，各触发器处于保持状态，寄存器保存数据。

### 3. 输出数据

各触发器的输出分别连接到 4 个与门电路的输入端，当取数脉冲到来后，寄存器的状态可以同时输出，即 $Q_3Q_2Q_1Q_0 = D_3D_2D_1D_0$。

这种只能同时输入各位数据（并行输入）、同时输出各位数据（并行输出数据）的寄存器称为并行输入、并行输出数码寄存器。

### 11.3.2 移位寄存器

移位是指每来一个 CP 时钟脉冲信号，寄存器的数据便移动一位。在移位脉冲的作用下，寄存器中各位的内容可依次向左或向右移动。移位寄存器可分为单向移位寄存器和双向移位寄存器。

单向移位寄存器按移动方向可分为左移（低位向高位移动）和右移（高位向低位移动）两类。

**1. 右移寄存器**

图 11-24 所示为 $D$ 触发器组成的 4 位右移寄存器逻辑电路，其中最高位 $D$ 触发器的输入端 $D_0$ 为串行数据输入端，最低位 $D$ 触发器的输出端 $Q_3$ 为串行数据输出端。

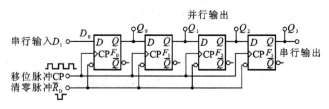

图 11-24  4 位右移寄存器逻辑电路

假设各触发器的初始状态均为零，某数据 1011 由数据输入端 $D$ 按先低位后高位的顺序输入，则右移寄存器的移位过程如表 11-7 所示。

**表 11-7  右移寄存器的状态表**

| CP | 输 入 数 据 | $Q_0$ | $Q_1$ | $Q_2$ | $Q_3$ |
|----|------|----|----|----|----|
| 0 | 0 | 0 | 0 | 0 | 0 |
| 1 | 1 | 1 | 0 | 0 | 0 |
| 2 | 1 | 1 | 1 | 0 | 0 |
| 3 | 0 | 0 | 1 | 1 | 0 |
| 4 | 1 | 1 | 0 | 1 | 1 |

**2. 集成移位寄存器**

74LS194 为 4 位双向移位寄存器集成产品，其各引脚排列图如图 11-25 所示。

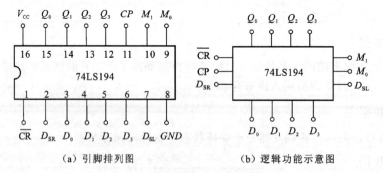

（a）引脚排列图          （b）逻辑功能示意图

图 11-25  74LS194 引脚排列图

该寄存器数据的输入、输出均有并行和串行两种选择方式。$D_{SL}$ 和 $D_{SR}$ 分别是左移和右移串行输入端，$D_3 \sim D_0$ 是并行输入端；$Q_0$ 和 $Q_3$ 分别是左移和右移时的串行输出端，$Q_0 \sim Q_3$ 为并行输出端。其中 $M_1$、$M_0$ 引脚共同决定着寄存器的工作方式。

集成移位寄存器 74LS194 是功能齐全的双向移位寄存器，其逻辑功能表如表 11-8 所示。

表 11-8　74LS194 双向移位寄存器逻辑功能表

| $\overline{CR}$ | $M_1$ | $M_0$ | CP | 功　能 |
|---|---|---|---|---|
| 0 | × | × | × | 清零 |
| 1 | 0 | 0 | × | 保持 |
| 1 | 0 | 1 | ↑ | 右移 |
| 1 | 1 | 0 | ↑ | 左移 |
| 1 | 1 | 1 | ↑ | 并行输入 |

功能说明如下：

（1）清零

$\overline{CR}=0$ 时各位触发器清零。即 $Q_0Q_1Q_2Q_3=0000$。

（2）保持

当 $M_1M_0=00$ 或静态（CP 脉冲无效）时，移位寄存器处于保持状态。

（3）正常工作

右移：当 $M_1M_0=01$ 时，串行输入数据 $D_{SR}$ 在时钟脉冲的作用下，依次送入各触发器，即 $D_{SR} \rightarrow Q_3 \rightarrow Q_2 \rightarrow Q_1 \rightarrow Q_0$。

左移：当 $M_1M_0=10$ 时，串行输入数据 $D_{SL}$ 在时钟脉冲的作用下，依次送入各触发器，即 $D_{SL} \rightarrow Q_3 \rightarrow Q_2 \rightarrow Q_1 \rightarrow Q_0$。

并行置数：当 $M_1M_0=11$ 时，在时钟脉冲的作用下，并行输入数据 $D_0$、$D_1$、$D_2$、$D_3$ 同时送入各触发器中。即各触发器的次态为 $(Q_0Q_1Q_2Q_3)^{n+1}=D_0D_1D_2D_3$。

# 11.4　555 定时器及其应用

## 11.4.1　555 定时器

555 电路是一种将模拟电路和数字电路巧妙地结合在一起的数模混合集成电路。它具有价格低、控制能力强、运用灵活等特点，只需外接若干电阻、电容等元器件，就能构成定时器、施密特触发器、多谐振荡器等电路，完成脉冲信号的产生、定时、整形等功能。555 集成电路有 TTL 和 CMOS 两种类型。

在实际生产中，经常遇到时间控制问题，如电动机的延时启动和延时停止等，以 555 集成电路芯片为核心构成的时间继电器在电气控制设备中应用十分广泛。

1. 555 集成电路的结构及工作原理

555 定时器的内部结构及外引脚排列如图 11-26 所示，它由电阻分压器、比较器、$RS$ 触发器、放电电路和输出级单元电路组成，该芯片采用双列直插式封装，有 8 个引脚。

① $\overline{R}=0$ 时，$\overline{Q}=1$，$u_0=0$，VT 饱和导通。

② $\overline{R}=1$、$U_{TH}>\dfrac{2V_{CC}}{3}$、$U_{TR}>\dfrac{V_{CC}}{3}$ 时，$u_0=0$，VT 饱和导通。

③ $\overline{R}=1$、$U_{TH} < \dfrac{2V_{CC}}{3}$、$U_{TR} > \dfrac{V_{CC}}{3}$ 时，$u_0$ 不变，VT 状态不变。

④ $\overline{R}=1$、$U_{TH} < \dfrac{2V_{CC}}{3}$、$U_{TR} < \dfrac{V_{CC}}{3}$ 时，$u_0=1$，VT 截止。

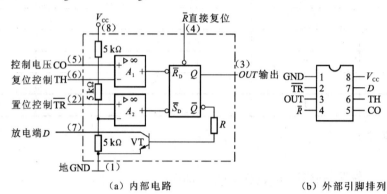

（a）内部电路　　　　　　　　　（b）外部引脚排列

图 11-26　555 定时器的内部结构及外引脚排列

555 定时器功能表如表 11-9 所示。

表 11-9　555 定时器功能表

| 输 | 入 | | 输 | 出 |
|---|---|---|---|---|
| 高电平触发端（TH） | 低电平触发端（$\overline{TR}$） | 复位（$\overline{R}$） | 输出（OUT） | 三极管 VT 的状态 |
| × | × | 0 | 0 | 导通 |
| $< \dfrac{2}{3}V_{CC}$ | $< \dfrac{1}{3}V_{CC}$ | 1 | 1 | 截止 |
| $> \dfrac{2}{3}V_{CC}$ | $> \dfrac{1}{3}V_{CC}$ | 1 | 0 | 导通 |
| $< \dfrac{2}{3}V_{CC}$ | $> \dfrac{1}{3}V_{CC}$ | 1 | 不变 | 不变 |

## 11.4.2　施密特触发器

施密特触发器是一种双稳态触发器，它有两个显著的特点：一是输入信号上升和下降过程中，引起输出信号状态变换的输入电平是不同的；二是输出电压波形的边沿很徒，可以得到比较理想的矩形脉冲。基于以上两个特点，施密特触发器在信号的变换、整形、幅度鉴别以及自动控制方面得到了广泛应用。

1. 施密特触发器的电压转移特性

施密特触发器的电压转移特性如图 11-27 所示。

输出由高电压转换为低电压的临界输入电压称为上阈值电压，又叫做上门槛电压 $U_+$；输出由低电压转换为高电压的临界输入电压称为下阈值电压，又叫做下门槛电压 $U_-$。

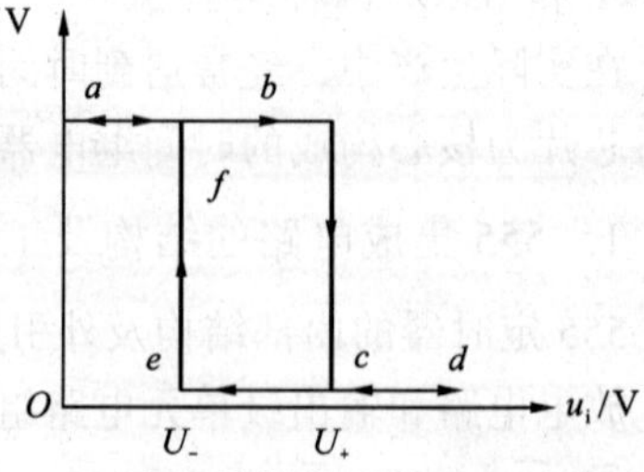

图 11-27　施密特触发器的电压转移特性

2. 555 集成电路构成的施密特触发器

555 构成的施密特触发器电路如图 11-28（a）所示，将复位控制端 6 与置位控制端 2 脚连在一起作为信号输入端，3 为输出端。图 11-28（b）表示出了输入信号 $u_i$ 和输出信号 $u_o$ 的波形。

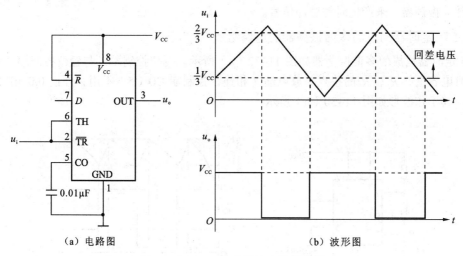

（a）电路图 （b）波形图

图 11-28 555 构成的施密特触发器

若输入信号 $u_i$ 是一个三角波，由 555 集成电路的工作原理可知，当外加电压 $u_i$ 增加到大于 $\dfrac{2V_{CC}}{3}$ 时，2 脚和 6 脚为高电平，3 脚由高电平翻转为低电平；当外加电压 $u_i$ 下降到小于 $\dfrac{V_{CC}}{3}$ 时，2 脚和 6 脚为低电平，3 脚从低电平翻转为高电平。其上门槛电压 $U_+$ 为 $\dfrac{2V_{CC}}{3}$，下门槛电压 $U_-$ 为 $\dfrac{V_{CC}}{3}$，回差电压等于 $\dfrac{2V_{CC}}{3} - \dfrac{V_{CC}}{3} = \dfrac{V_{CC}}{3}$。

利用施密特触发器很容易把非矩形波的输入信号变换为矩形脉冲信号。由图 11-30（b）可以看出，当输入电压 $u_i$ 为三角波时，只要三角波的幅度高于施密特触发器的上门槛电压 $U_+$，就可以在输出端得到矩形脉冲。

3. 555 集成电路构成的门槛电压可调的施密特触发器

555 集成电路可构成的门槛电压可调的施密特触发器，电路如图 11-29 所示。

上门槛电压 $U_+$ 为稳压二极管的输出电压 $V_Z$，下门槛电压 $U_-$ 为 $\dfrac{V_Z}{2}$，回差电压等于 $V_S - \dfrac{V_Z}{2} = \dfrac{V_Z}{2}$。

7 脚能输出一列与 $u_o$ 波形同相的矩形波，但它的幅度却是 $V_{CC}'$，而不是 $V_{CC}$，因此，实现了电平转移的功能。

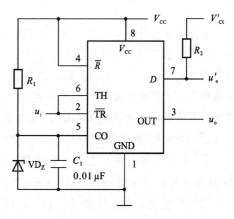

图 11-29 555 集成电路可构成的门槛
电压可调的施密特触发器

### 11.4.3 555 集成电路构成的多谐振荡器

在数字电路中，时钟脉冲信号起着重要的同步作用，而获得脉冲的方法一般有两种，一种是利用脉冲振荡器直接产生脉冲波形，另一种是利用整形电路，把已有的波形变换成所需要的波形。

555 集成电路在脉冲波形的产生和整形中应用十分广泛，一般情况下，可利用 555 集成电路构成脉冲振荡器，来产生时钟脉冲信号。

**1. 555 定时器构成的多谐振荡器的电路组成**

555 定时器构成的多谐振荡器如图 11-30（a）所示。复位控制端 6 与置位控制端 2 相连并接到定时电容上，$R_1$、$R_2$ 的接点与放电端 7 相连，控制端 CO（5）不用，外接 0.01μF 的电容后接地。其工作波形如图 11-30（b）所示。

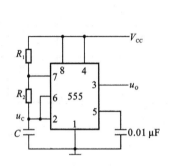 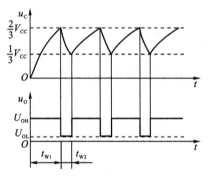

（a）555 构成的多谐振荡器电路 　　　（b）多谐振荡器的工作波形

图 11-30　555 定时器构成的多谐振荡器

**2. 555 定时器构成的多谐振荡器的工作原理**

根据 $u_0$ 的波形，充电时间为（第一个暂稳态的脉冲宽度）$t_{w1} = 0.7(R_1 + R_2)C$，放电时间为（第二个暂稳态的脉冲宽度）$t_{w2} = 0.7R_2C$。振荡周期为 $T = t_{w1} + t_{w2} = 0.7(R_1 + 2R_2)C$。占空比为 $q = \dfrac{t_{w1}}{T} = \dfrac{R_1 + R_2}{R_1 + 2R_2}$。若取 $R_2 \gg R_1$，电路即可输出占空比为 50% 的方波。

# 小　　结

1．触发器

触发器是能够存储一位二进制数码的电路，它是由门电路引入适当的反馈构成的。触发器在某一时刻的输出不仅和当时的输入状态有关，并且还与在此之前的电路状态有关。当输入信号消失后，触发器的状态被记忆，直到再输入信号后它的状态才可能变化。触发器的种类很多，根据组成的电路结构不同，可将触发器分为基本 $RS$ 触发器、同步 $RS$ 触发器、主从触发器和边沿触发器。根据逻辑功能的不同，可将触发器分为 $RS$ 触发器、$JK$ 触发器、$D$ 触发器、$T$ 触发器和 $T'$ 触发器。

① 基本 $RS$ 触发器的特征方程为 $Q^{n+1} = \overline{\overline{S_D} + \overline{R_D} \cdot Q^n}$，约束条件为 $\overline{S_D} + \overline{R_D} = 1$。

② 受时钟控制同步工作的触发器，称为同步触发器也称可控触发器或钟控触发器。同步 $RS$ 触发器的特性方程为 $Q^{n+1} = S + \overline{R} \cdot Q^n$，约束条件为 $RS = 0$。

③ $JK$ 触发器的特性方程为 $Q^{n+1} = J\overline{Q^n} + \overline{K}Q^n$。

④ $D$ 触发器的特征方程为 $Q^{n+1} = J\overline{Q^n} + \overline{K}Q^n = D(\overline{Q^n} + Q^n) = D$。

2．计数器

计数器主要由触发器构成，其种类很多，按计数进制可将计数器分为二进制计数器和非二进制计数器，其中非二进制计数器中最典型的是十进制计数器；按数字的增减趋势可分为加法计数器、减法计数器和加/减（可逆）计数器；按计数器中计数脉冲是否同步分为同步计数器和异步计数器。

### 3. 寄存器

寄存器是用来存放数据的电路，通常由具有存储功能的多位触发器构成。按照存取数据方式的不同，寄存器可分为数据寄存器和移位寄存器两大类。数据寄存器只能并行输入和输出数据。移位寄存器中的数据可以在移位脉冲作用下依次左移或右移，数据既可以并行输入和输出，也可以串行输入和输出，而且还可以进行数据的串并转换，使用十分灵活。

### 4. 555 电路

是一种将模拟电路和数字电路巧妙地结合在一起的数模混合集成电路。它具有价格低、控制能力强、运用灵活等特点，只需外接若干电阻、电容等元器件，就能构成定时器、施密特触发器、多谐振荡器等电路，完成脉冲信号的产生、定时、整形等功能。555 集成电路有 TTL 和 CMOS 两种类型。

# 习　题

## 一、判断题

1. $JK$ 触发器只有 $J$、$K$ 端同时为 1，则一定引起状态翻转。　　　　　　（　　）

2. 为避免主从 $JK$ 触发器的一次变化问题，故在 $CP=1$ 期间应确保 $J$，$K$ 的输入状态保持不变。　　　　　　　　　　　　　　　　　　　　　　　　　　　　　（　　）

3. $D$ 触发器的特性方程为 $Q^{n+1}=D$。　　　　　　　　　　　　　　　（　　）

4. 时序逻辑电路具有记忆的功能。　　　　　　　　　　　　　　　　　（　　）

5. 基本 $RS$ 触发器只能由与非门构成。　　　　　　　　　　　　　　　（　　）

6. 如果让 $T'$ 触发器的输入恒为 1，则 $T'$ 触发器就成为 $T$ 触发器。　　　（　　）

7. 要构成 $n$ 位二进制计数器，需用 $2^n$ 个具有计数功能的触发器。　　　（　　）

## 二、选择题

1. 时序逻辑电路中一定是含（　　　）。

　　A. 触发器　　　　　　　B. 组合逻辑电路　　　　C. 移位寄存器　　　D. 译码器

2. 用 $n$ 个触发器构成计数器，可得到最大计数长度是（　　　）。

　　A. $n$　　　　　　　　B. $2n$　　　　　　　　C. $2^n$　　　　　　　　D. $2^{n+1}$

3. 要使 $JK$ 触发器的输出 $Q$ 从 1 变成 0，它的输入信号 $JK$ 应为（　　　）。

　　A. 00　　　　　　　　B. 01　　　　　　　　C. 10　　　　　　　　D. 无法确定

4. 下列逻辑电路中为时序逻辑电路的是（　　　）。

　　A. 变量译码器　　　　　B. 加法器　　　　　　C. 据寄存器　　　　　D. 数据选择器

5. 设下图中所有触发器的初始状态皆为 0，找出图中触发器在时钟信号作用下，输出电压波形恒为 0 的是（　　　）图。

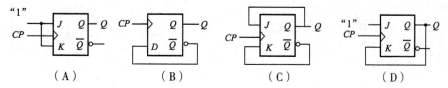

（A）　　　　　　　　（B）　　　　　　　　（C）　　　　　　　　（D）

6. 请判断以下哪个电路不是时序逻辑电路（ ）。

    A. 计数器          B. 寄存器      C. 译码器          D. 触发器

## 三、综合题

1. 画出图 11-31 所示由与非门组成的基本 RS 触发器输出端 $Q$、$\overline{Q}$ 的电压波形，输入端 $\overline{S}$、$\overline{R}$ 的电压波形如图所示。

2. 画出图 11-32 由或非门组成的基本 RS 触发器输出端 $Q$、$\overline{Q}$ 的电压波形，输出入端 $SD$, $RD$ 的电压波形如图所示。

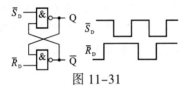
图 11-31

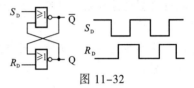
图 11-32

3. 试分析图 11-35 所示电路的逻辑功能，列出真值表写出逻辑函数式。

4. 设图 11-34 中各触发器的初始状态皆为 $Q$=0，试画出在 $CP$ 信号连续作用下各触发器输出端的电压波形。

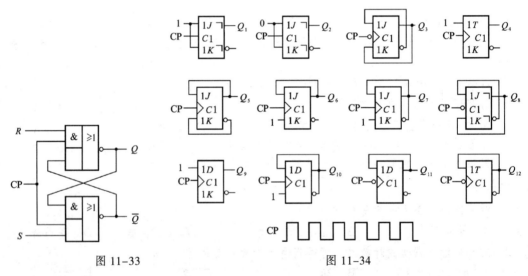

5. 试分析图 11-38 时序电路的逻辑功能，写出电路的驱动方程、状态方程和输出方程，画出电路的状态转换图，检查电路能否自启动。

6. 分析图 11-40 的计数器电路，说明这是多少进制的计数器。

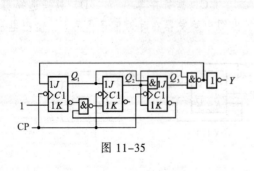
图 11-35

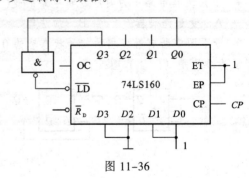
图 11-36

# 模块十二　变压器与交流电动机

## 学习目标

- 了解变压器原理、分类，熟悉变压器铭牌含义。
- 会判断单相变压器同名端。
- 熟悉仪表用互感器的原理及使用。
- 理解三相异步电动机的原理，了解结构特点、转矩特性和机械特性。
- 掌握三相异步电动机的启动和调速方法。

## 12.1　变　压　器

变压器是利用电磁感应原理，将某一数值的交流电压变换成为同频率的另一数值的交流电压的电器设备。变压器具有变换电压、电流和阻抗的作用，具有隔离高压和直流的作用，主要用于输配电系统，而且还广泛应用于电气控制领域、电子技术领域，测试技术领域以及焊接技术领域等。如：电力系统中用于升高或降低电压的电力变压器，还有具有稳压、陡降、移相、改变波形等特性的变压器（互感器、调压变压器、电焊变压器、电子扩音电路的变压器、脉冲变压器等）。

### 12.1.1　变压器的结构与工作原理

**1. 变压器的基本结构**

如图 12-1 所示为油浸式电力变压器的外形图。

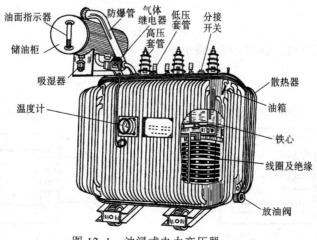

图 12-1　油浸式电力变压器

变压器主要由铁心和线圈组成，如图 12-2 所示。铁心是变压器的磁路通路，为了减少涡流和磁滞损耗，铁心是用磁导率较高而且相互绝缘的硅钢片叠装而成的。线圈是变压器的电路部分，线圈是用具有良好绝缘的漆包线、纱包线或丝包线绕成的。在工作时，和电源相连的线圈称为一次绕组，而与负载相连的线圈称为二次绕组。

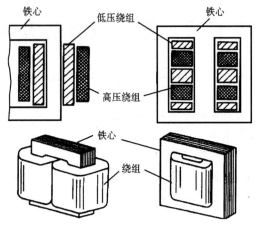

12-2　变压器的结构

## 2．变压器的工作原理

（1）变压器的空载运行

变压器的一次侧接电源，二次侧开路，这种运行状态称为空载运行。

如图 12-3 所示，设一次、二次绕组的匝数分别为 $N_1$、$N_2$，则

$$E_1 = 4.44 f N_1 \Phi_\mathrm{m} \qquad E_2 = 4.44 f N_2 \Phi_\mathrm{m}$$

所以

$$\frac{U_1}{U_{20}} \approx \frac{E_1}{E_2} = \frac{N_1}{N_2} = K$$

结论：改变匝数比，就能改变输出电压。

（2）变压器有载运行

如图 12-4 所示，铁心中主磁通的最大值 $\Phi_\mathrm{m}$ 在变压器空载和有载时近似保持不变。所以有磁势平衡式：

$$i_1 N_1 + i_2 N_2 = i_0 N$$

变压器满载运行时，空载电流 $i_0$ 很小，忽略 $i_0$ 可得

$$\frac{I_1}{I_2} \approx \frac{N_2}{N_1} = \frac{1}{K}$$

结论：一次、二次电流与匝数成反比。

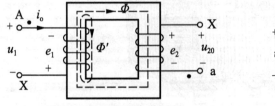

图 12-3　变压器空载运行

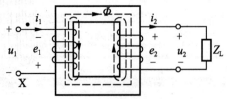

图 12-4　变压器有载运行

（3）阻抗变换作用

由图 12-5 可知：

$$|Z| = \frac{U_2}{I_2} \qquad |Z'| = \frac{U_1}{I_1}$$

$$|Z'| = \frac{U_1}{I_1} = \frac{KU_2}{I_2/K} = K^2 \frac{U_2}{I_2} = K^2|Z|$$

结论：变压器一次侧的等效阻抗模为二次侧所带负载的阻抗模的 $K^2$ 倍。

**例 12-1** 某晶体管收音机输出电路的输出阻抗为 $Z'=392\ \Omega$，接入的扬声器阻抗为 $Z=8\ \Omega$，现加接一个输出变压器使两者实现阻抗匹配，求该变压器的变比 $K$；若该变压器一次绕组匝数 $N_1=560$ 匝，问二次绕组匝数 $N_2$ 为多少？

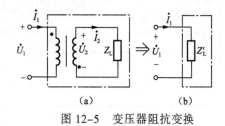

图 12-5 变压器阻抗变换

**解**：$K = \sqrt{\dfrac{Z'}{Z}} = \sqrt{\dfrac{392}{8}} = 7 \qquad N_2 = \dfrac{N_1}{K} = \dfrac{560}{7}$ 匝 $=80$ 匝

## 12.1.2 变压器的分类

**1. 按绕组数目分类**

变压器按绕组数目主要有双绕组变压器、自耦变压器、三绕组变压器、多绕组变压器等类型。

**2. 按铁心形式分类**

变压器按铁心形式主要有心式变压器和壳式变压器。此外，还有辐射形铁心、渐开线铁心等形式。

**3. 按相数分类**

变压器按相数分主要有单相变压器（用于单相交流系统，如计算机、家用电器、影像设备中的电源变压器）、三相变压器（用于三相交流系统的变压器，如电力变压器、三相电压互感器等）、多相变压器（有多相绕组，如用于整流的六相变压器）。

**4. 按冷却方式分类**

变压器按冷却方式分为油浸变压器（铁心与绕组完全浸在变压器油里）和干式变压器（不用变压器油而以自然冷却散热的变压器）。油浸变压器按冷却方式又有油浸自冷、油浸风冷、强迫循环水冷等类型。除此之外，还有充气式变压器，其铁心和绕组放在密封的铁箱内，充以绝缘性能好、传热快、化学性能稳定的气体。

## 12.1.3 变压器的型号与铭牌

电力变压器的铭牌如表 12-1 所示，变压器铭牌含义如表 12-2 所示。

表 12-1　电力变压器铭牌

| 电力变压器 | | | | | | |
|---|---|---|---|---|---|---|
| | 产品型号　S7-500／10　标准代号 XXXX | | | | | |
| | 额定容量　500 kVA　产品代号 XXXX | | | | | |
| | 额定电压　10 kV　出厂序号 XXXX | | | | | |
| 额定频率 50Hz<br>3 相<br>联结组标号 Y，y$_n$0<br>阻抗电压　4%<br>冷却方式　油冷<br>使用条件　户外 | 开关位置 | 高压 | | 低压 | | |
| | | 电压／V | 电流／A | 电压／V | | 电流/A |
| | Ⅰ | 10500 | 27.5 | | | |
| | Ⅱ | 10000 | 28.9 | 400 | | 721.7 |
| | Ⅲ | 9500 | 30.4 | | | |
| XX 变压器厂　　　XX 年 XX 月 | | | | | | |

表 12-2　电力变压器铭牌的含义

| 序　号 | 参　　数 | 含　　义 |
|---|---|---|
| 1 | S7-500／10 | S-三相变压器，7-设计序号，500-变压器容量 kV·A，10-高压侧电压 kV |
| 2 | 额定容量 500kV.A | 变压器在额定工作状态下，二次绕组的视在功率为 500 kV·A |
| 3 | 高压侧电压 10kV | 原边额定电压 $U_{1N}$ 为 10 Kv |
| 4 | 低压侧电压 400V | 副边额定电压 $U_{2N}$ 为 400 V |
| 5 | 高压侧额定电流和低压侧额定电流 | 在开关位置Ⅰ、Ⅱ、Ⅲ一次额定电流 $I_{1N}$ 分别为 27.5 A、28.9 A、30.4 A；二次额定电压 $I_{2N}$ 为 721.7 A |
| 6 | 额定频率 | 50 Hz |
| | 联结组标号 Y，y$_n$0 | 高压绕组作星形联结　低压绕组作星形联结，一、二次侧对应端子对中性点的电压之间相位移为 0° |

### 12.1.4　变压器的额定值

变压器的额定值是保证变压器能够长期可靠地运行工作，并且有良好的工作性能的技术限额，它也是厂家设计制造和试验变压器的依据。

1. 额定容量 $S_N$

变压器在额定工作状态下，二次绕组的视在功率，其单位为 kV·A。

单相变压器的额定容量 $S_N = \dfrac{U_{2N}I_{2N}}{1000}$ kV·A

三相变压器的额定容量 $S_N = \dfrac{\sqrt{3}U_{2N}I_{2N}}{1000}$ kV·A

2. 额定电压 $U_{1N}$、$U_{2N}$

$U_{1N}$：加在一次绕组上的正常工作电压值。

$U_{2N}$：变压器空载时，高压侧加上额定电压后，二次绕组两端的电压值。

3. 额定电流 $I_{1N}$、$I_{2N}$

变压器原边电压为额定值时，一次和二次绕组允许通过的最大电流。

4. 额定频率 $f_N$

变压器应接入的电源频率。我国电力系统的标准频率为 50 Hz。

**例 12-2**　一台三相油浸自冷式铝线变压器，已知 $S_N$=560 kV·A，$U_{1N}/U_{2N}$=10000 V/400 V，试求一次、二次绕组的额定电流 $I_{1N}$、$I_{2N}$ 各是多大？

$$I_{1N} = \frac{S_N}{\sqrt{3}U_{1N}} = \frac{560 \times 10^3}{\sqrt{3} \times 10000} \text{ A} = 32.33 \text{ A}$$

$$I_{2N} = \frac{S_N}{\sqrt{3}U_{2N}} = \frac{560 \times 10^3}{\sqrt{3} \times 400} \text{ A} = 808.29 \text{ A}$$

**例 12-3**　某照明变压器的额定容量为 500 V·A，额定电压为 220 V/36 V。求：

① 一次，二次额定电流；

② 在副边最多可接 36 V、100 W 的白炽灯几盏？

**解**：① 一次额定电流　　　$I_{1N} = \dfrac{S_N}{U_{1N}} = \dfrac{500}{220} \text{ A} \approx 2.27 \text{ A}$

　　　二次额定电流　　　$I_{2N} = \dfrac{S_N}{U_{2N}} = \dfrac{500}{36} \text{A} \approx 13.9 \text{ A}$

② 每盏白炽灯的额定电流　　　$I_N = \dfrac{P}{U} = \dfrac{100}{36} \text{A} \approx 2.78 \text{ A}$

　　最多允许接白炽灯的盏数为 13.9/2.78 ≈ 5 盏

## 12.1.5　单相变压器同名端判别

1. 同名端的定义

对于具有互感的几个线圈上的某些端钮，若一个线圈中电流的变化在其自身产生的自感电压和在另一线圈中产生的互感电压实际极性始终相同，这样的端钮叫同名端，通常用符号星号"*"或黑点"·"表示。反之，称为异名端。

2. 变压器同名端的判定

（1）同名端判定原理

对两个绕向已知的绕组如图 12-7 所示，图 12-7（a）中，磁通 $\Phi$ 增大时，根据楞次定律判断原绕组中的感应电动势是 1 端为正，即为高电位端。副绕组中的感应电动势是 4 端为正，则 1 和 4 端是同名端。同理，图 12-7（b）中根据楞次定律判断 1 和 3 为同名端。

（2）实验测定同名端的方法

① 交流法测定同名端

如图 12-7 所示，如果 $U_{13}=U_{12}-U_{34}$，则说明 $N_1$、$N_2$ 组为反极性串联，故 1 和 3 为同名端。如果 $U_{13}=U_{12}+U_{34}$，则 1 和 4 为同名端。

② 直流法测定同名端

如图 12-8 所示，开关 S 合上的一瞬间，如毫伏表指针向正方向摆动，则接直流电源正极的端子与接直流毫伏表正极的端子为同名端。

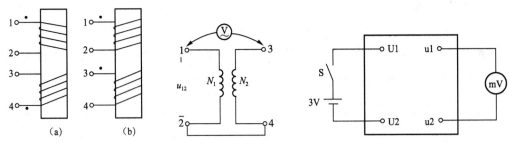

图 12-6　同名端判断原理　　图 12-7　交流法测定同名端　　图 12-8　直流法测定同名端

## 12.1.6　特殊变压器

### 1. 自耦变压器

自耦变压器外形及电路原理图如图 12-9 所示。

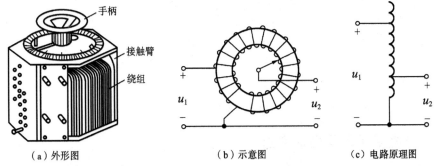

（a）外形图　　　　　　　（b）示意图　　　　　（c）电路原理图

图 12-9　自耦变压器外形及电路原理图

### 2. 仪表用互感器

仪表用互感器是一种特殊的变压器，它比一般变压器更能准确地按一定比例变换电压和电流：可用来扩大仪表的量程或者使仪表与高电压隔离，以保护工作人员的安全。仪表用互感器分为电压互感器和电流互感器两种。

（1）电压互感器

电压互感器的外形和接线原理图如图 12-10 所示。电压互感器二次绕组的额定电压一般为 100 V。

使用注意事项：

① 二次侧不能短路，以防产生过流；

② 铁心、低压绕组的一端接地，以防在绝缘损坏时，在二次侧出现高压。

（2）电流互感器

电流互感器的外形和接线原理图如图 12-11 所示。电流互感器二次绕组的额定电流一般为 5 A。

使用注意事项：

① 二次侧不能开路，以防产生高电压；

② 铁心、低压绕组的一端接地，以防在绝缘损坏时，在二次侧出现过压。

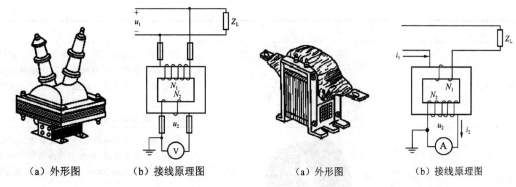

|（a）外形图|（b）接线原理图|　|（a）外形图|（b）接线原理图|
|---|---|---|---|---|

图 12-10　电压互感器的外形和接线原理图　　　图 12-11　电流互感器的外形和接线原理图

# 12.2　三相异步电动机

电动机是实现能量转换的电磁装置。电动机分为交流电动机和直流电动机两大类，交流电动机又有同步和异步之分，异步电动机按转子结构可分为鼠笼式和绕线式。三相异步电动机具有结构简单、工作可靠、价格便宜和维护方便等优点，因而被广泛应用于机床、起重机和运输机等。单相异步电动机多用于家电和电动工具等。

## 12.2.1　三相异步电动机的构造

三相异步电动机有鼠笼式和绕线式两种。三相笼型异步电动机的构造如图 12-12 所示。三相异步电动机主要由转子和定子两部分组成，定子和转子各部分结构与作用如表 12-3 和 12-4 所示。

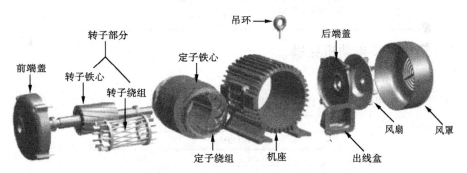

图 12-12　三相笼形异步电动机的构造

表 12-3　定子各部分结构与作用

| 组 成 部 分 | 外 观 图 | 特 点 说 明 |
|---|---|---|
| 定子铁心 |  | 定子铁心是电动机磁路的一部分，一般由 0.35～0.5 mm 厚的相互绝缘的硅钢片叠成，在硅钢片的内圆上冲有均匀分布的槽口嵌放三相定子绕组 |

续表

| 组成部分 | 外 观 图 | 特 点 说 明 |
|---|---|---|
| 定子绕组 | 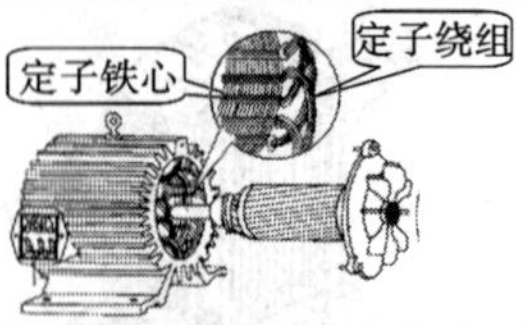 定子铁心　定子绕组 | 定子绕组是电动机的电路部分，由三相对称绕组组成。绕组采用聚脂漆包圆铜线或者双玻璃丝包扁 铜线绕制，按照一定的空间角度依次嵌入定子铁心槽内，绕组与铁心之间垫放绝缘材料，使其具有良好的绝缘性能 |
| 机座 |  | 机座是电动机磁路的一部分，主要由支撑定子铁心和固定端盖组成。中小型异步电动机一般采用铸铁机座，大型电动机机座都采用钢板焊成 |

表 12-4　转子各部分结构与作用

| 组成部分 | 外 观 图 | 特 点 说 明 |
|---|---|---|
| 转子铁心 | 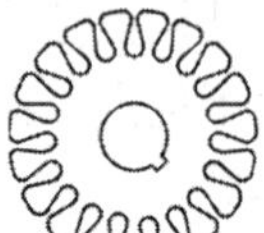 | 转子铁心是也是由 0.5 mm 厚的硅钢片叠 压制成，在其外圆冲有分布的槽<br>转子铁心可嵌放转子绕组，构成电机磁路的另一部分 |
| 转子绕组 | 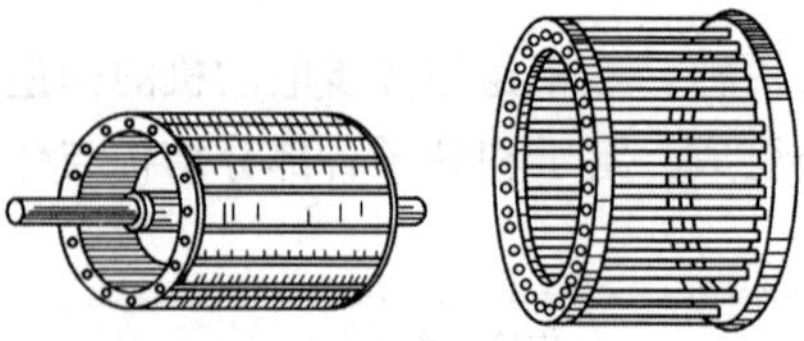 | 转子绕组大部分是浇铸铝笼型，大功率也有铜条制成的笼型转子导体，构成电机电路的一部分，由转轴输出机械能 |

## 12.2.2　三相异步电动机铭牌

**1. 三相异步电动机铭牌**

三相异步电动机铭牌如图 12-13，铭牌的含义见表 12-5。

| 三相异步电动机 | | | |
|---|---|---|---|
| 型号Y-112M-4 | | 编号 | |
| 4.0 kW | | 8.8 A | |
| 380 V | 1 440 r/min | LW82 dB | |
| 接法 △ | 防护等级IP44 | 50 Hz | 45 kg |
| 标注编号 | 工作制 SI | B级绝缘 | 年 月 |
| ××电机厂 | | | |

图 12-13　三相异步电动机铭牌

表 12-5　三相异步电动机铭牌的含义

| 序号 | 参　数 | 含　义 |
|---|---|---|
| 1 | 型号（Y—112M—4） | Y 为电动机的系列代号，112 为基座至输出转轴的中心高度（mm），M 为机座类别（L 为长机座，M 为中机座，S 为短机座），4 为磁极数 |

续表

| 序　号 | 参　数 | 含　义 |
|---|---|---|
| 2 | 额定功率（4.0 kW） | 电动机在额定工作状态下，即在额定电压、额定负载和规定冷却条件下运行时，转轴上输出的机械功率 |
| 3 | 额定电流（8.8 A） | 电动机在额定工作状况下运行时定子电路输入的线电流。 |
| 4 | 额定电压（380 V） | 电动机正常运行时的电源线电压 |
| 5 | 额定转速（1440 r/min） | 电动机在额定状况下运行时的转速 |
| 6 | 接法（△） | 电动机定子三相绕组与交流电源的连接方法，小型电动机（3 kW 以下）大多采用星形接法，大中型电动机（4 kW 以上）大多采用三角形接法 |
| 7 | 防护等级（IP44） | 电动机外壳防护的形式，IP44 属于封闭式 |
| 8 | 频率（50 Hz） | 电动机使用的交流电源的频率 |
| 9 | 噪声等级（82 dB） | 在规定安装条件下，电动机运行时噪声不得大于铭牌值。 |
| 10 | 绝缘等级（B级绝缘） | 电动机绕组所用绝缘材料按它的允许耐热程度规定的等级。这些级别为：A 级绝缘为 105℃，E 级绝缘为 120℃，B 级绝缘为 130℃，F 级绝缘为 155℃，H 级绝缘为 180℃，C 级绝缘也为 180℃ |

**2. 三相交流异步电动机的定子绕组连接方式**

三相交流异步电动机的定子绕组有两种接法：Y 形和△形 。如图 12-14 所示。

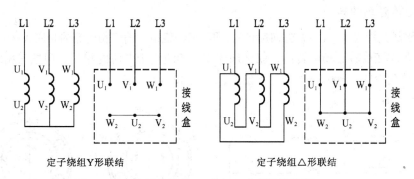

定子绕组Y形联结　　　　　定子绕组△形联结

图 12-14　定子绕组的 Y 形和△形联结接线图

### 12.2.3　三相异步电动机的转动原理

**1. 旋转磁场的产生**

将三相定子绕组接成星形连接到对称三相电源，定子绕组中便有三相对称电流 $i_A = I_m \sin \omega t$，$i_B = I_m \sin(\omega t - 120°)$，$i_C = I_m \sin(\omega t + 120°)$；三相定子绕组及其波形如图 12-15。对应于电流的变化，各时刻的磁场强弱和方向也随之变化，产生旋转磁场，如图 12-6 所示。

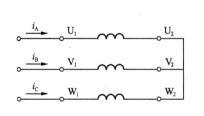

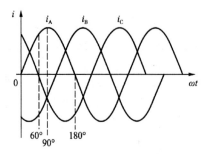

（a）三相定子绕组示意图    （b）三相对称电流的波形

图 12-15　三相定子绕组及其波形

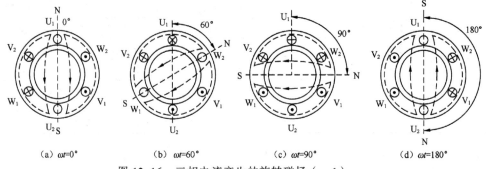

（a）$\omega t=0°$　　（b）$\omega t=60°$　　（c）$\omega t=90°$　　（d）$\omega t=180°$

图 12-16　三相电流产生的旋转磁场（p=1）

## 2. 旋转磁场的转向

旋转磁场是沿着 U→V→W 方向旋转的，即与三相绕组中的三相电流的相序 A→B→C 是一致的。

所以要改变旋转磁场的转向，就必须改变三相绕组中电流的相序，即把三相绕组接到电源上的三根导线中的任意两根对调一下位置，如图 12-17 所示。

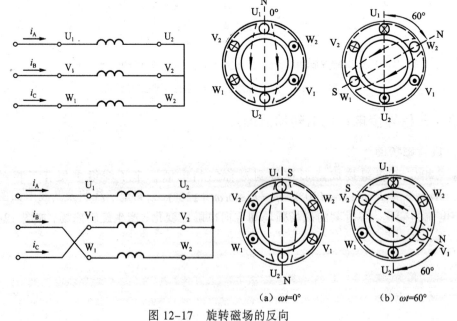

（a）$\omega t=0°$　　　　（b）$\omega t=60°$

图 12-17　旋转磁场的反向

### 3. 旋转磁场的转速

电流在时间上变化一个周期，二极磁场在空间旋转一圈。若电流的频率为 $f_1$，则磁场的旋转速度为每秒 $f_1$ 转，若 $n_0$ 表示旋转磁场每分钟的转速，则可得

$$n_0 = 60f_1 (\text{r/min})$$

若定子磁极为四极（极对数 p=2），电流变化一个周期，磁场仅旋转半圈，其转速为

$$n_0 = \frac{60f_1}{2} (\text{r/min})$$

所以磁场具有 p 对磁极时旋转磁场的转速为

$$n_0 = \frac{60f_1}{p} (\text{r/min})$$

在我国工频 $f_1$ 为 50 Hz，所以不同磁极对数所对应的旋转磁场转速如表 12-6 所示。

表 12-6　同步转速与磁极对数的关系

| p | 1 | 2 | 3 | 4 | 5 | 6 |
|---|---|---|---|---|---|---|
| $n_0$ /(r/min) | 3000 | 1500 | 1000 | 750 | 600 | 500 |

**例 12-4**　已知加在电动机上的交流电源频率为 $f_1 = 50$ Hz，求 Y100L—4 三相交流异步电动机的同步转速。

**解**：电动机型号 Y100L-4 的最后一位数字 "4" 表示该电动机的磁极极数 $2p = 4$，故磁极对数 $p=2$。所以

$$n_0 = \frac{60f_1}{p} = \frac{60 \times 50}{2} = 1500 \text{ r/min}$$

**例 12-5**　设 $f_1 = 50$ Hz，求 JD02—72—8/6/4 型三相调速异步电动机在不同的磁极数（八极、六极、四极）时的同步转速。

**解**：当电动机的磁极为八极时，$2p = 8$，故磁极对数 $p=4$，

$$n_0 = \frac{60f_1}{p} = \frac{60 \times 50}{4} (\text{r/min}) = 750 (\text{r/min})$$

当电动机的磁极为六极时，$2p = 6$，故磁极对数 $p=3$，则

$$n_0 = \frac{60f_1}{p} = \frac{60 \times 50}{3} (\text{r/min}) = 1000 (\text{r/min})$$

当电动机的磁极为四极时，$2p = 4$，故磁极对数 $p=2$，则

$$n_0 = \frac{60f_1}{p} = \frac{60 \times 50}{2} (\text{r/min}) = 1500 (\text{r/min})$$

### 4. 三相异步电动机的转动原理

三相对称定子绕组中通入对称三相交流电时，就会在气隙中形成一个在时间上、空间上都随时间变化的一个旋转磁场。固定不动的转子导体与旋转磁场相切割后感应电流成为载流导体，载流导体又和旋转磁场相互作用，对轴生成电磁转矩，于是电动机就顺着同步转速的方向转动起来。

电动机转子的旋转速度称电动机的转速，用 $n$ 表示。由转动原理可知电动机的转速 $n$ 不能等于磁场的旋转速度 $n_0$，否则转子与旋转磁场间没有相对运动，转子不切割磁场不能生成感应电流，转子电流转子电动势和转矩也就都不存在，所以转子的转速必须小于磁场的旋转速度，因此这种电动机又叫异步电动机。磁场的旋转速度 $n_0$ 通常称之为同步转速。

我们把电动机的同步转速与转子的转速之差称为转差，转差与同步转速的比值称为转差率，用 $s$ 表示。
$$s = \frac{n_1 - n}{n_1} \times 100\%$$

**例 12-6** 步电动机的额定转速 $n$=570 r/min。求电动机的极数和额定时的转差率($f_1$=50 Hz)。

**解**：由于电动机的额定转速应接近且略小于同步转速 $n_0$，而 $n_0$ 对应于磁极对数 $p$ 有一系列固定值。显然，与 570 r/min 最接近的是 $p$=5。

$$n_0 = 600 \; r/\min$$

因此，额定时的转差率为
$$s = \frac{n_0 - n}{n_0} = \frac{600 - 570}{600} = 5\%$$

## 12.2.4　三相异步电动机转矩特性与机械特性

### 1. 三相异步电动机的电磁转矩

三相异步机转子中各载流导体在旋转磁场作用下，受到电磁力所形成的转矩之总和，称为电磁转矩 $T$。异步电动机的电磁转矩是由旋转磁场的每极磁通 $\Phi$ 与转子电流 $I_2$ 相互作用而产生的。因此电磁转矩的大小和 $I_2$ 及 $\Phi$ 成正比。转子电路的功率因数为 $\cos\varphi$，只有转子电流的有功分量与旋转磁场相互作用才能产生电磁转矩，因此异步电动机的电磁转矩与 $\Phi$、$I_2$ 和 $\cos\varphi$ 成正比。

$$T \propto \Phi I_2 \cos\varphi = K_T \Phi I_2 \cos\varphi$$

$$\because \Phi = \frac{E_1}{4.44 f_1 N_1} \approx \frac{U_1}{4.44 f_1 N_1} \propto U_1$$

$$I_2 = \frac{sE_{20}}{\sqrt{R_2^2 + (sX_{20})^2}} = \frac{s(4.44 f_1 N_2 \Phi)}{\sqrt{R_2^2 + X_2^2}}$$

$$\cos\varphi = \frac{R_2}{\sqrt{R_2^2 + (sX_{20})^2}}$$

$$T = K_T \Phi \frac{sE_{20}}{\sqrt{R_2^2 + (sX_{20})^2}} \cdot \frac{R_2}{\sqrt{R_2^2 + (sX_{20})^2}} = K_T \Phi \frac{sR_2 E_{20}}{R_2^2 + (sX_{20})^2}$$

$$T = K \frac{sR_2 U_1^2}{R_2^2 + (sX_{20})^2}$$

由上式可见电磁转矩还与定子的相电压 $U_1$ 的平方成正比。所以，电源电压的变动对转矩的影响很大，在分析异步电动机的运行特性时，要特别注意。式 $T = K \dfrac{sR_2 U_1^2}{R_2^2 + (sX_{20})^2}$ 中 $T$ 与 $s$ 之间的关系可以用转矩特性 $T = f(s)$ 表示，转矩特性曲线如图 12-18 所示。

**2. 三相异步电动机的机械特性**

机械特性是指在电源 $U_1$ 不变的条件下,电动机的转速 $n$ 与电磁转矩 $T$ 之间的关系即 $n=f(T)$。在实际工作中,常用机械特性 $n=f(T)$ 来分析问题。三相异步电动机的机械特性曲线图如图 12-19 所示,图中 $n_m$ 称为临界转速,$n_0$ 为同步转速,$n_N$ 为额定转速。在机械特性曲线上,要讨论三个转矩额定转矩 $T_N$、最大转矩 $T_m$、启动转矩 $T_{st}$。

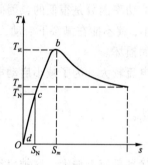

图 12-18 三相异步电动机的转矩特性　　图 12-19 三相异步电动机的机械特性

（1）额定转矩 $T_N$

电动机在额定负载时的输出的电磁转矩,是电动机长期持续工作时轴上输出转矩的最大值。

$$T_N \approx T_{2N} = \frac{P_{2N}}{\omega} = \frac{P_{2N}}{2\pi n_N / 60} = 9550\frac{P_{2N}}{n_N}(\text{N}\cdot\text{m})$$

式中电动机输出的额定功率 $P_{2N}$ 和额定转速 $n_N$ 可从电动机铭牌上查出。

（2）最大转矩 $T_m$

电动机可能产生的最大转矩,又称临界转矩,对应于 $T_m$ 的转差率 $S_m$ 称为临界转差率。

$$令 \frac{\mathrm{d}T}{\mathrm{d}s} = \frac{\mathrm{d}}{\mathrm{d}s}\left[\frac{KsR_2U_1^2}{R_2^2 + (sX_{20})^2}\right] = 0$$

$$可得 \quad s_m = \frac{R_2}{X_{20}}$$

$$进而求得 \quad T_m = K\frac{U_1^2}{2X_{20}}$$

可见,$T_m \propto U_1^2$,且与转子电阻 $R_2$ 无关,而 $R_2$ 越大 $s_m$ 也越大。最大转矩也表示电动机允许短时过载的能力,用过载系数 $\lambda_m$ 表示,$\lambda_m = \frac{T_m}{T_n}$,一般三项异步电机的过载系数为 1.8~2.2。

（3）启动转矩 $T_{st}$

电动机刚起动 ($n=0$) 时的电磁转矩称为启动转矩。电动机启动时,n=0,s=1,此时电磁转矩为

$$T_{st} = K\frac{R_2U_1^2}{R_2^2 + X_{20}^2}$$

由上式可见,起动转矩与 $U_1^2$ 及 $R_2$ 有关,当电源电压降低时起动转矩会减小,当适当增加转子绕组的电阻会使起动转矩有所增加,当 $R_2 = X_{20}$ 时,$T_{st} = T_m$,$s_m = 1$。

## 12.2.5 三相异步电动机的启动

电动机刚启动时,由于旋转磁场对静止的转子有着很大的相对转速,磁力线切割转子导体

的速度很快，这时转子绕组中感应出的电动势和产生的转子电流都很大。一般中小型电动机的启动电流约为额定值的 5-7 倍。

$$I_{st} / I_N = 5 \sim 7$$

当电动机不是频繁启动时，启动电流对电机本身影响不大，因为电机的启动时间很短。但当电动机启动频繁时，由于热量的积累，可以使电动机过热。

电动机刚启动时，虽然转子电流较大，但由于转子的功率因数是很低的，因此启动转矩不大，它与额定转矩之比值约为 1.0~2.2。如果启动转矩过小，就不能在满载下启动，应设法提高。但启动转矩也不能过大，否则，会使传动机构受到冲击而损坏。

由上述可知，异步电动机启动时的主要缺点是启动电流较大。为了减小启动电流，必须采用适当的启动方法。

笼形电动机主要有直接启动和降压启动两种启动方法。

### 1. 直接启动

直接启动就是利用闸刀开关或接触器将电动机直接接到额定电源上。这种启动方法虽然简单，但如上所述，由于启动电流较大，将使线路电压下降，影响负载的正常工作。一般只有功率在二三十千瓦以下的异步电动机才能采用直接启动的方法来启动，而对于功率较大的异步电动机通常都采用降压启动。

### 2. 降压启动

降压启动是指利用启动设备，将电压适当降低后加到电动机的定子绕组上进行启动，待电动机转速升高后，再使其电压恢复到额定值的启动方式。由于电流随电压的降低而减小，因此降压启动达到减小启动电流的目的。但电动机的电磁转矩与电压的平方成正比，所以降压启动也将导致电动机的启动转矩大为降低，故降压启动的方法一般只适用于空载或轻载启动的电动机。降压启动通常采用下面的几种方法。

（1）星形—三角形（Y-△）降压启动

对正常运行采用△形接法的异步电动机，在启动时先改接成 Y 形，启动完毕电动机转速接近稳定后再接成△形，这种启动方法称为 Y-△降压启动。Y-△降压启动的电流关系如图 12-20 所示。

Y 形接法启动时 $\qquad I_{1Y} = I_{PY} = \dfrac{U_l / \sqrt{3}}{|Z|}$

△形接法启动时 $\qquad I_{P\triangle} = \dfrac{U_l}{|Z|} \qquad I_{1\triangle} = \sqrt{3} I_{P\triangle} = \sqrt{3}\dfrac{U_l}{|Z|}$

$$I_{1Y} / I_{1\triangle} = 1/3$$

可见 Y-△降压启动时，启动电流为直接采用△接法时启动电流的 1/3，所以，对降低启动电流很有效。但启动转矩也只有△接法直接启动时的 1/3，即启动转矩降低很多，故只适用于轻载或空载下启动。Y-△降压启动电路连接如图 12-21 所示。

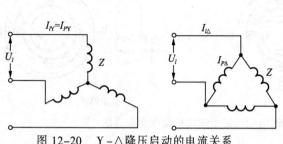

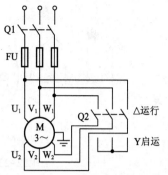

图 12-20　Y-△降压启动的电流关系　　　图 12-21　Y-△降压启动的电路图

此法的最大优点是：所需设备简单、价格低，因而获得了较为广泛的应用。

（2）自耦变压器降压启动

自耦变压器降压启动是利用三相自耦变压器将电动机在启动过程中的端电压降低，其接线如图 12-22 所示。

自耦变压器备有抽头，以便得到不同的电压（例如为电源电压的 73%、64%、55%），根据对启动转矩的要求而选用。自耦变压器启动既适用于正常运行时三角形联结的电动机，也适用于星形联结的电动机。容量较大的鼠笼式三相异步电动机常采用自耦变压器降压启动方式。

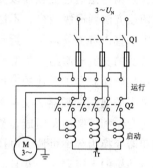

图 12-22　变压器自耦降压启动

## 12.2.6　三相异步电动机的调速

调速就是在一定的负载下，根据生产的需要人为的改变电动机的转速。电动机在满载时所能得到的最高转速与最低转速之比称为调速范围，如 5:1 或 10:1。如果转速只能跳跃式的调节，这种调速称为有级调速。如果在一定的范围内转速可以连续调节则这种调速称为无级调速。无级调速的平滑性比有级调速好。

从三相异步电动机的转速公式 $n = n_1(1-s) = (1-s)\dfrac{60f_1}{P}$ 可以看出改变电动机的转速有三种方法即变极调速、变频调速和改变转差率调速。

### 1. 变极调速

变极调速是通过改变定子绕组的接法以改变旋转磁场磁极对数 $p$ 来调速。（只适用于笼型异步电动机）。由 $n_0 = \dfrac{60f_1}{p}$ 可知，如果极对数减小一半，则旋转磁场的转速便提高一倍，转子转速差不多也提高一倍，因此，改变 p 可以得到不同的转速。如何改变极对数呢？这同定子绕组的接法有关。如图 12-23 将当 $U_{11}U_{21}$ 与 $U_{12}U_{22}$ 两个线圈组正向串联连接时，由图中可见当通入 $U$ 相交流电后，它将产生四个磁极，即 2p=4；如改为并联，则通入 $U$ 相交流电后将产生两个磁极，即 $2p = 2$ 。

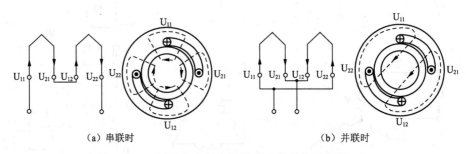

（a）串联时　　　　　　　　　　（b）并联时

图 12-23　双速电动机定子绕组接线改变示意图

### 2. 变频调速

变频调速是通过变频器改变交流电源频率 $f_1$ 来调速。对于笼式三相交流异步电动机，采用变极调速方法调速级数少，不能平滑调速。过去，在要求精确、连续、灵活调速的场合，直流电动机一直占着主导地位。近年来，由于晶闸管整流和变频技术的发展，利用晶闸管提供一个频率可变的交流电源给三相交流异步电动机，使笼式三相交流异步电动机的转速能平滑调节，这使变频调速获得了迅速的发展，并有逐步取代直流电动机的趋势。

常用的通用变频器为交 - 直 - 交变频器(以下简称变频器)。它主要由整流器、中间直流环节、逆变器和控制回路组成，如图 12-24 所示。整流器先将 50 Hz 的交流电变换为直流电，再由逆变器变换为频率可调、电压有效值也可调的三相交流电，供给鼠笼式异步电动机。由此可得到电动机的无级调速，并具有硬的机械特性。

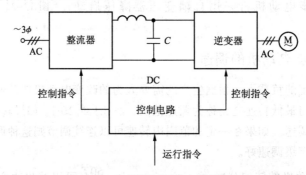

图 12-24　变频器的基本结构

### 3. 改变转差率调速

改变转差率调速是通过外电路（电抗器或晶闸管等）改变定子电压等方法进行调速。只要在绕线式电动机的转子电路中接入一个调速电阻，改变电阻的大小，就可以得到平滑调速。如增大调速电阻时，转差率上升，而转速下降。这种调速方法的优点是设备简单、投资少，但能量损耗较大。

# 小　结

1. 变压器主要组成

变压器主要由铁心和线圈组成。

2. 变压器的主要性质

改变变压器匝数比，就能改变输出电压，$\dfrac{U_1}{U_{20}}=\dfrac{N_1}{N_2}=K$；一次、二次电流与匝数成反

比，$\dfrac{I_1}{I_2}\approx\dfrac{N_2}{N_1}=\dfrac{1}{K}$；变压器一次侧的等效阻抗模为二次侧所带负载的阻抗模的 $K^2$ 倍，$|Z'|=K^2|Z|$。

3．变压器的额定值

变压器的额定值主要有额定容量 $S_N$、额定电压 $U_{1N}$、$U_{2N}$ 额定电流 $I_{1N}$、$I_{2N}$ 额定频率 $f_N$。复制的方法有交流法测定和直流法测定两种方法。

4．三相异步电动机

① 三相异步电动机主要由转子和定子两部分组成。三相对称定子绕组中通入对称三相交流电时，就会在气隙中形成一个在时间上、空间上都随时间变化的一个旋转磁场。固定不动的转子导体与旋转磁场相切割后感应电流成为载流导体，载流导体又和旋转磁场相互作用，对轴生成电磁转矩，于是电动机就顺着同步转速的方向转动起来。电动机的同步转速与转子的转速之差称为转差，转差与同步转速的比值称为转差率

$$s=\dfrac{n_1-n}{n_1}\times100\%$$

② 三相异步电动机的电磁转矩为

$$T=K\dfrac{sR_2U_1^2}{R_2^2+(sX_{20})^2}$$

③ 在电源 $U_1$ 不变的条件下，电动机的转速 $n$ 与电磁转矩 $T$ 之间的关系为电动机的机械特性即 $n=f(T)$。本课题中主要讨论了额定转矩 $T_N$、最大转矩 $T_m$、启动转矩 $T_{st}$ 三个转矩。

5．笼形电动机

笼形电动机主要有直接启动和降压启动两种启动方法。降压启动又可以采用星形—三角形（Y-△）降压启动和自耦变压器降压启动。

6．改变三相异步电动机转速的方法

改变三相异步电动机的转速有三种方法即变极调速、变频调速和改变转差率调速。

# 习　题

一、判断题

1．电压互感器可以隔离高压，保证了测量人员和仪表及保护装置的安全。　　　（　）

2．变压器的变比与匝数比成反比。　　　（　）

3．异步电动机的调速方法有：改变电源频率、改变磁极对数、改变转差率。　　　（　）

4．三相异步电动机的转子旋转方向与旋转磁场旋转的方向相反。　　　（　）

二、选择题

1．电流互感器二次侧不允许（　　）。

　　A．开路　　　　B．短路　　　　C．接仪表　　　　D．接保护

2．一台变压器(单相)的额定容量 $S_N=50\,kV\cdot A$，额定电压为 10 kV/230 V，满载时二次侧端电压为 220 V，则其额定电流 $I_{1N}$ 和 $I_{2N}$ 分别为（　　）。

　　A．5 A 和 227 A　　B．227 A 和 5 A　　C．5 A 和 217 A

3．在三相电源断一相的情况下，三相异步电动机(　　　)。

    A．能起动并正常运行　　　　B．起动后低速运行　　　　C．不能起动

4．三相异步电动机的转速越高，其转差率(　　　)。

    A．越大　　　　　　　　　　B．越小　　　　　　　　　　C．越稳定

5．能改变异步电动机转速的方法是(　　　)。

    A．改变电源频率　　　　　　B．改变磁极方向

    C．改变电压　　　　　　　　D．改变功率因数

6．变频调速的主电路多数采用(　　　)变换电路。

    A．交流—直流　　　　　　　B 交流—交流

    C．直流—交流—直流　　　　D．交流—直流—交流

7．不属于异步电动机的调速方法有 (　　　)。

    A．改变电源频率　　　　　　B．改变磁极对数

    C．改变转差率　　　　　　　D．改变电源电压

8．三相异步电动机的同步转速由(　　　)决定。

    A．电源频率　　　　　　　　B．磁极对数　　　　　　　C．电源频率和磁极对数

## 三、综合题

1．变压器有哪些主要部件，它们的主要作用是什么？

2．标出图 12-25 中绕组 1 与 2 的同名端。

3．简述三相异步电动机的结构，试述三相异步电动机的转动原理。

图 12-25

4．旋转磁场是如何产生的？如何改变旋转磁场的转向？解释"异步"的意义。

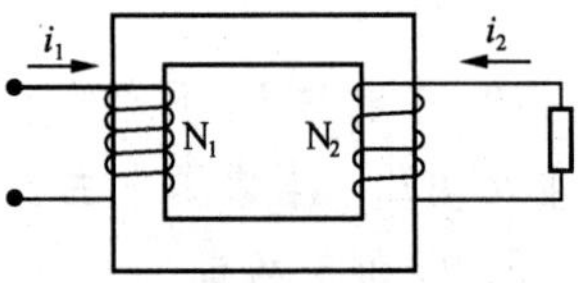

5．何谓三相异步电动机的转差率？额定转差率一般是多少？启动瞬时的转差率是多少？

6．三相异步电动机接通电源后，如果转轴受阻而长时间不能启动旋转，会有何后果？

7．三相异步电动机带额定负载运行时，如果电源电压降低，电动机的转矩、转速及电流有无变化？如何变化？

## 四、计算分析题

1．有一台 D-50/10 单相变压器，$S_N$=50 kV·A，$U_{1N}/U_{2N}$=10500/230 V，试求变压器原、副线圈的额定电流？

2．有一单相照明变压器，容量为 10 kV·A，电压为 3300/220 V。今欲在副绕组接上 60 W 的白灯，如果要变压器在额定情况下运行，这种电灯可接多少个？并求原、副绕组的额定电流。

3．说明电动机型号 Y160L-4 的意义。

4．说明三相异步电动机铭牌的意义：2.8 kW、Y/△、220/380 V、10.9/6.3 A、1370 r/min、50Hz、$\cos\varphi$=0.9。

# 模块十三　低压电器与电气控制系统

## 学习目标

- 了解常用低压电器的结构和工作原理、功能、使用方法，能识别常用低压电器的电气符号。
- 掌握自锁、互锁、行程控制的控制原则。
- 掌握三相异步电动机的点动、自锁控制电路。
- 掌握三相异步电动机正反转控制的几种不同实现方案。
- 掌握三相异步电动机自动往返控制电路的实现。

## 13.1　常用低压电器

低压电器是指用于交流 50 Hz（或 60 Hz）额定电压为 1200 V 以下、直流额定电压为 1500 V 及以下的电气线路中起保护、控制或调节等作用的电器元件。低压电器按它在电路中所处的地位和作用可分为低压控制电器和低压配电电器两大类。低压配电电器包括低压开关、熔断器、低压断路器等，低压控制电器有接触器和继电器。

### 13.1.1　低压开关

低压开关主要用作隔离、转换及接通和分断电路，多数用作机床电路的电源开关和局部照明电路的控制开关，有时也可用来直接控制小容量电动机的启动、停止和正、反转。

低压开关一般为非自动切换电器，常用的主要类型有刀开关、组合开关和隔离开关。

1. 刀开关

刀开关又称闸刀开关，是一种结构最简单、应用最广泛的手动电器。在低压电路中，用来不频繁接通和分断电路用，或用来将电路与电源隔离。

刀开关：由操纵手柄、触刀、触刀插座和绝缘底板等组成。

刀开关外形图、图形符号、文字符号如图 13-1 所示。

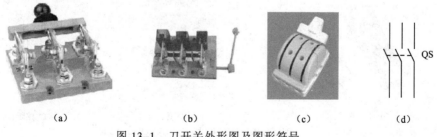

　　　　(a)　　　　　　　　(b)　　　　　　　　(c)　　　　　　　　(d)

图 13-1　刀开关外形图及图形符号

2. 组合开关

组合开关也是一种刀开关，不过它的刀片是转动式的，操作比较轻巧，它的动触头（刀片）

和静触头装在封闭的绝缘件内，采用叠装式结构，其层数由动触头数量决定，动触头装在操作手柄的转轴上，随转轴旋转而改变各对触头的通断状态。

组合开关一般在电气设备中用于非频繁地接通和分断电路、接通电源和负载、测量三相电压以及控制小容量异步电动机的正反转和星-三角降压启动等。组合开关的结构和图形、文字符号如图 13-2 所示。

图 13-2　组合开关的结构和图形、文字符号

### 13.1.2　熔断器

熔断器是低压配电网络和电力拖动系统中主要用作短路保护的电器。使用时串联在被保护的电路中，当电路发生短路故障，通过熔断器的电流达到或超过某一规定值时，以其自身产生的热量使熔体熔断，从而自动分断电路，起到保护作用。

1.　低压熔断器的类型

低压熔断器的类型有半封闭式熔断器 RC 型、螺旋式熔断器 RL 型、有填料封闭式熔断器 RT 型、无填料封闭式熔断器 RM 型、有填料封闭管式快速熔断器 RS 型。熔断器外形及图形符号如图 13-3 所示。

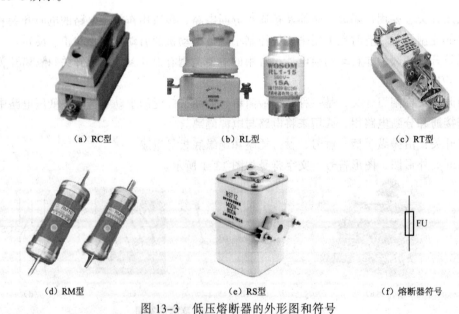

(a) RC型　　　　　(b) RL型　　　　　(c) RT型

(d) RM型　　　　　(e) RS型　　　　　(f) 熔断器符号

图 13-3　低压熔断器的外形图和符号

低压熔断器型号字母的含义：

R——"熔"断器；C——"插"入式；M——"密"封式；L——"螺"旋式；S——快"速"；

T——"填"料式；0——设计序

**2. 熔断器的结构**

熔断器由熔体、熔断管和熔座三部分组成。熔体常做成丝状或片状，制作熔体的材料一般有铅锡合金和铜。熔断管用来安装熔体，作熔体的保护外壳并在熔体熔断时兼有灭弧作用。熔座起固定熔断管和连接引线作用。

**3. 熔断器的主要技术参数**

① 额定电压：指熔断器长期工作时和分断后能够承受的电压，其值一般等于或大于电气设备的额定电压。

② 额定电流：熔断器的额定电流是指保证熔断器能长期正常工作的电流，是由熔断器各部分长期工作时的允许温升决定的。它与熔体的额定电流是两个不同的概念。熔体的额定电流是指在规定的工作条件下，长时间通过熔体而熔体不熔断的最大电流值。

厂家为了减少熔断管额定电流的规格，熔断管的额定电流等级比较少，而熔体的额定电流等级比较多，也即在一个额定电流等级的熔管内可以分几个额定电流等级的熔体，但熔体的额定电流最大不能超过熔断管的额定电流。

③ 极限分断能力：指熔断器在规定的额定电压和功率因数（或时间常数）的条件下，能分断的最大电流值，在电路中出现的最大电流值一般指短路电流值。所以极限分断能力也反映了熔断器分断短路电流的能力。

### 13.1.3 按钮开关

按钮是一种具有用人体某一部分所施加力而操作的操动器。按钮的触头允许通过的电流较小，一般不超过 5 A。常用来接通或断开小电流的控制电路，而进一步控制电动机或其它电气设备的运行。按钮的外形与符号如图 13-5 所示。

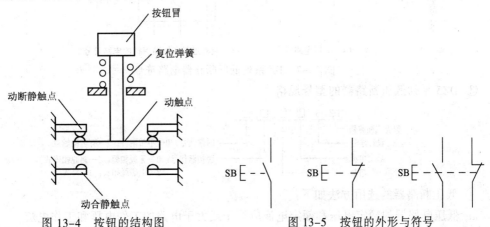

图 13-4 按钮的结构图　　　　　图 13-5 按钮的外形与符号

① 按钮的结构：由图 13-4 剖面结构图可看到，有两对静触点、一对动触点、按钮帽及弹簧等部分。

在常态时，静触点 1 由动触点接通、静触点 2 是断开的；按下按钮帽时静触点的通断状态发生变化。

② 按钮的种类：单联按钮开关只有一组常开触点和常闭触点，还有双联和三联等等。

### 13.1.4　低压断路器

低压断路器（又称自动开关）可用来分配电能、不频繁地起动电动机、对供电线路及电动机等进行保护，当它们发生严重的过载或短路及欠压等故障时能自动切断电路。低压断路器按用途分有配电（照明）、限流、灭磁、漏电保护等几种；按动作时间分有一般型和快速型；按结构分有框架式（万能式 DW 系列）和塑料外壳式（装置式 DZ 系列）。下面以 DZ 系列低压断路器为例进行简要介绍。

① DZ 系列低压断路器的外形如图 13-6 所示。

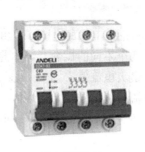  

　　（a）DZ47-63　　　　　　　（b）DZ5　　　　　　（c）DZ47-100

图 13-6　DZ 系列低压断路器外形图

② DZ 系列低压断路器电路符号如图 13-7 所示。

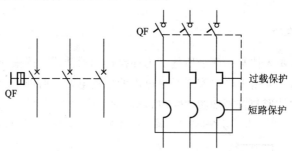

　（a）通用电路符号　　　（b）具有过载和短路保护的电路符号

图 13-7　DZ 系列低压断路器电路符号

③ DZ5 系列低压断路器的型号规格

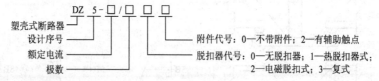

④ 低压断路器的选用方法如下：

a. 低压断路器的额定电压和额定电流应等于或大于电路的工作电压和工作电流。

b. 热脱扣器的额定电流应大于或等于电路的最大工作电流。

c. 热脱扣器的整定电流应等于被控制电路正常工作电流或电动机的额定电流。

### 13.1.5　热继电器

热继电器就是利用电流的热效应原理，在出现电动机不能承受的过载时切断电动机电路，为电动机提供过载保护的保护电器。热继电器主要用于电动机的过载保护、断相保护及其他电气设备发热状态的控制。热继电器可以根据过载电流的大小自动调整动作时间，具有反时限保护特性，当电动机的工作电流为额定电流时，热继电器应长期不动作。

目前我国在生产中常用的热继电器有国产的 JR16、JR20 等系列以及引进的 T 系列、3UA 等系列产品，均为双金属片式。热继电器外形图如图 13-8 所示。

图 13-8　常用热继电器外形图

1. 热继电器的结构及工作原理

如图 13-9 所示，热继电器主要由热元件、双金属片和触头三部分组成。

双金属片是热继电器的感测元件，由两种线膨胀系数不同的金属片用机械碾压而成。线膨胀系数大的称为主动层，小的称为被动层。在加热以前，两金属片长度基本一致。当串在电动机定子电路中的热元件有电流通过时，热元件产生的热量使两金属片伸长。由于线膨胀系数不同，且因它们紧密结合在一起，所以，双金属片就会发生弯曲。电动机正常运行时，双金属片的弯曲程度不足以使热继电器动作，当电动机过载时，热元件中电流增大，加上时间效应，所以双金属片接受的热量就会大大增加，从而使弯曲程度加大，最终使双金属片推动导板使热继电器的触头动作，切断电动机的控制电路。

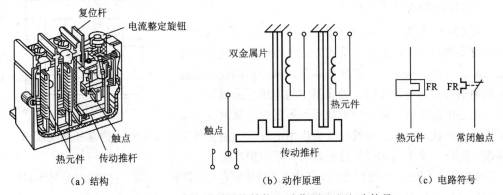

（a）结构　　　　　　　　　（b）动作原理　　　　　　　　（c）电路符号

图 13-9　热继电器的结构、动作原理和电路符号

2. 热继电器的型号规格

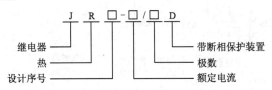

### 13.1.6　接触器

接触器是一种用于频繁地接通或断开交直流主电路、大容量控制电路等大电流电路的自动切换电器。接触器除能自动切换外，还具有手动开关所缺乏的远距离操作功能和失压（或欠压）保护功能，但没有自动开关所具有的过载和短路保护功能，主要用于控制电动机、电热设备、电焊机、电容器组等。

按接触器主触头通过的电流种类，分为交流接触器和直流接触器两种。如图 13-10 所示为常用接触器外形图。下面以 CJ10 系列为例介绍交流接触器。

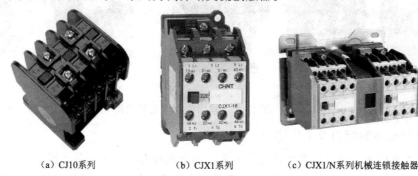

（a）CJ10系列　　　　（b）CJX1系列　　　（c）CJX1/N系列机械连锁接触器

图 13-10　常用接触器外形图

**1. 交流接触器的结构**

如图 13-11 所示，接触器主要由电磁铁和触点两部分组成。靠电磁铁吸引动铁心带动触点完成对电路的接通与关断。交流接触器的触点有 3 个常开主触点，4 个辅助触点(两个常开，两个常闭)。

**2. 交流接触器的工作原理**

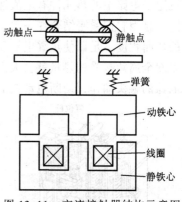

如图 13-11 在线圈上施加交流电压后，铁心中产生磁通，该磁通对衔铁产生克服复位弹簧拉力的电磁吸力，使衔铁带动触头动作。触头动作时，常闭先断开，常开后闭合。主触头和辅助触头是同时动作的。当线圈中的电压值降到某一数值时，铁心中的磁通下降，吸力减小到不足以克服复位弹簧的反力时，衔铁就在复位弹簧的反力作用下复位，使主触头和辅助触头的常开触头断开，常闭触头恢复闭合。这个功能就是接触器的失压保护功能。

图 13-11　交流接触器结构示意图

交流接触器工作时，施加的交流电压应大于线圈额定电压值的85%时，接触器才能够可靠地吸合。

交流接触器的电路符号和型号规格如图 13-12 和 13-13 所示。

图 13-12　交流接触器电路符号　　　　图 13-13　交流接触器型号规格

选择接触器时应注意触点的数量和允许通过的额定电流；还要注意接触器线圈的额定电压值。CJ10 系列接触器主触点的额定电流有 5 A、10 A、20 A、40 A、75 A、120 A 等。

### 13.1.7　行程开关

行程开关是用以反应工作机械的行程，发出命令以控制其运动方向和行程大小的开关。其作用原理与按钮相同，区别在于它不是靠手指的按压而是利用生产机械运动部件的碰压使其触头动作，从而将机械信号转变为电信号，用以控制机械动作或用作程序控制。通常，行程开关被用来限制机械运动的位置或行程，使运动机械按一定的位置或行程实现自动停止、反向运动、变速运动或自动往返运动等。

各系列行程开关的基本结构大体相同，都是由触头系统、操作机构和外壳组成。常见的有按钮式(直动式)和旋转式(滚轮式)。行程开关外形、电路符号如图 13-14 所示。

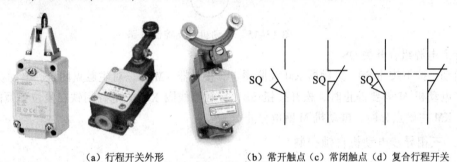

（a）行程开关外形　　　（b）常开触点（c）常闭触点（d）复合行程开关

图 13-14　行程开关外形与电路符号

行程开关型号规格

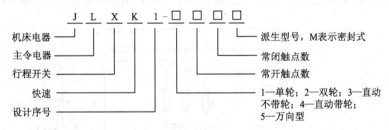

# 13.2　三相异步电动机常用控制电路

## 13.2.1　三相异步电动机自锁控制

### 1. 三相异步电动机点动控制

生产机械在正常工作时需要长动控制，但在试车或进行调整工作时，就需要点动控制，点动控制也叫或点车控制。例如桥式吊车需要经常作调整运动，点动控制是必不可少的。点动就是按下按钮，电动机通电运转，松开按钮，电动机断电停转。即点一下，动一下，不点则不动。

如图 13-15 所示，组合开关 QS 作为电源的隔离开关；熔断器 FU1、FU2 作为电路的短路保护。按钮 SB 控制接触器线圈 KM 的得电与失电，KM 的主触头触点控制电动机的启动和停止。电路原理分析如下：

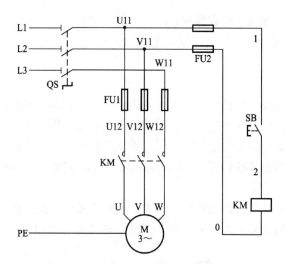

图 13-15　电动机点动控制电路

合上电源组合开关 QS

启动：按下按钮 SB，接触器 KM 线圈得电，接触器 KM 的三对主触点闭合，电动机 M 通电运转。电动机 M 需要停止时，松开按钮 SB，接触器线圈 KM 失电，衔铁在复位弹簧的作用下复位，KM 主触点分断，电动机 M 断电停止。

**2. 三相异步电动机自锁控制**

点动控制与自锁控制长动控制的区别主要在自锁触点上。点动控制电路没有自锁触点，由点动按钮兼起停止按钮作用，因而点动控制不另设停止按钮。与此相反，自锁控制电路，必须设有自锁触点，还要另设停止按钮。三相异步电动机自锁控制电路如图 13-16 所示。

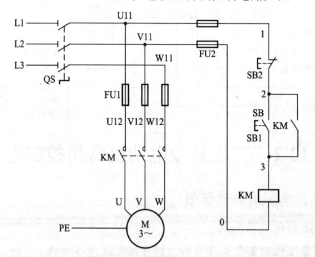

图 13-16　电动机自锁控制电路

电路原理分析：

合上电源隔离开关 QS，按下启动按钮 SB1，接触器 KM 线圈得电，接触器 KM 在主电路中的三对主触点闭合，同时与启动按钮 SB1 并联的接触器 KM 的辅助触点（2-3）闭合，松开启动按钮，线圈 KM 回路仍然接通，电动机连续运转。

按下停止按钮SB2,KM线圈失电,接触器KM在主电路中的三对主触点分断,自保触点(2-3)分断,电动机停转。

3. 具有过载保护的电动机自锁控制

电动机电气控制线路保护环节包括短路保护、欠压保护和过载保护等。

① 短路保护：短路时通过熔断器FU1的熔体熔断来切断电路,使电动机立即停转。

② 欠电压保护：欠压保护通过接触器KM的自锁触点来实现。当电源停电或者电源电压严重下降,使接触器KM由于铁心吸力消失或减小而释放,这时电动机停转,接触器辅助常开触点KM断开并失去自锁。欠压保护可以防止电压严重下降时电动机在负载情况下的低压运行;避免电动机同时启动而造成电压的严重下降;防止电源电压恢复时,电动机突然起动运转,造成设备和人身事故。

③ 过载保护

过载保护是指出现电动机不能承受的过载时切断电动机电路,使电动机停转的保护,通过热继电器FR实现,如图13-17所示。为电动机提供过载保护将热元件与电动机的定子绕组串联,将热继电器的常闭触头串联在交流接触器的电磁线圈的控制电路中。额定状态下,热继电器的常闭触点FR(1-2)处于闭合状态,交流接触器保持吸合,电动机正常运行。若电动机出现过载情况FR动作,其常闭触点(1-2)FR控制电路断开,KM吸引线圈失电来切断电动机主电路使电动机停转。

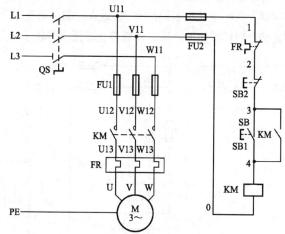

图13-17　具有过载保护的自锁控制电路

4. 电动机点动与自锁混合控制

如图3-18为电动机点动与自锁混合控制。

电路控制原理如下：

（1）点动控制

先闭合上开关QF下按下点动按钮SB3,SB3动断触点（3-5）断开自锁电路,SB3动合触点(3-4)闭合,接触器KM线圈得电, KM三对主触点闭合,KM自锁触点（4-5）闭合,由于SB3动断触点（3-5）断开自锁电路,不能完成自锁,电动机点动。松开SB3按钮,SB3动断触点（3-5）先恢复断开,串在自锁支路中的SB3动合触点(3-4)后恢复闭合,KM线圈失电,接触器KM在主电路中的三对主触点分断,KM自锁触点（4-5）分断,电动机停转。

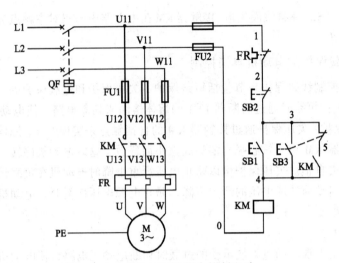

图 13-18　点动与自锁混合控制电路

（2）自锁控制

电动机自锁控制启停过程同三相异步电动机自锁控制相同。

### 5. 电动机多地控制电路

为减轻劳动强度、方便操作，往往在多个地方设置操作开关对一个动作进行控制。这种能在两地或多地控制一台电机的控制方式叫电动机多地控制。多地点控制必须在每个地点有一组启停按钮，所有各组按钮的连接原则是动合启动按钮要并联，动断停止按钮应串联。如图 13-19 所示。

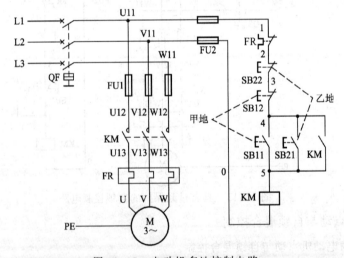

图 13-19　电动机多地控制电路

## 13.2.2　三相异步电动机正反转控制电路

### 1. 接触器互锁的正反转控制

当改变接入电动机的三相电源的相序，即对调任意两相端线，可改变电动机的旋转方向。接触器互锁的正反转控制电路如图 13-20 所示。主电路中接触器 KM1 和 KM2 的主触头绝对不允许同时闭合，否则会两相电源短路。为避免接触器 KM1 和 KM2 同时得电动作，在图中将接触器 KM1 的辅助动断触点串接在 KM2 线圈的电路中，将接触器 KM2 的辅助动断触点串接在 KM1 线圈的电路中。我们把这种连接叫互锁控制。互锁控制是在电动机控制线路中，一条电路接通，而保证另一条电路断开的控制。

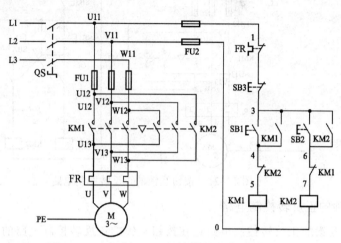

图 13-20　电动机正、反转控制电路原理图

接触器互锁的正反转控制电路控制原理如下：

① 先闭合主回路中的电源控制开关 QS，为电动机的起动做好准备。

② 按下正转起动按钮 SB1，正转接触器线圈 KM1 得电，串接在反转控制回路中的 KM1 辅助动断触点（6-7）分断互锁：即电动机正转时反转控制电路不能接通；KM1 的三对主触点闭合，电动机正转主电路接通，电动机正转起动；同时，KM1 的辅助动合触点（3-4）闭合自锁，保证电动机正向连续运转。

③ 点下停止按钮 SB3，接触器 KM1 线圈失电，KM1 的三对主触点随即恢复断开，电动机主电路断电，电动机正向运行停止。同时 KM1 的辅助动断触点（6-7）和 KM1 的辅助动合触点（3-4）复位。

④ 按下反转起动按钮 SB2，反转接触器线圈 KM2 得电，串接在正转控制回路中的 KM2 辅助动断触点（4-5）分断互锁，即电动机反转时正转控制电路不能接通；KM2 的三对主触点闭合，电动机反转主电路接通，电动机反转起动；同时，KM2 的辅助动合触点（3-6）闭合自锁，保证电动机反向连续运转。

⑤ 当需要反转停止时，按下停止按钮 SB3，接触器 KM2 的线圈就会失电，KM2 的三对主触点随即恢复断开，电动机主电路断电，电动机反向运行停止。同时 KM2 的辅助动断触点（4-5）和辅助动合触点（3-6）复位。

2. 按钮互锁的正反转控制电路

如图 13-21 所示 SB1 和 SB2 是两个复合按钮。按下按钮 SB1 时，接通 KM1 回路的同时会断开 KM2 回路，因此可以实现正反停的控制，即由电动机的正转可以直接切换到电动机的反转，按下停止按钮，不管电动机在正转还是反转，接触器线圈 KM1 或 KM2 回路都会断开，电动机停止运转。

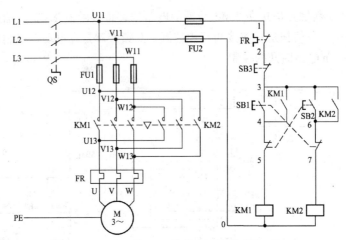

图 13-21　按钮互锁的正反转控制电路

3. 双重互锁的正反转控制电路

电动机双重互锁的正反转控制电路是在按钮互锁的正反转控制电路的基础上加了接触器互锁，如图 13-22 所示。工作原理由同学们自行分析。

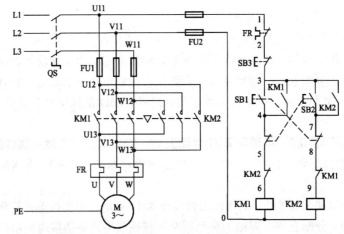

图 13-22　双重互锁的正反转控制电路

## 13.2.3　三相异步电动机自动往返控制电路

在生产过程中经常要控制生产机械运动部件的行程或位置，并使其在一定范围内自动往返循环，如龙门刨、摇臂钻床、导轨磨床的工作台等。这种自动控制的电动机可逆运行电路，可按行程控制原则来设计。

三相笼型异步电动机自动往返控制电路如图 13-23 所示。控制电路中设置了 4 个行程开关 SQ1、SQ2、SQ3、SQ4，并安装在工作台指定位置。SQ1、SQ2 用来自动换接正反转控制电路，实现工作台自动往返行程控制。行程开关 SQ3、SQ4 为极限位置保护，是为了防止 SQ1、SQ2 可能失效引起事故而设的，SQ3 和 SQ4 分别安装在电动机正转和反转时运动部件的行程极限位置。如果 SQ1 失灵，运动部件继续前行压下 SQ3 后，KM1 失电而使电动机停止。

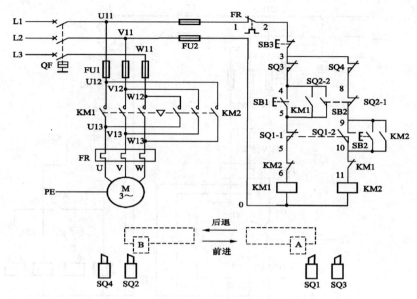

图 13-23 三相异步电动机自动往返控制电路

三相异步电动机自动往返控制电路工作原理如下：

先闭合主回路中的电源控制开关 QF，为电动机的起动做好准备。

按下启动按钮 SB1，正转接触器线圈 KM1 得电，KM1 串接在 KM2 控制回路中的辅助动断触点（10-11）分断互锁，即电动机正转时反转控制电路不能接通；KM1 的三对主触点闭合，电动机正转主电路接通，同时，KM1 的辅助动合触点（3-4）闭合自锁，保证电动机正向连续运转，工作台右移，移至限定位置，撞击 SQ1，SQ1-1 先分断，KM1 线圈失电，KM1 的三对主触点随即恢复分断，电动机主电路断电，电动机正转运行停止，KM1 辅助动断触点（10-11）复位恢复闭合。同时 SQ1-2 闭合，接触器线圈 KM2 得电，KM2 串接在 KM1 控制回路中的辅助动断触点（6-7）分断互锁，即电动机反转时正转控制电路不能接通；KM2 的三对主触点闭合，电动机反转主电路接通，同时，KM2 的辅助动合触点（9-10）闭合自锁，保证电动机反向连续运转，电动机左移；行至限定位置，撞击 SQ2，SQ2-1 先分断，KM2 线圈失电，KM2 的三对主触点随即恢复分断，电动机主电路断电，电动机反转运行停止，KM2 的辅助动断触点（6-7）复位恢复闭合，同时 SQ1-1 闭合，正转接触器线圈 KM1 得电，动作循环进行。

按下停止按钮 SB3，整个控制电路失电，KM1 或 KM2 主触点分断，电动机 M 断电停转。

## 13.2.4 三相异步电动机 Y-△形降压启动控制电路

Y-△降压起动是在起动时将电动机定子绕组接成 Y 形，每相绕组承受的电压为电源的相电压，在起动结束时换接成三角形接法，每相绕组承受的电压为电源线电压，电动机进入正常运行。凡是正常运行时定子绕组接成三角形的鼠笼式异步电动机，均可采用这种线路。

时间继电器自动控制的 Y-△降压启动控制电路如图 12-24 所示。电路由三个接触器、一个时间继电器、一个热继电器和两个按钮组成。当接触器主触点 KM 和 KM_Y 闭合时，电动机定子绕组 Y 连接，接触器主触点 KM 和 KM_△ 闭合时，电动机定子绕组 △ 连接。三相异步电动机 Y-△形降压启动控制电路工作原理如下：

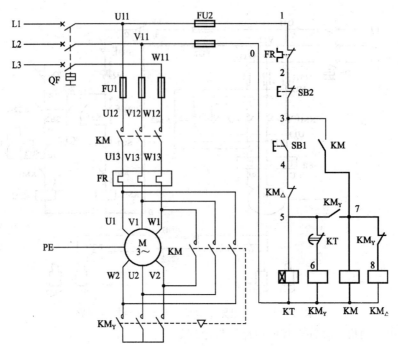

图 13-24　电动机 Y-△ 形降压启动控制电路

合上电源开关 QF，按下按钮 SB1，$KM_Y$ 线圈得电，$KM_Y$ 辅助动断触点（7-8）分断，断开 $KM_△$ 线圈回路进行互锁；$KM_Y$ 辅助动合触点（5-7）闭合，KM 和 $KM_Y$ 线圈得电，KM 和 $KM_Y$ 主触点闭合，KM（3-7）辅助动合触点闭合自锁，电动机定子绕组以 Y 形接入三相电源进行降压启动。

同时 KT 线圈得电，经一定时间延时后，KT 延时断开的常闭触点 KT（5-6）延时断开，$KM_Y$ 断电释放，$KM_Y$ 主触点分断，电动机中性点断开，$KM_Y$ 辅助动合触点（5-7）分断，$KM_Y$ 辅助动断触点（7-8）恢复闭合，$KM_△$ 线圈得电，$KM_△$ 辅助动断触点（4-5）分断，断开 $KM_Y$、KT 线圈回路，使 $KM_Y$、KT 在电动机三角形联结运行时处于断电状态，电路工作更可靠。$KM_△$。主触点闭合，电动机定子绕组以 △ 形接入三相电源进行全压运行。

电动机停止时，按下停止按钮 SB2，接触器线圈回路断电，电动机 M 停止运行。

# 小　结

低压电器是指用于交流 50 Hz( 或 60 Hz) 额定电压为 1 200 V 以下、直流额定电压为 1 500 V 及以下的电气线路中起保护、控制或调节等作用的电器元件。低压电器按它在电路中所处的地位和作用可分为低压控制电器和低压配电电器两大类。低压配电电器包括低压开关、熔断器、低压断路器等，低压控制电器有接触器和继电器。

1. 低压开关

低压开关主要作隔离、转换及接通和分断电路低压开关常用的主要类型有刀开关、组合开关和隔离开关。

2. 熔断器

熔断器是低压配电网络和电力拖动系统中主要用作短路保护的电器。低压熔断的类型有 RC 型、RL 型、有 RT 型、RM 型、RS 型。

3．低压断路器

低压断路器（又称自动开关）可用来分配电能、不频繁地起动电动机、对供电线路及电动机等进行保护。

4．热继电器

热继电器就是利用电流的热效应原理，在出现电动机不能承受的过载时切断电动机电路，为电动机提供过载保护的保护电器。

5．接触器

接触器是一种用于频繁地接通或断开交直流主电路、大容量控制电路等大电流电路的自动切换电器。

6．三相异步电动机

三相异步电动机基本控制电路有三相异步电动机点动控制、自锁控制、多地控制、正反转控制、自动往返控制。

为确保电气控制系统中设备的正常运行，控制电路设有必要的互锁和保护。

# 习　题

## 一、判断题

1．隔离开关（无灭弧装置的）可以带负荷断开。　　　　　　　　　　　　　　（　　　）

2．熔断器一般可做过载保护及短路保护。　　　　　　　　　　　　　　　　（　　　）

3．按钮开关应接在控制电路中。　　　　　　　　　　　　　　　　　　　　（　　　）

4．利用交流接触器自身的常开辅助触头，就可进行电动机正、反转的互锁控制。（　　　）

5．如果交流电动机在正常工作时采用 Y 联结线，那么就可采用 Y−△起动。　（　　　）

## 二、选择题

1．可以实现交流电机正反转自动循环控制的器件是（　　　）。

　　A．空气开关　　　　　　　　B．按钮　　　　　　　C．行程开关

2．当要求在多处都可以开启和关断一台大型设备时要求（　　　）。

　　A．启动开关串联，关断开关串联

　　B．启动开关并联，关断开关串联

　　C．启动开关和关断开关都并联

3．对于同一台交流电动机采用星形接法时的转速比采用三角形接法时的转速（　　　）。

　　A．高　　　　　　　　　　　B．低　　　　　　　　C．相同

4．在三相异步电动机正反转控制线路中，接触器联锁触点应是对方接触器的（　　　）。

　　A．主触点　　　　　　　　　B．辅助动合触点

　　C．辅助动断触点　　　　　　D．延时触点

5．三相异步电动机的转动方向与下列（　　　）有关。

　　A．电压大小　　　　　B．电流大小　　　　C．电源相序　　　　D．频率

6．在电动机的继电器接触器控制电路中，热继电器的功能是实现（　　　）。

　　A．短路保护　　　　　　B．零压保护　　　　　C．过载保护

### 三、综合题

1. 熔断器在电路中的作用是什么？它有哪些主要参数？

2. 熔断器的额定电流与熔体的额定电流是不是一回事？二者有何区别？

3. 什么叫"自锁"、"互锁"？举例说明各自的作用。

4. 在控制线路中，短路、过载、失、欠压保护等功能是如何实现的？在实际运行过程中，这几种保护有何意义？

5. 分析如图 13-25 四种点动控制电路的原理。

6. 试分析图 13-26 所示电路的控制过程。

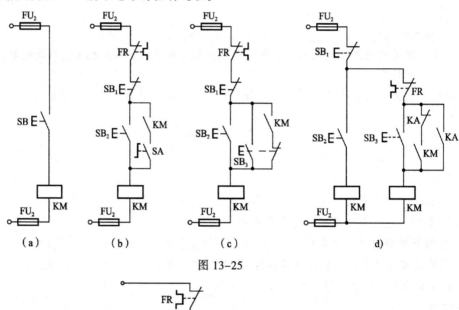

图 13-25

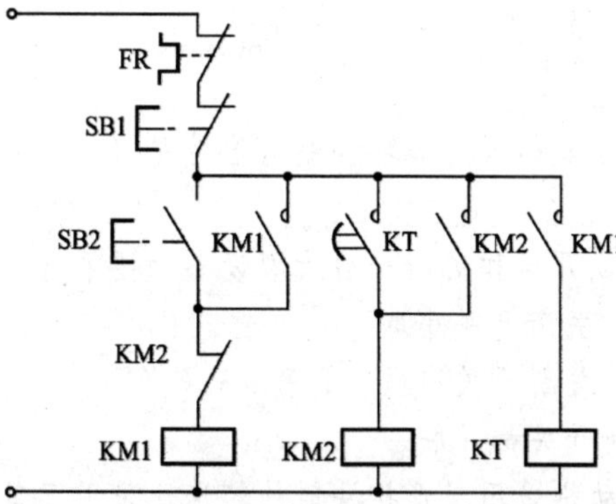

图 13-26

# 模块十四  数/模与模/数转换器

**学习目标**

- 掌握模/数转换及数/模转换的基本原理。
- 掌握 ADC 及 DAC 的主要技术指标。
- 理解逐次逼近式 ADC、并联比较型 ADC 的工作原理。
- 理解集成 D/A 转换器 DAC0832 和集成 A/D 转换器 ADC0809 的内部结构和引脚功能。

在数字系统中，经常需要将模拟信号转换为数字信号或者将数字信号转换为模拟信号。能将模拟量转换为数字量的电路称为模/数转换器，简称 A/D 转换器或 ADC；能将数字量转换为模拟量的电路称为数/模转换器，简称 D/A 转换器或 DAC。ADC 和 DAC 是沟通模拟电路和数字电路的桥梁。图 14-1 为一典型数字控制系统框图。

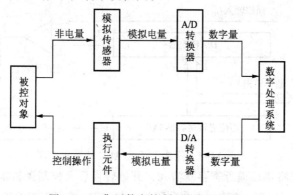

图 14-1  典型数字控制系统框图

# 14.1  模/数转换器

模/数转换器的功能是将输入的模拟电压（电流）值转换为与其成正比关系的数字量。将模拟信号转换为数字信号的过程称为模/数（Analog to Digital，A/D）转换，实现 A/D 转换的电路称为 A/D 转换器（Analog-Digital Converter，ADC）。

## 14.1.1  模/数转换基本原理

A/D 转换是将时间连续、幅值也连续的模拟信号转换为时间和幅值都离散的数字信号，首先对模拟信号进行周期性抽取样值获得一系列等间隔的脉冲，经保持后得到阶梯波，接着将样值电平归化到离散电平，最后用二进制数码表示输出的数字量。转换过程一般通过采样、保持、量化和编码四个步骤完成。

1. A/D 转换器的基本原理

图 14-2 为 A/D 转换器的工作原理示意图。

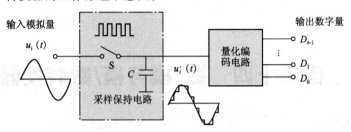

图 14-2　A/D 转换器的工作原理示意图

模拟电子开关 S 在采样脉冲的控制下重复接通、断开，S 接通时，$u_i(t)$ 对 $C$ 充电，为采样过程；S 断开时，$C$ 上的电压保持不变，为保持过程。在保持过程中，采样的模拟电压经数字化编码电路转换成一组 $n$ 位的二进制数输出。

2. 几种典型的 ADC

（1）逐次逼近式 ADC

逐次逼近式 ADC 将输入的模拟电压 $U_i$ 与一系列的基准电压 $U_o$ 从高位到低位逐位进行比较，并依次确定各位数码是 1 还是 0，以此方式进行 A/D 转换，一般由顺序脉冲发生器、逐次逼近寄存器、数/模转换器和电压比较器等几部分组成。其转换示意图如图 14-3 所示。

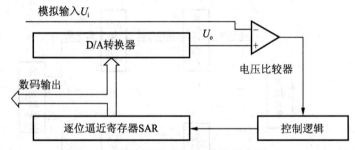

图 14-3　逐次逼近式 ADC 转换示意图

转换开始前，先将逐位逼近寄存器清 0，开始转换后，控制逻辑将逐位逼近寄存器的最高位置"1"，使其输出为 100…000，这个数码被 DAC 转换成相应的模拟电压 $U_o$，送至比较器与输入 $U_i$ 比较。

若 $U_o > U_i$，说明寄存器输出的数码大了，应将最高位改为"0"（去码），同时设次高位为"1"；

若 $U_o \leqslant U_i$，说明寄存器输出的数码还不够大，需将最高位设置的"1"保留（加码），同时也设次高位为"1"。

常用的逐次逼近型 ADC 有 8、10、12 和 14 位等，其优点是精度高、转换速度快。由于它的转换速度快，简化了与计算机的同步，所以经常用作微机接口。

（2）并联比较型 ADC

并联比较型 ADC 由电压比较器、寄存器和编码器三部分构成，如 3 位并联比较型 ADC，电压比较器由电阻分压器和七个比较器构成，将 $\frac{1}{14}V_{REF}$ 到 $\frac{13}{14}V_{REF}$ 之间分为七个量化电平，同时，将模拟输入 $u_i$ 与这七个量化电平进行比较，若 $u_i$ 大于比较器的参考电平，则比较器输出 1，否则输出 0。其转换示意图如图 14-4 所示。

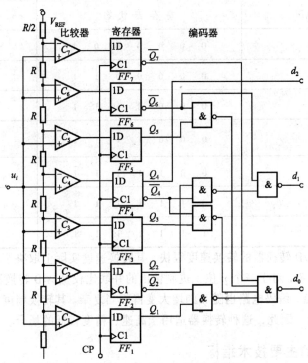

图 14-4　并联比较型 ADC 转换示意图

其工作原理如下：

$0 \leqslant u_i < \dfrac{V_{REF}}{14}$ 时，七个比较器输出全为 0，CP 到来后，七个触发器都置 0。经编码器编码后输出的二进制代码为 $d_2 d_1 d_0 = 000$。

$\dfrac{V_{REF}}{14} \leqslant u_i < \dfrac{3V_{REF}}{14}$ 时，七个比较器中只有 $C_1$ 输出为 1，CP 到来后，只有触发器 $FF_1$ 置 1，其余触发器仍为 0。经编码器编码后输出的二进制代码为 $d_2 d_1 d_0 = 001$。

$\dfrac{3V_{REF}}{14} \leqslant u_i < \dfrac{5V_{REF}}{14}$ 时，比较器 $C_1$、$C_2$ 输出为 1，CP 到来后，触发器 $FF_1$、$FF_2$ 置 1。经编码器编码后输出的二进制代码为 $FF_1 = 010$。

$\dfrac{5V_{REF}}{14} \leqslant u_i < \dfrac{7V_{REF}}{14}$ 时，比较器 $C_1$、$C_2$、$C_3$ 输出为 1，CP 到来后，触发器 $FF_1$、$FF_2$、$FF_3$ 置 1。经编码器编码后输出的二进制代码为 $d_2 d_1 d_0 = 011$。

依此类推，可以列出 $u_i$ 为不同等级时寄存器的状态及相应的输出二进制数，如表 14-1 所示。

表 14-1　并联比较型 ADC 输入与输出对照表

| 输入模拟电压 | 寄存器状态 | | | | | | | 输出二进制数 | | |
|:---:|:---:|:---:|:---:|:---:|:---:|:---:|:---:|:---:|:---:|:---:|
| $u_i$ | $Q_7$ | $Q_6$ | $Q_5$ | $Q_4$ | $Q_3$ | $Q_2$ | $Q_1$ | $d_2$ | $d_1$ | $d_0$ |
| $(0 \sim \frac{1}{14})V_{REF}$ | 0 | 0 | 0 | 0 | 0 | 0 | 0 | 0 | 0 | 0 |

| 输入模拟电压 | 寄存器状态 | | | | | | | 输出二进制数 | | |
| --- | --- | --- | --- | --- | --- | --- | --- | --- | --- | --- |
| $(\frac{1}{14} \sim \frac{3}{14})V_{REF}$ | 0 | 0 | 0 | 0 | 0 | 0 | 1 | 0 | 0 | 1 |
| $(\frac{3}{14} \sim \frac{5}{14})V_{REF}$ | 0 | 0 | 0 | 0 | 0 | 1 | 1 | 0 | 1 | 0 |
| $(\frac{5}{14} \sim \frac{7}{14})V_{REF}$ | 0 | 0 | 0 | 0 | 1 | 1 | 1 | 0 | 1 | 1 |
| $(\frac{7}{14} \sim \frac{9}{14})V_{REF}$ | 0 | 0 | 0 | 1 | 1 | 1 | 1 | 1 | 0 | 0 |
| $(\frac{9}{14} \sim \frac{11}{14})V_{REF}$ | 0 | 0 | 1 | 1 | 1 | 1 | 1 | 1 | 0 | 1 |
| $(\frac{11}{14} \sim \frac{13}{14})V_{REF}$ | 0 | 1 | 1 | 1 | 1 | 1 | 1 | 1 | 1 | 0 |
| $(\frac{13}{14} \sim 1)V_{REF}$ | 1 | 1 | 1 | 1 | 1 | 1 | 1 | 1 | 1 | 1 |

并联比较型 A/D 转换器的转换速度很快, 其转换速度实际上取决于器件的速度和时钟脉冲的宽度。但电路复杂, 对于一个 $n$ 位二进制输出的并联比较型 A/D 转换器, 需 $2^n-1$ 个电压比较器和 $2^n-1$ 个触发器, 编码电路也随 $n$ 的增大变得相当复杂。其转换精度将受分压网络和电压比较器灵敏度的限制。因此, 这种转换器适用于高速、精度较低的场合。

## 14.1.2 ADC 的主要技术指标

### 1. 转换精度

ADC 的转换精度是用分辨率和转换误差来描述的。

① 分辨率。分辨率说明 ADC 对输入信号的分辨能力。ADC 的分辨率以输出二进制数的位数表示。例如, ADC 输出为 8 位二进制数, 输入信号最大值为 5 V, 那么这个转换器应能区分输入信号的最小电压为 5/256 = 19.53 mV。

② 转换误差。转换误差表示 ADC 实际输出的数字量和理论上的输出数字量之间的差别。常用最低有效位的倍数表示。

### 2. 转换时间

转换时间指 ADC 从转换控制信号到来开始, 到输出端得到稳定的数字信号所经过的时间。

## 14.1.3 集成模/数转换器 ADC0809

ADC0809 是美国国家半导体公司生产的 CMOS 工艺 8 通道, 8 位逐次逼近式 A/D 转换器。其内部有一个 8 通道多路开关, 它可以根据地址码锁存译码后的信号, 只选通 8 路模拟输入信号中的一个进行 A/D 转换。是目前国内应用最广泛的 8 位通用 A/D 芯片。采用双列直插式 28 引脚封装, 与 8 位微机兼容, 其三态输出可以直接驱动数据总线, 易于和 CPU 相连。其分辨率为 8 位, 转换时间 100 μs, 功耗 15 mW, 输入电压为 0~5 V, 采用 +5 V 电源供电。ADC0809 的内部结构如图 14-5 所示, 其外部引脚图如图 14-6 所示。

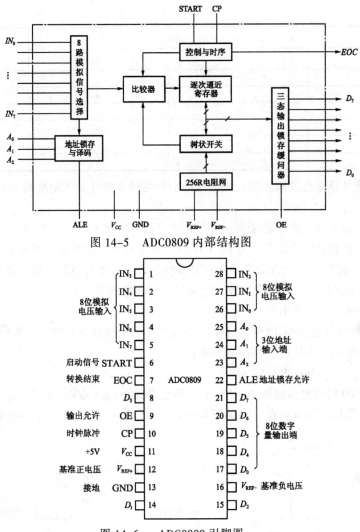

图 14-5 ADC0809 内部结构图

图 14-6 ADC0809 引脚图

ADC0809 各管脚的功能说明如下：

$IN_0 \sim IN_7$——8 路模拟信号输入通道。

$A_0$、$A_1$、$A_2$——控制 8 路模拟信号输入通道的 3 位地址码输入端。

8 路模拟输入信号选择哪一路进行转换，用地址锁存器与译码器完成，3 位地址码有 8 种状态，可以选中 8 个通道之一。各通道对应地址码如表 14-2 所示。

表 14-2 ADC0809 地址码对应的模拟通道

| 地 址 码 | | | 模 拟 通 道 |
|---|---|---|---|
| $A_2$ | $A_1$ | $A_0$ | |
| 0 | 0 | 0 | IN0 |
| 0 | 0 | 1 | IN1 |
| $A_2$ | $A_1$ | $A_0$ | |
| 0 | 1 | 0 | IN2 |

| 地 址 码 | | | 模 拟 通 道 |
|---|---|---|---|
| $A_2$ | $A_1$ | $A_0$ | |
| 0 | 1 | 1 | IN3 |
| 1 | 0 | 0 | IN4 |
| 1 | 0 | 1 | IN5 |
| 1 | 1 | 0 | IN6 |
| 1 | 1 | 1 | IN7 |
| 0 | 0 | 0 | IN0 |

ALE——地址锁存允许输入端，该信号的上升沿使多路开关的地址码 $A_0$、$A_1$、$A_2$ 锁存到地址寄存器中。

START——启动信号输入端，此输入信号的上升沿使内部寄存器清零，下降沿使 A/D 开始转换。

EOC——A/D 转换结束信号，它在 A/D 转换开始时由高电平变为低电平，转换结束由低电平变为高电平，此信号的上升沿表示 A/D 转换完毕，常用做计算机中断申请信号。

OE—输出允许信号，高电平有效，用来打开三态输出锁存器，将数据送到数据总线。

$D_7 \sim D_0$——8 位数据输出端。

CP——时钟信号输入端，时钟的频率决定 A/D 转换的速度，CP 的频率范围为 10 ~ 1280 kHz。当 CP 为 640 kHz 时，A/D 转换时间为 100 μs。

$V_{REF+}$ 和 $V_{REF-}$——基准电压输入端。

ADC0809 A/D 转换电路如图 14-7 所示。地址码 $A_2 A_1 A_0 = 000$，选中 $IN_0$ 模拟通道。调节电位器 $R_P$，输入模拟电压 $u_i$。在 START 启动信号输入端输入脉冲信号后开始转换，输出相应数字量 $D_7 \sim D_0$。

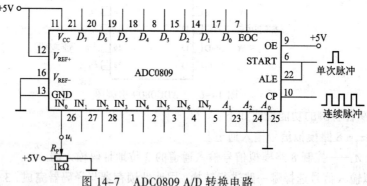

图 14-7 ADC0809 A/D 转换电路

## 14.2 数/模转换器

随着数字系统的广泛应用，用数字系统处理模拟量的情况非常普遍。在自动化控制中，数/模转换电路将工控计算机输出的数字信号转换为不同的电压（电流）值，通过模拟量控制单元去调节转速、温度、流量、压力等不同的物理量，以实现自动控制的目的。

数/模（Digital to Analog，D/A）转换，顾名思义就是将数字信号转换成为模拟信号。实现 D/A 转换的电路称为 D/A 转换器（Digital-Analog Converter，DAC），电阻网络型是常见的数/模转换电路。

### 14.2.1　数/模转换的基本原理

将输入的每一位二进制代码按其权的大小转换成相应的模拟量，然后将代表各位的模拟量相加，所得的总模拟量就与数字量成正比，这样便实现了从数字量到模拟量的转换。

1. D/A 转换器的基本原理

D/A 转换器的示意图如图 14-8 所示，$d_0 \sim d_{n-1}$ 是输入的 $n$ 位二进制数，或是与输入二进制成正比的输出电压或电流。

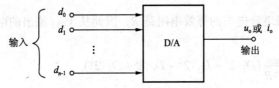

图 14-8　D/A 转换器的示意图

输入为三位二进制数时的 D/A 转换器的输入数字量与输出模拟量之间的转换特性曲线如图 14-9 所示。

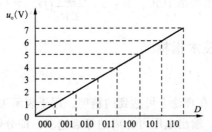

图 14-9　D/A 转换器的转换特性曲线

理想的 D/A 转换器的转换特性，应是输出模拟量与输入数字量成正比。即，输出模拟电压 $u_o = K_u \cdot D$，其中 $K_u$ 为电压转换比例系数，D 为输入二进制数所代表的十进制数。如果输入为 $n$ 位二进制数，则输出模拟电压为

$$u_0 = K_u(d_{n-1} \cdot 2^{n-1} + d_{n-2} \cdot 2^{n-2} + \cdots + d_1 \cdot 2^1 + d_0 \cdot 2^0)$$

2. 倒 T 型电阻网络 D/A 转换器

4 位倒 T 型电阻网络 D/A 转换器的原理图如图 14-10 所示，图中 $S_0 \sim S_3$ 为模拟开关，$R$、$2R$ 为电阻解码网络，与运算放大器 A 组成求和电路。

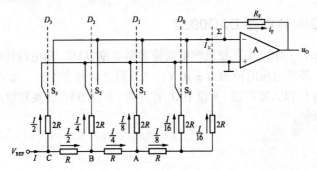

图 14-10　4 位倒 T 型电阻网络 DAC 转换原理图

由于集成运算放大器的电流求和点 Σ 为虚地，所以每个 $2R$ 电阻的上端都相当于接地，从网络的 A、B、C 点分别向右看的对地电阻都是 $2R$，因此流过 4 个 $2R$ 电阻的电流分别为 I/2、I/4、I/8、I/16。

电流是流入接地端，还是流入运算放大器，由输入的数字量 $D_i$ 通过控制电子开关 $S_i$ 来决定。故流入运算放大器的总电流为：

$$I_\Sigma = \frac{I}{2}D_3 + \frac{I}{4}D_2 + \frac{I}{8}D_1 + \frac{I}{16}D_0$$

由于从 $V_{REF}$ 向网络看进去的等效电阻是 $R$，因此从 $V_{REF}$ 流出的电流为 $I = \dfrac{V_{REF}}{R}$

故 $$I_\Sigma = \frac{V_{REF}}{2^4 R}(D_3 \cdot 2^3 + D_2 \cdot 2^2 + D_1 \cdot 2^1 + D_0 \cdot 2^0)$$

输出电压为 $$u_o = -R_F I_F = -R_F I_\Sigma = -\frac{V_{REF} R_F}{2^4 R}(D_3 \cdot 2^3 + D_2 \cdot 2^2 + D_1 \cdot 2^1 + D_0 \cdot 2^0)$$

对于 $n$ 位的倒 T 形电阻网络 DAC，有 $u_o = -\dfrac{V_{REF} R_F}{2^n R}(D_{n-1} \cdot 2^{n-1} + D_{n-2} \cdot 2^{n-2} + \cdots + D_1 \cdot 2^1 + D_0 \cdot 2^0)$

## 14.2.2 DAC 的主要技术指标

### 1. 分辨率

分辨率用以说明 DAC 在理论上可达到的精度，用于表示 DAC 对输入量变化的敏感程度。显然输入数字量位数越多，输出电压可分离的等级越多，即分辨率越高，所以实际应用中，往往用输入数字量的位数表示 DAC 的分辨率。

### 2. 转换误差

转换误差用以说明 D/A 转换器实际上能达到的转换精度。转换误差又分静态误差和动态误差。

### 3. 建立时间

建立时间是在输入数字量各位由全 0 变为全 1 或由全 1 变为全 0 时输出电压达到规定的误差范围时所需的时间。

### 4. 温度系数

温度系数是指在输入数据不变的情况下，输出模拟电压随温度变化产生的变化量。

## 14.2.3 集成 D/A 转换器 DAC0832

DAC0832 是采用 CMOS 工艺制成的电流输出型 8 位 DAC。单电源供电，在 +5 ~ +15 V 范围内均可正常工作。基准电压的范围为 ±10 V，电流建立时间为 1 μs，低功耗 20 mW。

DAC0832 由 8 位输入寄存器、8 位 DAC 寄存器、8 位 DAC 转换器组成，其内部结构和外引脚图如图 14-11 所示。

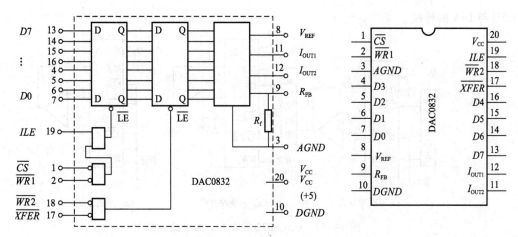

图 14-11　DAC0832 内部结构和外引脚图

DAC0832 各引脚功能如下：

$D_0 \sim D_7$：数字信号输入端。

ILE：输入寄存器允许，高电平有效。

$\overline{CS}$：片选信号，低电平有效。

$\overline{WR1}$：写信号 1，低电平有效。

$\overline{XFER}$：传送控制信号，低电平有效。

$\overline{WR2}$：写信号 2，低电平有效。

$I_{out1}$、$I_{out2}$：DAC 电流输出端。

$R_{FB}$：反馈电阻，是集成在片内的外界运放的反馈电阻。

$V_{REF}$：基准电压，$-10 \sim +10$ V。

$V_{CC}$：电源电压，$+5 \sim +15$ V。

AGND：模拟接地。

DGND：数字接地。

DAC0832 具备双缓冲、单缓冲和直通三种工作方式，以便适于各种电路的需要(如要求多路 D/A 异步输入、同步转换等)。D/A 转换结果采用电流形式输出。要是需要相应的模拟信号，可通过一个高输入阻抗的线性运算放大器实现这个功能。运放的反馈电阻可通过 $R_{FB}$ 端引用片内固有电阻，还可以外接。

根据对 DAC 0832 的输入锁存器和 DAC 寄存器的不同的控制方法，DAC 0832 有如下三种工作方式分别是单缓冲方式、双缓冲方式和直通方式。DAC0832 三种工作方式的电路连接图如图 14-12 所示。

① 单缓冲方式：此方式适用于只有一路模拟量输出或几路模拟量非同步输出的情形。方法是控制输入寄存器和 DAC 寄存器同时接收数据，或者只用输入寄存器而把 DAC 寄存器接成直通方式。

② 双缓冲方式：此方式适用于多个 DAC 0832 同时输出的情形。方法是先分别使这些 DAC 0832 的输入寄存器接收数据，再控制这些 DAC 0832 同时传送数据到 DAC 寄存器以实现多个 D/A 转换同步输出。

③ 直通方式：此方式适用于连续反馈控制线路中。方法是：数据不通过缓冲存储器，即 $\overline{WR1}$，$\overline{WR2}$，$\overline{XFER}$，$\overline{CS}$ 均接地，ILE 接高电平。此时必须通过 I/O 接口与 CPU 连接，以匹配

CPU 与 D/A 的转换。

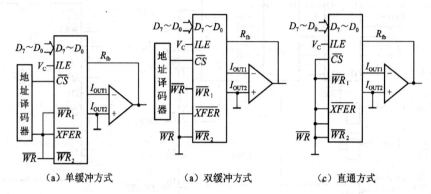

（a）单缓冲方式　　　　（a）双缓冲方式　　　　（c）直通方式

图 14-12　DAC0832 工作方式的电路连接图

# 小　　结

1．A/D 转换器

A/D 转换是将时间连续、幅值也连续的模拟信号转换为时间和幅值都离散的数字信号，首先对模拟信号进行周期性抽取样值获得一系列等间隔的脉冲，经保持后得到阶梯波，接着将样值电平归化到离散电平，最后用二进制数码表示输出的数字量。转换过程一般通过采样、保持、量化和编码四个步骤完成。常用的集成 A/D 转换器芯片是 ADC0809。

2．ADC 的主要技术指标

（1）转换精度

ADC 的转换精度是用分辨率和转换误差来描述的。

分辨率说明 ADC 对输入信号的分辨能力。ADC 的分辨率以输出二进制数的位数表示。

转换误差表示 ADC 实际输出的数字量和理论上的输出数字量之间的差别。常用最低有效位的倍数表示。

（2）转换时间

转换时间指 ADC 从转换控制信号到来开始，到输出端得到稳定的数字信号所经过的时间。

3．D/A 转换器

把数字信号转换为模拟信号称为数/模转换，简称 D/A 转换，实现 D/A 转换的电路称为 D/A 转换器，或写为 DAC。常用的 D/A 转换器有权电阻网络 D/A 转换器，倒 T 型电阻网络 D/A 转换器等。常用的集成 D/A 转换器芯片是 DAC0832。

4．DAC 的主要技术指标

（1）分辨率

分辨率用以说明 DAC 在理论上可达到的精度，用于表示 DAC 对输入量变化的敏感程度。

（2）转换误差

转换误差用以说明 D/A 转换器实际上能达到的转换精度。转换误差又分静态误差和动态误差。

（3）建立时间

建立时间是在输入数字量各位由全 0 变为全 1 或由全 1 变为全 0 时输出电压达到规定的误差范围（$\pm LSB/2$）时所需的时间。

（4）温度系数

温度系数是指在输入数据不变的情况下，输出模拟电压随温度变化产生的变化量。

# 习 题

## 一、判断题

1. A/D 和 D/A 转换器的转换精度指标，可采用分辨率和转换误差两个参数描述。（　　）

2. 分辨率表示 DAC 对输入量变化的敏感程度。
（　　）

3. ADC 的转换时间是指从转换控制信号到来开始，到输出端得到稳定的数字信号所经过的时间。
（　　）

4. A/D 转换过程一般通过采样、保持、量化和编码四个步骤完成。
（　　）

## 二、选择题

1. 下列几种 A/D 转换器中，转换速度最快的是（　　）。

   A．并行 A/D 转换器         B．计数型 A/D 转换器

   C．逐次渐进型 A/D 转换器    D．双积分 A/D 转换器

2. 逐次比较型 ADC，主要是通过逐位比较的方式来确定数字量参数，首先得到的位是（　　）。

   A．D0         B．D7         C．D9         D．D10

3. ADC 模块的内部结构包括 4 个组成结构，主要是以下部件，但（　　）除外。

   A．8 选 1 选择开关         B．A/D 转换电路

   C．输入锁存器         D．采样保持器

4. ADC0809 启动 A/D 转换的方式是（　　）。

   A．高电平    B．低电平       C．负脉冲       D．正脉冲

5. ADC0809 的输出（　　）。

   A．具有三态缓冲，但不可控     B．具有可控的三态缓冲

   C．没有三台缓冲器         D．没有缓冲锁存器

6. 以下（　　）工作方式不是 DAC0832 的工作方式。

   A．单缓冲    B．双缓冲       C．多级缓冲    D．直通

## 三、综合题

1. 什么是 ADC 和 DAC？为什么要进行模数和数模转换？

2. 有一个 8 位梯形电阻网络的数模转换器，设 $V_{REF}=+5$ V，$R_f=3R$，试求 $D_7 \sim D_0$ 为 10111111、10000011、00010001 时的输出电压 $U_o$。

3. 有一个 8 位梯形电阻网络的数模转换器，RF=3R，若 $D_7 \sim D_0$ 为 00000001 时的输出电压 $U_o=-0.04$ V，那么 00010101 和 10011111 时的输出电压 $U_o$ 各是多少？

# 参 考 文 献

[1] 山炳强，王雪瑜，刘华波. 电工技术[M].北京：人民邮电出版社，2008.

[2] 曾令琴. 电工技术基础[M]. 2 版.北京：人民邮电出版社，2010.

[3] 张伟林. 电气控制与 PLC 应用[M]. 北京：人民邮电出版社，2007.

[4] 罗良陆. 电工电子技术基础[M]. 大连：大连理工大学出版社，2006.

[5] 叶水春. 电工电子基本操作技能实训[M]. 北京：人民邮电出版社，2008.

[6] 赵景波. 电工电子技术[M]. 北京：人民邮电出版社，2008.

[7] 王金花. 电工技术[M]. 北京：人民邮电出版社，2009.

[8] 陆建国. 应用电工[M]. 北京：中国铁道出版社，2009.

[9] 窦春霞. 电工技术学习指南[M]. 北京：中国标准出版社，2004.

[10] 申辉阳. 电工电子技术[M]. 北京：人民邮电出版社，2009.

[11] 闫石. 数字电子技术基础[M]. 4 版.北京：高等教育出版社，1998.

[12] 李中发. 数字电子技术[M]. 2 版. 北京：中国水利水电出版社，2007.

[13] 陈菊红. 电工基础[M]. 北京：机械工业出版社，2008.

[14] 罗厚军. 电工电子技术[M]. 北京：机械工业出版社，2006.

[15] 耿壮. 计算机电路基础[M]. 北京：人民邮电出版社，2008.

[16] 邢江勇. 电工电子技术[M]. 北京：科学出版社，2007.

[17] 陈新龙. 电工电子技术[M]. 北京：清华大学出版社，2008.

[18] 秦曾煌. 电工电子技术[M]. 北京：高等教育出版社，2010.

Learn more about it!

# 笔记栏